OF TAIWAN

FERNS

蕨類觀察圖鑑 1

基 礎 常 見 篇

郭城孟 著

目錄

如何使用本書？

《蕨類觀察圖鑑1＆2》共介紹台灣650多種蕨類的資料與圖片，其中《蕨類觀察圖鑑1：基礎常見篇》收錄330多種較常見以及造形特殊的蕨類，而且為顯現台灣蕨類在演化歧異度上的多樣性，在種類的挑選上，涵蓋了台灣現生35科蕨類，並依下列幾個條件優先考慮：各科、屬儘量皆有代表種；同一屬中的植物能呈現該屬形態變化上的變異性；包含各種不同生態習性的種類，如水生、著生、岩生、攀緣、纏繞等生長方式。

全書將台灣的蕨類分成35科，根據演化先後的脈絡依序出現，並於每科的起首頁，重點提示該科的基本資料。每科之下，再以較容易觀察到的形態與生態特徵，進一步區分屬、群。而本書最主要的目的即是透過這330多種蕨類，去了解各科之下的屬與群，因此幾乎每一群都有代表性的種類被選入。

屬、群之下的每一單種都有生態照，多數另附有特徵照，加上簡易的圖說，期使讀者易於看圖辨識。除了圖片外，並有詳盡的文字說明，包括外觀特徵、生長習性與分布概況等，有時更點出該種蕨類為適應環境而發展出的特殊生存機制，或是它在分布的生態帶所具有的指標性意義。單種頁面的右上方皆附有孢子囊群（及孢膜）之外形與生長位置簡圖，以及葉片分裂方式與分裂程度簡圖，關於該種蕨類主要

查詢法

本書列舉以下3種查詢方法，讀者可以視需要，選擇適當的方法運用。

一、目次查詢法

已知蕨類的科名、屬名（或群名）時，可直接從目次查詢出各科、屬（或群）的起首頁頁碼，縮小查詢範圍，再逐頁查詢。

① 找到該種蕨類所屬的科名
② 找到該種蕨類的屬名（或群名）起首頁頁碼
③ 翻至該屬（或群）起首頁逐頁查詢

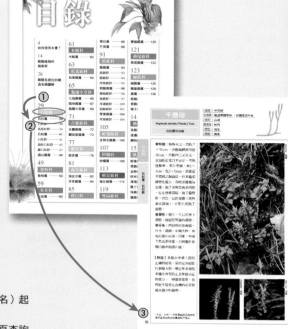

分布地點的生態帶、地形和生長環境，也都有簡單的標示；這些設計都是為了使讀者更容易使用本書，能夠在最短的時間內辨識出一種蕨類。

在描述蕨類時，常會使用一些固定的辭彙，「蕨類各部位的構造名稱圖解」（見28頁）提示了較一般性的部位及構造名稱，書末的「名詞解釋」（見406頁）則進一步整理相關的專有名詞，兩者相互參照，當更能掌握書中的內容。

讀者在使用本書時，除了可選擇傳統的目次查詢法與中名（學名）檢索法外，本書特別設計了科與屬、群的檢索表，提供讀者按部就班，查索到該種蕨類所屬的屬、群，一方面也可藉此了解蕨類的演化脈絡與分類關係。

要特別提的是，蕨類植物的分類系統一直都是意見分歧，有廣義的科、屬系統，也有很狹義的科、屬系統。本書所採用的是比較廣義的分類系統，它是根據形態、化石、化學成分、發生學、解剖學以及細胞遺傳等多樣化證據所建構，也是目前在世界上比較保守的分類系統；也正由於它是不只根據形態特徵而產生的科與屬，所以各科、屬之成員其形態上的異質性也比較高。對於初入門想認識蕨類的朋友，可能比較難了解整個科或屬的概念，因為變化實在太大了，所以本書各屬之下常會分「群」，將形態特徵比較相像的置於同一群；這種「形態群」是入門者較易掌握的分類單位，不過「群」在正統的分類學上是沒有正式地位的。

二、 中名（學名）檢索法

假設讀者平時想要查詢已知中名（或學名）的某一種蕨類資料，或在野外已從其他同好口中得知某一種蕨類的中名（或學名）時，可以從書末的「中名索引」（或「學名索引」）查出該種蕨類所屬的頁碼。

①從中名（或學名）索引查出該種蕨類所屬頁碼
②翻至該頁頁碼，找到該種蕨類的介紹。

三、檢索表查詢法

讀者可依「蕨類植物科檢索表」所提示之判斷特徵，檢索到可能之大類，再至分類表進行檢索，找到最接近之科，然後依上面提供的頁碼，翻至科名頁，再由科名頁（或次頁）的「屬、群檢索表」，找出最接近的屬（或群），依之後提供的屬（或群）起首頁頁碼，逐頁作特徵比對，即可找到該種蕨類的介紹資料。

① 總表由此處開始
② 找到可能之大類
③ 至分類表進行檢索
④ 找到最接近之科
⑤ 翻至科名頁查詢「屬、群檢索表」，找到最接近的屬（或群）。
⑥ 翻至屬（或群）起首頁碼逐頁比對

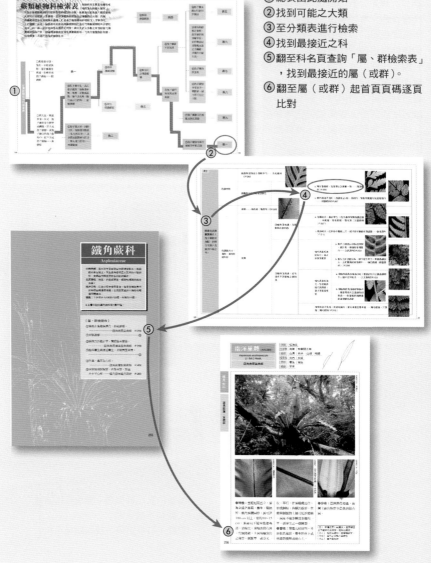

●科的中名

●科的拉丁文名

瓶爾小草科

Ophioglossaceae

外觀特徵：根狀如蘭花之根，肥厚肉質；莖短直立狀、肉質；葉片通常亦為肉質狀，幼葉不捲旋，孢子囊枝以一定的角度著生在營養葉上。
生長習性：絕大多數為地生型植物，少數著生於樹幹，或為濕地植物。
地理分布：分布世界各地，但不常見；台灣於低、中、高海拔地區及蘭嶼均有發現，數量不多，且各種均有其侷限分布性。
種數：全世界有3屬約80種，台灣有3屬10種。

●本書介紹的瓶爾小草科有3屬5種。

●**科檔案：**歸納整理該科重點資料，包括外觀特徵、生長習性、地理分布與種數，並說明本書收錄的種數。

【屬、群檢索表】

①單葉全緣或呈1～2回二叉分裂，孢子囊枝單一不分叉，孢子囊陷入孢子囊枝之中。
.................................瓶爾小草屬　P.69
①葉羽狀分裂至複葉或三出複葉，孢子囊枝分叉，孢子囊凸出孢子囊枝之外，..........②

②葉羽狀分裂至複葉，末裂片寬短；孢子囊枝羽狀分叉。.................陰地蕨屬　P.67
②熊為三出複葉，末裂片狹長；孢子囊枝單一不分叉。.................七指蕨屬　P.66

65

●該科代表種類之手繪線圖

●**屬、群檢索表：**在該科之下，就容易觀察到的形態與生態特徵，進一步加以區分屬、群。每一屬、群之後的頁碼為該屬、群的起首頁。（若某一屬、群之後沒有顯示頁碼，則表示本書未收錄該屬、群之種類。）

格式介紹（單種內頁）

●生態習性表：分海拔高度、生態帶、地形、棲息地、生長習性、出現頻度等6個部分，扼要整理該種蕨類的生態習性，方便快速檢視。（完整說明詳見後頁）

●屬名（及群名）

●中名

●學名

●孢子囊集生的形狀或各類孢膜的圖示（完整說明詳見12～13頁）

●葉的分裂方式與分裂程度圖示（完整說明詳見10～11頁）

●檢索書眉：分上下兩段，上段色塊是科名，下段色塊則是屬名（及群名），是快速查詢的簡便工具。

●攝影紀錄：說明圖片的拍攝日期（19850710表示1985年7月10日拍攝）、地點；若圖片中的蕨類為人工栽植，則在地點後以括弧註明。

●圖片：至少提供一張主體清楚、可供辨識的生態照片作為主圖；若有需要，則輔以一至三張不等的小圖──或是生態場景，或是局部特徵，或是該種蕨類因應季節、環境濕度不同而產生的外觀變化，或是人類的生活應用。

●附註：說明蕨類的人為利用，或是蕨類因應棲地環境而發展出的特殊生存機制，或是之於分布的生態帶所具有的指標性意義。

●特徵：關於該種蕨類各部位構造的詳細描述，包括莖的生長形態，葉的大小，葉片的質地、外形與分裂程度，羽片、裂片的大小及外形，葉緣的形狀，葉脈的形態，植株是否被覆毛或鱗片，以及孢子囊的分布狀況、孢子囊群與孢膜的形狀等。

●分布：說明該種蕨類在全世界分布的情形，以及其在台灣的海拔分布。

●習性：主要說明該種蕨類的生長習性與棲地環境。

●圖說：視情況需要，簡單提示圖片呈現的重點。每一則圖說前以「主」、「小中」、「小右」等標示其與圖片的對應關係。

8

生態習性表

這個部分將與台灣蕨類植物分布有關的諸多因素，依低、中、高海拔之各種生態帶，各生態帶內之各種地形環境，各地形環境可能出現之棲地形態，以及蕨類可能的生長方式與可見度，製作成簡表，清楚顯示蕨類的各種生長環境與習性。

● 海拔 ：簡示該種蕨類的垂直分布高度

低海拔 北部海拔500m，南部海拔700m以下的亞熱帶、熱帶環境，包含海岸。

中海拔 北部海拔500m，南部海拔700m以上至2500m，包含暖溫帶闊葉林及針闊葉混生林。

高海拔 海拔2500m以上，包含各種針葉林及高山寒原。

● 生態帶 ：簡示該種蕨類分布的生態帶

海岸 主要包括海邊珊瑚礁、岩岸以及海岸林。

熱帶闊葉林 北回歸線至南海拔200m以下山地，以及北回歸線以北低海拔山谷地帶。

亞熱帶闊葉林 分布在北部海拔500m以下，南部200至700m一帶，以樟樹及楠木為主的森林。

東北季風林 冬天較易受東北季風影響之處，只分布在台灣南、北兩端。

暖溫帶闊葉林 約在北部海拔500m，南部海拔700m以上至1800m處，主要是以殼斗科及樟科林木為主的森林。

針葉混生林 約在海拔1800至2500m，上述之暖溫帶闊葉林上層還有針葉樹，尤其是檜木。

松林 分布在海拔1000至3000m較乾旱、土壤較貧瘠或是坡度較陡的地區。

箭竹草原 海拔2500至3500m面積較大也較常見，咸信是針葉林火災跡地。

針葉林 常為僅由單一針葉樹種所建構之純林，分布在海拔2500至3500m。

高山寒原 海拔3500m以上地區，樹木無法在此生長，僅見灌木或草本植物。

● 地形 ：簡示各生態帶中可能的地貌變化

平野 視野開闊、平坦的地形。

山溝 森林中的水路，通常不寬、遮蔽度較高。

谷地 兩山之間的谷地，較寬闊、遮蔽度較低，常有溪流流經其間。

山坡 指一座小山的坡面，通常環境較偏中性，不太乾也不太濕。

山頂 小山的頂部，較易受環境因子的影響。

稜線 指的是山脈的主稜及支稜，通常是較乾或排水較好的環境。

峭壁 常是陡峭之岩壁，由於環境特殊，出現的蕨類也較特殊。

● 棲息地 ：簡示地形之中蕨類的生長空間

林內 生長在森林裡面。

灌叢下 生長在灌木叢之下，通常出現於高山寒原的生態帶內。

林緣 森林邊緣，其環境條件介於林內與林外之間，蕨類種類也與林內或林外不同。

空曠地 森林外陽光直接曝曬的空曠環境。

溪畔 較空曠地區的溪邊，如谷地或空曠地。

濕地 如溪邊或水域邊長時間浸水之地。

水域 如池塘、充水水田、水庫等具有大量水體的環境。

路邊 產業道路或林道邊，可能是平地或土坡。

建物 都市環境建築物的一部分，如排水孔、擋土牆、磚牆、水溝邊等。

● 習性 ：簡示蕨類在棲息地的生長方式

藤本 通常生長在林內或林緣樹幹上，莖或葉由下往上爬升。

著生 生長在林內樹幹上，且侷限在某一定域。

岩生 生長在岩石上或岩縫中，可能在林內，也有可能在峭壁巨岩環境。

地生 長在土地上，在林內或林外都有可能。

水生 生長在具有較大量水體的水域環境。

● 頻度 ：簡示蕨類在生存環境的適應性

常見 在某一海拔或某一生態帶或某一特定環境經常可見。

偶見 在某一海拔或某一生態帶或某一特定環境偶爾可見。

稀有 零星分布在某一海拔或某一生態帶或某一特定環境。

瀕危 僅在某一海拔或某一生態帶或某一特定環境具有少數個體。

滅絕 在某一海拔或某一生態帶或某一特定環境曾經出現的瀕危種，過去50年都未曾再發現。

【備註】某些蕨類的垂直分布包含中、低海拔，但生態帶只出現「暖溫帶闊葉林」，這是因為台灣北部低海拔山區緯度較高且冬天受東北季風的影響較大，有些中海拔的植物會長在這些低海拔山區的山頂稜線一帶，特稱為「北降現象」。

葉的分裂方式與分裂程度

一般而言，葉子是蕨類最顯著的觀察重點，其中葉片的分裂方式與分裂程度更是外觀形態上重要而常用的辨識特徵之一：陸生的真蕨類（大葉類）變化最大，但有其脈絡可循；擬蕨類（小葉類）的變化最小，都是不分裂的單葉；而具有孢子囊果的水生蕨類則各自擁有不同形態的葉子，例如：田字草由四片小葉組成的葉片，滿江紅上下分裂的葉片以及槐葉蘋三枚輪生的單葉。因此本書在擬蕨類及水生蕨類的

		葉片分裂方式		
		單一不分裂	二叉分裂	三叉狀分裂
陸生真蕨類	葉片分裂程度	單葉（全緣）	二叉分裂之單葉　二叉分裂之複葉	單葉三裂（鳥趾狀分裂）　三出複葉　三出的三出複葉
具孢子囊果的水生蕨類		田字草科	槐葉蘋科　滿江紅科	
擬蕨類		石松科	卷柏科　水韭科	木賊科

部分，採取每一科使用一個簡單易懂、具有該科特徵的圖例作為表徵，而最複雜的陸生真蕨類則依下列葉的分裂方式及分裂程度之圖示，提供讀者快速檢視。

【備註】
　即便是同一種蕨類，其葉的分裂方式與分裂程度也可能有所不同，原則上此小圖提示的是每種蕨類成熟葉的典型，或是分裂程度最多的情況；至於詳細的文字說明則可參見該種的特徵描述。

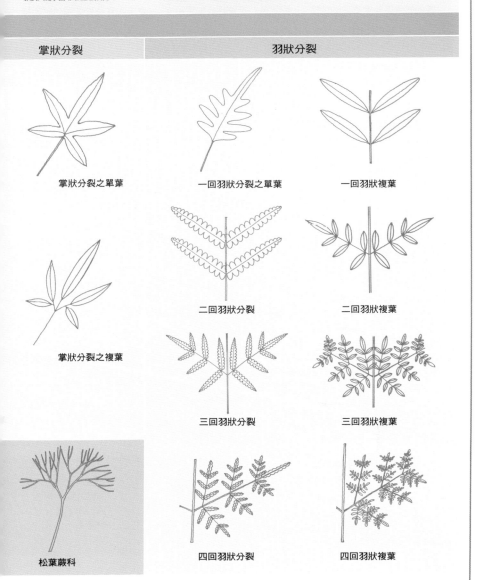

| 掌狀分裂 | 羽狀分裂 |

掌狀分裂之單葉

一回羽狀分裂之單葉

一回羽狀複葉

掌狀分裂之複葉

二回羽狀分裂

二回羽狀複葉

三回羽狀分裂

三回羽狀複葉

松葉蕨科

四回羽狀分裂

四回羽狀複葉

孢子囊集生的形狀與各類孢膜

在區分族群龐大、外觀變化繁複的陸生真蕨類各類群時，孢子囊集生的形狀及孢膜的有無是非常重要的依據，概略可分成無孢膜及有孢膜兩大部分。

無孢膜的部分較單純，包含不形成孢子囊群的孢子囊繞脈生長或呈散沙狀；孢子囊群無固定形狀或長度的沿脈生長、沿葉軸或與葉軸平行的長線形；以及有固定形狀的圓形、橢圓形及線形。

有孢膜的部分較複雜，分「下位孢膜」與「上位孢膜」：前者孢膜位於孢子囊群之下，後者孢膜位於孢子囊群之上，且後者的變化與所屬

無孢膜		

●**孢子囊繞脈生長**：孢子囊繞著小脈生長，不形成固定形狀之孢子囊群，孢子囊著生處無葉肉。

●**孢子囊散沙狀**：孢子囊如散沙狀密布葉背，不形成固定形狀之孢子囊群。

孢膜下位：孢膜自孢群基部由下往上長出

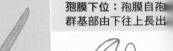

●**二瓣狀或蚌殼狀**：孢膜分上下二瓣，孢子囊群上下表面各一，蚌殼狀，位於小脈頂端。

●**孢子囊沿脈生長**：孢子囊沿葉脈生長，其外形視脈之形態而定。

葉脈游離，孢子囊沿游離脈生長。

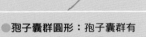

葉脈呈網狀，孢子囊沿網狀脈生長。

●**孢子囊群圓形**：孢子囊群有固定形狀，呈圓形生長。

圓形孢子囊群長在小脈上

圓形孢子囊群長在小脈頂端

●**管形，在脈頂端**：孢膜窄杯狀，孢子囊群位於小脈頂端且突出葉緣，孢子囊群長在孢膜內側基部。

●**孢子囊沿葉軸或與葉軸平行生長**：孢子囊群長線形，同一個體不同葉片其孢子囊群之長短可能不一樣，沿著長線形葉片之葉軸或兩側邊緣生長。

孢子囊沿葉軸生長：長線形孢子囊群沿葉軸生長，連續或斷裂。

孢子囊靠近葉緣且與葉軸平行生長：長線形孢子囊群沿著葉緣或貼近葉緣生長。

孢子囊位於葉緣與葉軸之間，與葉軸平行生長：長線形孢子囊群在葉緣與葉軸之間，並與葉軸平行。

●**孢子囊群橢圓形**：孢子囊群有固定形狀，橢圓形，長在小脈上。

●**碗形，在脈頂端**：孢膜碗狀，內藏孢子囊群，位於小脈頂端。

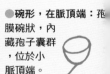

●**孢子囊群線形**：孢子囊群有固定形狀，線形，長在小脈上。

●**鱗片狀或苞片狀**：孢膜鱗片狀，常為圓形孢子囊群遮蓋。

分類群也較前者為多。下位孢膜有二瓣狀或蚌殼狀、管狀、鱗片狀、淺碟狀、碗狀及壺狀；上位孢膜則有魚鱗形、寬杯形、腎形、圓腎形、盾形、線形、J形及馬蹄形等。

【備註】
　　在觀察、辨識蕨類時，必須先找到具有「典型」孢子囊群特徵的葉子，意即這片葉子要能清楚顯示是否具有孢膜，及孢膜的形態和生長位置；如果已經確定沒有孢膜，就必須要能看出孢子囊集生的形狀和長在什麼位置。因此，如果看到的是孢子囊已經開裂的葉子，就很難確定它是否具有孢膜，也無法判斷它是屬於哪一個分類群。

有孢膜

孢膜上位：孢子囊群具固定形狀，長在脈頂端或脈上，孢膜自上方全部遮蓋。

●淺碟形：孢膜為淺碟形，為圓形孢子囊群遮蓋。

●站立之壺形：孢膜形似站立之壺形，頂端具圓形開口，位於小脈之上。

●球形：孢膜為封閉之球形，自頂端線狀開裂，位於小脈上。

●魚鱗形，在脈頂端：孢膜如魚鱗般圓形，僅以一點著生於小脈頂端。

●假孢膜：孢膜是由葉緣反捲所形成的。

●口袋形，脈上生：孢膜為橫長之口袋形，以其長軸著生在小脈上。

●線形，脈上生：孢膜條狀，偶爾略偏橢圓形，以其長軸著生在小脈上，開口朝向一側。

●寬杯形，在脈頂端：孢膜寬杯形，以基部一點或同時與基部兩側著生於小脈頂端。

●管形，在脈頂端：孢膜窄杯狀，在葉緣內側，以基部一點及兩側著生於小脈頂端。

●圓腎形，脈上生：孢膜為一側具有缺刻之圓形，以中心一點著生在小脈上。

線形面對面，脈上生：鄰近二條小脈各具有一面對面開口的線形孢膜。

線形背靠背，脈上生：同一條小脈具有背靠背、開口各自朝外的二條線形孢膜。

香腸形：線形孢膜如香腸狀拱起。

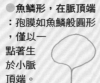
●橫長形，在脈頂端：孢膜橫長形，位於小脈頂端，且至少與二條脈相連結。

●腎形，在脈頂端：孢膜腎臟形或略偏圓腎形，以基部一點著生於小脈頂端。

●盾形，長在小脈上或脈頂端：孢膜為無缺刻之圓形，以中間一點著生。

●J形或馬蹄形：線形孢膜一端常跨越所著生之小脈，形成J形或馬蹄形。

蕨類植物科檢索表

本檢索表主要是架構在植物群演化的優先順序上，再配合容易觀察到的形態與生態特徵加以分群。根據演化的先後，蕨類植物大致可分成擬蕨、厚囊蕨、原始薄囊蕨與較進化之薄囊蕨四大類；而將薄囊蕨中的水生蕨類集中處理，則是基於棲息環境的相似性，而非演化上的關聯。此外，檢索表中的原始薄囊蕨類指的是近代薄囊蕨類較早出現在地球上的一群，由於各科各具獨特之特徵，與今天佔大多數之其他較進化薄囊蕨類極為不同，建議讀者檢索至陸生薄囊蕨類時，可先行查閱表四各圖，如有需要，再進行往後的檢索動作。

台灣蕨類植物科檢索表

①葉通常小型，僅具一中脈或無脈，孢子囊著生葉腋，有時聚成孢子囊穗——擬蕨類 → 表一

②孢子囊小型，或具孢子囊果；植物體革質、紙質、草質或膜質，絕不具托葉；陸生或水生植物——薄囊蕨類

③陸生薄囊蕨類

③水生薄囊蕨類

①葉大型，葉脈多條、分叉，孢子囊著生在葉背或側緣，常形成孢子囊群，或孢子囊位於孢子囊果中，絕不形成孢子囊穗——真蕨類

②孢子囊大型，肉眼可見；植物體肉質狀（根尤其顯著），具革質或膜質鞘狀托葉；概為陸生植物——厚囊蕨類 → 表二

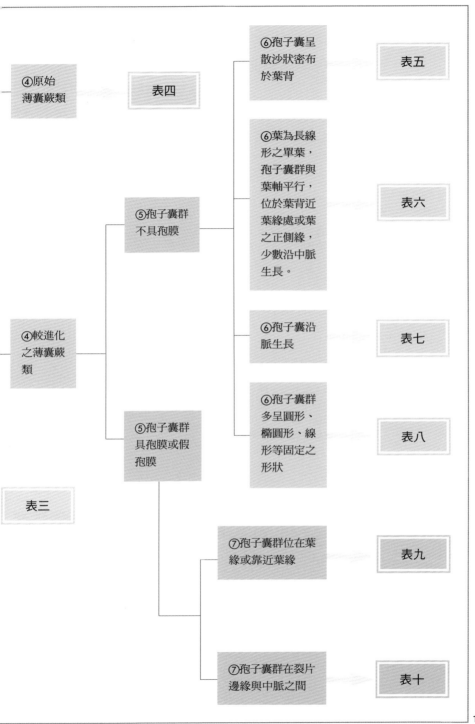

④原始
薄囊蕨類　　　表四

⑥孢子囊呈
散沙狀密布
於葉背　　　表五

⑤孢子囊群
不具孢膜

⑥葉為長線
形之單葉，
孢子囊群與
葉軸平行，
位於葉背近
葉緣處或葉
之正側緣，
少數沿中脈
生長。　　　表六

④較進化
之薄囊蕨
類

⑥孢子囊沿
脈生長　　　表七

⑥孢子囊群
多呈圓形、
橢圓形、線
形等固定之
形狀　　　　表八

⑤孢子囊群
具孢膜或假
孢膜

表三

⑦孢子囊群位在葉
緣或靠近葉緣　　表九

⑦孢子囊群在裂片
邊緣與中脈之間　表十

表一

a. 葉螺旋排列或於正面呈三行排列——石松科
⇨P.29

b. 葉於正面排成四行——
卷柏科⇨P.49

擬蕨類：葉通常小型，僅具一中脈或無脈，孢子囊著生葉腋，有時聚成孢子囊穗。

c. 水生，葉長線形，叢生於基部塊莖上——水韭科⇨P.59

d. 枝、葉均輪生，小葉基部癒合成鞘狀——木賊科⇨P.61

e. 莖二叉分支，地上莖稀被鱗毛狀之小葉，小葉無脈，腋生之孢子囊具三個突起——松葉蕨科⇨P.63

表二

厚囊蕨類：孢子囊大型，肉眼可見；植物體肉質狀（根尤其顯著），具革質或膜質鞘狀托葉；概為陸生植物。

a. 葉柄基部具膜質托葉，孢子囊枝自葉主軸伸出，與葉不在同一平面上——瓶爾小草科⇨P.65

b. 葉柄基部具肥厚、略木質化之大型托葉，羽片及葉柄基部具膨大之葉枕——合囊蕨科⇨P.71

表三			
水生薄囊蕨類	植物之根部著土	a. 葉片四裂成「田」字形──田字草科 ▷P.399	
		b. 葉一回羽狀複葉，具顯著之頂羽片，羽片邊緣呈鋸齒狀──毛蕨（金星蕨科）▷P.242	
		c. 夏綠型之兩型葉植物，葉軸堅硬，孢子葉極度皺縮，孢子囊著生部位僅具葉脈不具葉肉──分株紫萁（紫萁科）	
		d. 葉質地柔軟、肉質，孢子葉具反捲之葉緣，較營養葉窄──水蕨（鳳尾蕨科）	
	植物體漂浮水面，絕不著土	a. 葉片長小於0.1cm，互生──滿江紅科 ▷P.403	
		b. 浮水葉對生，橢圓形，大於0.5cm──槐葉蘋科▷P.401	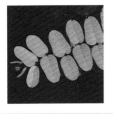

表四

原始薄囊蕨類

a. 孢子囊著生處不具葉肉，孢子囊繞著葉脈生長，孢子葉或孢子羽片皺縮——紫萁科⇨P.77

b. 休眠芽僅出現在羽軸頂端——海金沙屬（莎草蕨科）⇨P.82

c. 葉長線形，禾草狀，孢子囊集生於葉頂端的指狀裂片上——莎草蕨屬（莎草蕨科）⇨P.84

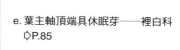

d. 葉僅一層細胞厚，薄膜質，孢膜二瓣狀、寬杯形或管狀，位於裂片頂端——膜蕨科⇨P.91

e. 葉主軸頂端具休眠芽——裡白科⇨P.85

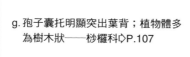

f. 葉革質，背面粉綠色，孢膜為厚硬之蚌殼狀，位於裂片凹入處——蚌殼蕨科⇨P.105

g. 孢子囊托明顯突出葉背；植物體多為樹木狀——桫欏科⇨P.107

h. 葉柄基部兩側呈翼狀，橫切面呈三角形；葉柄基部或羽片基部具瘤狀突起；兩型葉——瘤足蕨科⇨P.113

i. 葉多回二叉分裂——雙扇蕨科⇨P.119

j. 營養葉全緣不分裂或末端呈燕尾狀二裂，主脈二叉分支——燕尾蕨科⇨P.121

表五

較進化之薄囊蕨類一：孢子囊群不具孢膜，孢子囊呈散沙狀密布於葉背。

單葉	a. 孢子葉和營養葉形狀大致相同——舌蕨屬（蘿蔓藤蕨科）▷P.313	
	b. 兩型葉，營養葉主脈單一，主側脈明顯——萊蕨（水龍骨科）	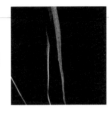
一回羽狀裂葉，或僅基部一對羽片獨立分離	a. 地生植物，高約50cm——沙皮蕨（三叉蕨科）▷P.363	
	b. 小型岩生植物，高約15cm——地耳蕨（三叉蕨科）▷P.362	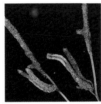 
一回羽狀複葉	a. 植株根細小，直徑在1mm以下；屬闊葉林下山溝邊之植物——蘿蔓藤蕨科▷P.309	
	b. 植株之根粗硬，直徑可達0.5cm以上；屬海岸溪口之沼澤濕地植物——鹵蕨（鳳尾蕨科）▷P.188	

表六			
較進化之薄囊蕨類二：孢子囊群不具孢膜，葉為長線形之單葉，孢子囊群與葉軸平行，位於葉背近葉緣處或是葉之正側緣，少數沿中脈生長。	植株不具星狀毛	a. 葉橫切面線形，孢子囊沿葉邊緣生長——書帶蕨屬（書帶蕨科）◁P.193	
		b. 葉橫切面線形，孢子囊沿中脈生長—— 一條線蕨屬（書帶蕨科）	
		c. 葉橫切面橢圓形，孢子囊沿中脈兩側生長——二條線蕨屬（水龍骨科）◁P.203	
	植株具星狀毛	a. 孢子囊位在葉中脈兩側之溝槽中——革舌蕨（禾葉蕨科）	
		b. 孢子囊位於葉背，並由略為反捲之葉緣所保護——捲葉蕨（水龍骨科）	

較進化之薄囊蕨類三：孢子囊群不具孢膜，孢子囊沿脈生長。

單葉全緣

a. 葉厚，匙形，表面光滑無毛──車前蕨屬（書帶蕨科）▷P.190

b. 葉心形至長心形，葉背密布毛和鱗片──澤瀉蕨（鳳尾蕨科）▷P.163

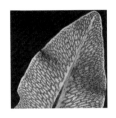

葉為一回羽狀裂葉，至多僅基部一至數對羽片獨立──溪邊蕨、聖蕨屬（金星蕨科）▷P.253、P.254

葉為一回羽狀複葉，莖直立，具明顯主幹──蘇鐵蕨（烏毛蕨科）▷P.292

葉至少為一回羽狀複葉，不具挺空之直立莖──金毛裸蕨、粉葉蕨、翠蕨、鳳丫蕨屬（鳳尾蕨科▷P.151）

	葉脈網狀，網眼中具游離小脈；單葉、一回羽狀或掌狀裂葉──水龍骨科▷P.197		
	羽軸兩側各具一排網眼，網眼中無游離小脈；三回羽狀裂葉，末裂片間具與葉表垂直之突刺──黃腺羽蕨（三叉蕨科）		
	葉具癒合脈形成之網眼──星毛蕨屬、新月蕨屬（金星蕨科）▷P.250		
較進化之薄囊蕨類四：孢子囊群不具孢膜，孢子囊群多呈圓形、橢圓形、線形等固定形狀。	葉脈游離，不具網眼	葉柄密布毛	a. 單葉，葉（尤其是葉柄）上的毛多為平射狀褐色多細胞毛──禾葉蕨科▷P.225
			b. 單葉、一回羽狀複葉至二回羽狀裂葉，葉柄、葉軸，甚至葉片上，密被針狀單細胞毛──卵果蕨屬、紫柄蕨屬、鉤毛蕨屬、方桿蕨屬、茯蕨屬（金星蕨科▷P.235）
			c. 葉二至三回羽狀複葉，植株具多細胞毛──姬蕨（碗蕨科）▷P.138
		葉柄無毛，或僅具稀落之毛	最下羽片基部與葉柄交接處具有關節──羽節蕨屬（蹄蓋蕨科）▷P.395
			植株不具關節

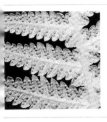

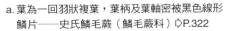

a. 葉為一回羽狀複葉，葉柄及葉軸密被黑色線形
　鱗片──史氏鱗毛蕨（鱗毛蕨科）⇨P.322

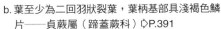

b. 葉至少為二回羽狀裂葉，葉柄基部具淺褐色鱗
　片──貞蕨屬（蹄蓋蕨科）⇨P.391

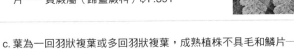

c. 葉為一回羽狀複葉或多回羽狀複葉，成熟植株不具毛和鱗片── 稀子
　蕨屬（碗蕨科）⇨P.140

表九			
		a. 兩型葉，孢子葉之羽片兩側強烈反捲，呈豆莢狀——莢果蕨屬（蹄蓋蕨科）⇨P.398	
	假孢膜開口朝內	b. 植株（尤其是莖及葉柄基部）僅具毛或為2～3列細胞寬之毛狀窄鱗片——蕨屬、曲軸蕨屬、栗蕨屬、細葉姬蕨（碗蕨科⇨P.123）	
		c. 植株具扁平、多列細胞寬之典型鱗片——鳳尾蕨科⇨P.151	
較進化之薄囊蕨類五： 孢子囊群位在葉緣或靠近葉緣，具孢膜或假孢膜。		孢膜與至少兩條脈相連——鱗始蕨科⇨P.141	
	孢膜開口朝外		孢膜腎形或圓腎形
		孢膜僅與一條脈相連	
		孢膜管狀、杯狀、鱗片狀或碗狀	

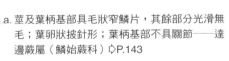

a. 根莖長，植物體呈纏繞藤本狀，葉散生；葉柄
　基部具關節——藤蕨屬（蓧蕨科）⇨P.307

b. 莖短而直立，葉呈叢生狀，並有向四周延伸之匍匐莖；羽片基部具關
　節——腎蕨科⇨P.301

a. 莖及葉柄基部具毛狀窄鱗片，其餘部分光滑無
　毛；葉卵狀披針形；葉柄基部不具關節——達
　邊蕨屬（鱗始蕨科）⇨P.143

b. 根莖及葉柄基部具寬大之鱗片，其餘部分光滑無毛；葉片通常為五角
　形；葉柄基部具關節——骨碎補科⇨P.293

c. 植株僅具毛不具鱗片，葉柄及葉片部分尤其顯著；葉柄基部不具關節
　——碗蕨屬、鱗蓋蕨屬（碗蕨科）⇨P.125、P.129

表十			
較進化之薄囊蕨類六：孢子囊群具孢膜，孢膜位在裂片邊緣與中脈之間。	孢膜線形	孢膜與羽軸或小羽軸平行——烏毛蕨科 ▷P.283	
		孢膜與末裂片之主脈斜交	
	孢膜鱗片狀、圓形、圓腎形或球形	單葉——蓧蕨屬（蓧蕨科）▷P.306	
		複葉	羽軸表面有溝，且與葉軸之溝相通
			羽軸表面無溝，或有溝但不與葉軸之溝相通

. 鱗片窗格狀，孢膜僅生於葉脈一側——鐵角蕨
科⇨P.255

. 鱗片細胞不透明，孢膜常呈J形、馬蹄形、背靠背雙蓋形或是香腸形
——蹄蓋蕨科⇨P.367

a. 孢膜細小，基部著生，孢子囊群常將孢膜遮蓋
——冷蕨屬、亮毛蕨屬、假冷蕨（蹄蓋蕨科
⇨P.367）

b. 孢膜較大，位於孢子囊群上方，或將孢子囊群全面遮蓋——鱗毛蕨科
⇨P.315

| | a. 葉片二回羽狀中裂或深裂，披針形、卵圓形至橢圓形——金星蕨科⇨P.233 |
| 植株具單細胞針狀毛；葉片草質至紙質 | b. 葉片三回羽狀分裂，卵形至三角形，葉柄基部膨大，上面覆滿紅棕色鱗片——腫足蕨屬（蹄蓋蕨科）⇨P.396 |

| | a. 羽軸表面具多細胞肋毛；最基部羽片之最基部朝下小羽片通常較長——三叉蕨科⇨P.153 |
| 植株具多細胞毛，在羽軸表面尤其顯著；葉片草質至紙質 | b. 羽軸表面具蠕蟲形窄鱗片；最基部羽片之基部兩側等長——蹄蓋蕨科擬蹄蓋蕨屬假鱗毛蕨群 |

植株完全不具毛，但密布鱗片；葉片革質至厚革質——鱗毛蕨屬、耳蕨
屬（鱗毛蕨科⇨P.315）

蕨類各部位的構造名稱圖解

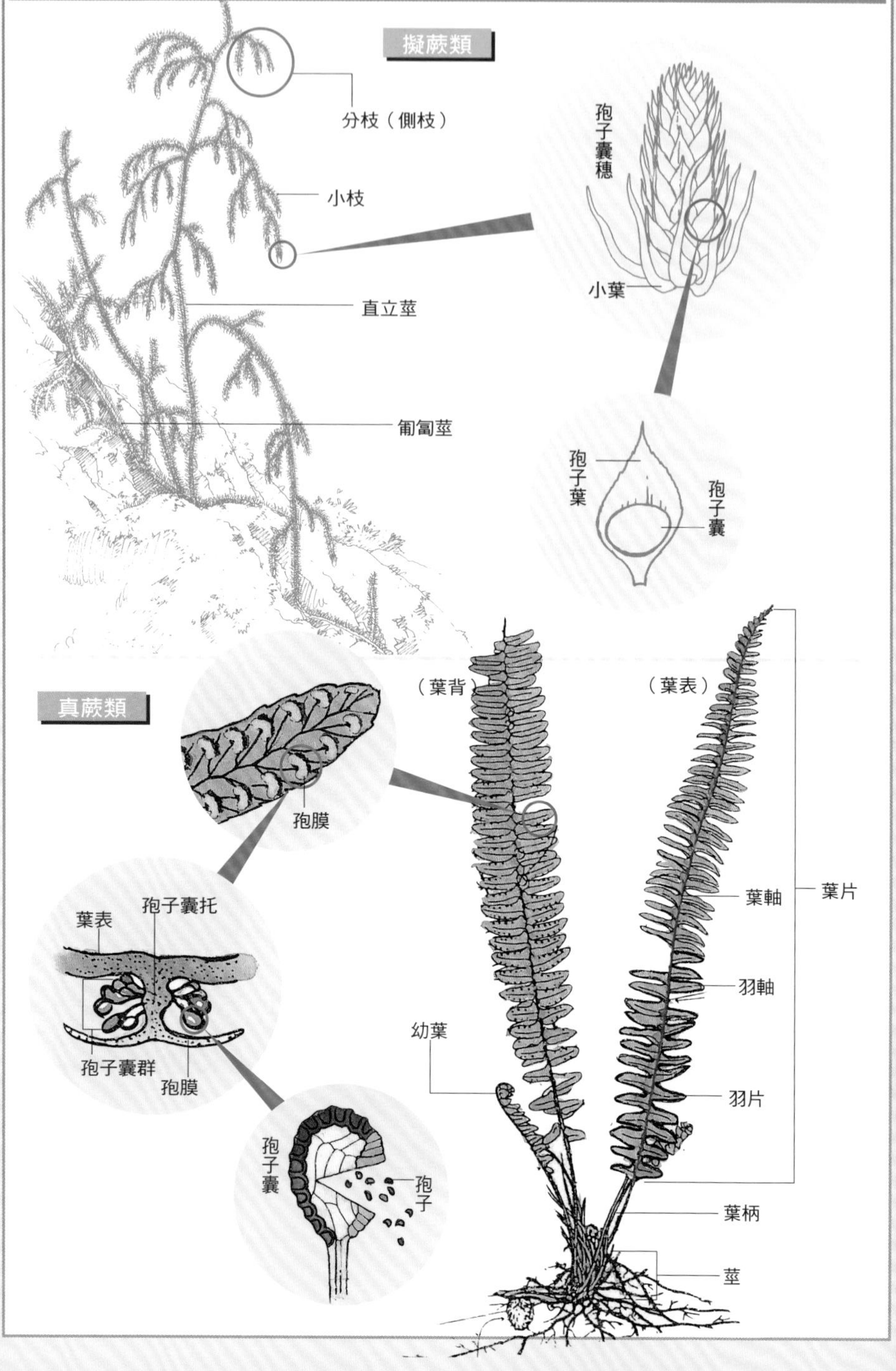

擬蕨類

分枝（側枝）

小枝

直立莖

匍匐莖

孢子囊穗

小葉

孢子葉

孢子囊

真蕨類

孢膜

（葉背）

（葉表）

葉表

孢子囊托

孢子囊群

孢膜

葉軸 ── 葉片

羽軸

羽片

幼葉

孢子囊

孢子

葉柄

莖

石松科
Lycopodiaceae

外觀特徵：葉小型，單脈，多呈螺旋狀排列；莖二
叉分支；孢子囊長在葉腋；孢子葉多集生在枝條
頂端，有的會聚集成橢圓形之孢子囊穗，其外觀
與顏色有時會和營養葉極為不同。

生長習性：著生或地生，有些具懸垂性或攀緣性；
許多稀有種類都與較成熟的森林有關。

地理分布：遍布世界，遍布台灣全島。

種數：全世界有4屬約300種，台灣有3屬22種。

●本書介紹的石松科有3屬19種。

【屬、群檢索表】

①具有相等之二叉分枝，無明顯主莖。 ……②
①具不對等之二叉分枝，主莖明顯。 ………③

②地生型，植株直立，孢子葉與營養葉混生。
………………………………石杉屬石杉群 P.30
②著生型，植株下垂，孢子葉位於枝條末端。
………………………………石杉屬馬尾杉群 P.34

③孢子囊穗下垂 ………………過山龍屬 P.48
③孢子囊穗直立 …………………………④

④莖藤狀；葉鱗片狀，約僅0.2~0.3cm，具長
尾尖。 ……………石松屬藤石松群 P.47
④莖不呈藤狀；葉卵圓形、線形、披針形等，
不具尾尖。 ……………………………⑤

⑤小葉對生，枝條扁平具背腹性。
………………………………石松屬扁枝石松群 P.45
⑤小葉螺旋排列，枝條圓形。
………………………………石松屬石松群 P.41

千層塔

Huperzia serrata (Thunb.) Trev.

石杉屬石杉群

海拔	中海拔	
生態帶	暖溫帶闊葉林	針闊葉混生林
地形	山坡	
棲息地	林內	
習性	地生	
頻度	偶見	

●**特徵**：植株直立，高約7～20cm，少數個體高可達30cm，莖數回二叉分支，莖頂附近常具不定芽，可無性繁殖；葉片平展，長1～3cm，寬2～5mm，葉緣呈不規則之鋸齒狀，但本種葉緣變化極大，有時葉緣幾為全緣；孢子葉與營養葉同形，位在枝條頂端，孢子囊腎形、黃色，位於葉腋（莖與葉交接處），不集生成孢子囊穗。

●**習性**：地生，生長在林下遮蔭、腐植質豐富的環境。

●**分布**：西伯利亞東南端、日本、韓國、中國大陸、喜馬拉雅山東部、印度、中南半島及菲律賓，台灣產於脊樑山脈中海拔山區。

【附註】本種在中藥上因有止痛的療效，常用在治療跌打損傷方面，唯近年來發現本種亦含有防止老年癡呆症的成分，一時需求者眾，也因此千層塔在台灣的產量有越來越少的趨勢。

19940703·觀霧

19960209·觀霧

19981114·春陽

（小左、小右）位於葉腋的黃色腎形孢子囊及其附近的鳳冠形不定芽

相馬氏石杉

Huperzia somai (Hayata) Ching

石杉屬石杉群

海拔	中海拔
生態帶	針闊葉混生林
地形	山坡
棲息地	林緣
習性	地生
頻度	稀有

1998I225・梅峰

1998I224・梅峰

●**特徵**：植株直立，高不超過10cm的小型石杉；莖常呈紅褐色，一至二回二叉分支；小葉長披針形，常平展且葉尖向下彎，長2～4mm，寬不及 1 mm，基部小葉多少反折；孢子葉與營養葉同形，不集生成孢子囊穗。

●**習性**：地生，生長在林緣坡地。

●**分布**：日本及呂宋島，台灣多見於檜木林帶。

【**附註**】本種在日本及呂宋島均極為罕見，台灣是本種的分布中心。由於只出現在海拔2000公尺左右霧林帶之分布範圍，故亦為台灣此類環境的指標植物。

（小）位於葉腋的黃色腎形孢子囊及其附近之鳳冠形不定芽

反捲葉石杉

Huperzia quasipolytrichoides
(Hayata) Ching

石杉屬石杉群

海拔	高海拔
生態帶	針葉林
地形	山坡
棲息地	林內
習性	地生
頻度	偶見

●**特徵**：植株直立，高約8～15 cm，莖二叉分支；小葉線形，全緣，長約5～10 mm，寬約1 mm，明顯朝下反折，部分小葉緊貼莖上，故植株呈節狀緊縮；孢子葉與營養葉同形，混生，但大部分都集中在枝條頂端，不集生成孢子囊穗。

●**習性**：地生，生長在林下遮蔭、腐植質較豐富之空曠環境。

●**分布**：台灣特有種，主要產於鐵杉林帶。

（主）直立莖呈節狀皺縮，所有小葉均向下反折。

1991090・雲稜→南湖北山登山口

19981224・鳶峰

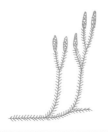

小杉蘭

Huperzia selago
(L.) Bernh. *ex* Schrank & Mart.
var. *appressa* (Desv.) Ching
石杉屬石杉群

海拔	高海拔
生態帶	高山寒原
地形	山坡
棲息地	灌叢下
習性	地生
頻度	偶見

19910910・南湖北峰→北山登山口

198812・玉山

●**特徵**：植株直立，高約5～10cm，莖二叉分支；小葉全緣，長披針形，長3～7mm，寬約1mm，有貼莖生長之傾向；孢子葉與營養葉同形，不集生成孢子囊穗。
●**習性**：地生，生長在灌叢下遮蔭環境。

●**分布**：日本、中國大陸西南部，台灣在高山寒原地區偶見。

【**附註**】本種根及莖基部常藏在岩屑地之石縫中，由於高山寒原是植物生長之惡地，所以每一株小杉蘭之存在均屬不易，也發展出利用不定芽行無性繁殖的特殊生存機制。

（小）位在枝條末梢的鳳冠狀不定芽

福氏馬尾杉

Huperzia fordii (Baker) Dixit.

石杉屬馬尾杉群

海拔	低海拔	中海拔
生態帶	亞熱帶闊葉林	暖溫帶闊葉林
地形	谷地	山坡
棲息地	林內	
習性	著生	岩生
頻度	常見	

石松科

石杉屬・馬尾杉群

1987 1101・北插天山

1998 1223・春陽

1995 0916・福山

1993 0820・坪林

●**特徵**：著生，莖常斜上生長，頂端下垂，一至二回二叉分支，幼莖常直立，植株長約20～40cm；小葉斜上生長，披針形至橢圓形，先端尖，基部無柄，葉長10～15mm，寬2～4mm；孢子葉較小，多集中莖頂，且愈接近末端愈小，不集生成孢子囊穗。

●**習性**：生長在成熟闊葉林下遮蔭環境，著生於樹幹或岩石上。

●**分布**：印度、中國大陸、中南半島及日本中南部，在台灣中、低海拔山區可見，

為森林內較常見的石松科植物之一，唯目前因森林破壞的關係，數量逐漸減少。

（小上）植株基部之葉片常呈貼伏狀
（小中）孢子葉集中在枝條末端，與營養葉的顏色及外形均相似，但較小型。
（小下）在孢子葉保護之下，位於葉腋的孢子囊。

台灣馬尾杉

Huperzia taiwanensis
(Kuo) Kuo

石杉屬馬尾杉群

海拔	中海拔	
生態帶	針闊葉混生林	
地形	山坡	
棲息地	林內	
習性	著生	岩生
頻度	稀有	

19871225・新中橫下方

20000423・拉拉山

●**特徵**：著生，莖初始直立生長，成熟時則下垂彎曲，三至四回二叉分支，植株長約10～25cm，由於在近基部即行分叉，外形酷似叢生；小葉窄線形，全緣，長10～15mm，寬約1mm；孢子葉與營養葉同形，但略小，位在枝條末端，不集生成孢子囊穗。

●**習性**：生長在林下遮蔭環境，著生於樹幹或岩石上。

●**分布**：台灣特有種，出現在中海拔雲霧帶山區之檜木林。

【**附註**】台灣海拔2000公尺左右之雲霧盛行帶，除了著名的紅檜、扁柏等檜木之外，生長該處的蕨類亦非常特殊，特有種的台灣馬尾杉亦在此種環境孕育而出。

（小）開展之窄線形小葉及其葉腋之黃色孢子囊

展葉馬尾杉

Huperzia squarrosa (Forst.) Trev.

石杉屬馬尾杉群

海拔	低海拔
生態帶	熱帶闊葉林　亞熱帶闊葉林
地形	谷地
棲息地	林內
習性	著生
頻度	稀有

19980712 · 烏來雲仙樂園

●**特徵**：著生，莖初始斜上生長，老莖下垂，植株長可達1～2m，莖可見五至六回二叉分支，莖連葉寬約20～25mm，基部小葉明顯反折，其餘小葉則朝外生長；小葉全緣，線狀披針形，緊密排列，長10～15mm，寬約1.5mm；孢子葉與營養葉同形，但較小，不集生成孢子囊穗。

●**習性**：生長在成熟闊葉林之高處，著生於樹幹上。

●**分布**：熱帶亞洲及非洲馬達加斯加島。台灣低海拔山區闊葉林可見，屬零星分布

之稀有植物。

【**附註**】從標本館內過往所採集之標本資料顯示，本種零星但廣泛分布於台灣低海拔山區，推測與本島零星、片狀分布之熱帶雨林有關。展葉馬尾杉因屬高位著生，需較大面積之森林維持其所需之空氣濕度，所以其逐漸消失應與低海拔谷地大面積開發有關。

19980712 · 烏來雲仙樂園

19980712 · 烏來雲仙樂園

（小上）莖基部小葉明顯反折
（小下）位於莖前端之線狀披針形孢子葉，其葉腋具孢子囊。

覆葉馬尾杉

Huperzia carinata
(Desv. *ex* Poir.) Trev.

石杉屬馬尾杉群

海拔	低海拔	
生態帶	熱帶闊葉林	亞熱帶闊葉林
地形	谷地	
棲息地	林內	林緣
習性	著生	
頻度	稀有	

19810501 · 台大植物系蔭棚（人工栽植）

●**特徵：**著生，幼莖直立，老莖下垂，多回二叉分支，莖連葉呈略具四稜之圓柱形，植株長可達50cm以上；小葉披針形，全緣，貼伏莖上，並將莖披覆，長5～10mm，寬1～2mm；孢子葉與營叢葉同形，不集生成孢子囊穗。

●**習性：**生長在林內遮蔭環境，著生於樹幹之高處。

●**分布：**熱帶亞洲，台灣產在低海拔山區成熟闊葉林內，屬稀有植物。

【附註】高位著生型的石松科蕨類有越來越少的趨勢，推測應與其生長條件有關，只有較大面積類似熱帶雨林的環境才有可能提供高位棲息空間的空氣濕度，而台灣的類似環境隨著高度開發而益形稀少。本種多出現在台灣的南部地區。

20000920 · 台北植物園（人工栽植）

19810501 · 台大植物系蔭棚（人工栽植）

（小左）孢子葉與營養葉同形，披針狀，葉連莖之外形略呈四稜狀。
（小右）莖頂有時會產生不定芽，可行無性繁殖。

37

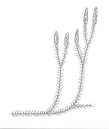

銳葉馬尾杉

Huperzia fargesii (Hert.) Holub

石杉屬馬尾杉群

海拔	中海拔
生態帶	暖溫帶闊葉林
地形	山坡
棲息地	林內　林緣
習性	著生　岩生
頻度	稀有

●**特徵**：著生，植株下垂，莖連葉之外形呈繩索狀，長30cm以上，莖連葉寬約3～6mm；小葉明顯呈弓形，葉尖朝莖彎曲，長1～3mm，寬0.2mm；孢子葉較營養葉小，集生於枝條末端，但不集生成孢子囊穗。

●**習性**：生長在有雲霧之闊葉林環境，著生於樹幹或岩石上。

●**分布**：中國大陸、日本，台灣則見於中海拔闊葉林。

【**附註**】具有雲霧之暖溫帶闊葉林是台灣非常特殊的生態環境，許多稀有蕨類均生長於該地，例如禾葉蕨科（見225頁）即為其指標植物，而銳葉馬尾杉也是此環境的成員之一❧

19880509・樂樂

19880509・樂樂

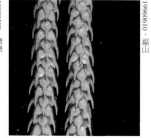

1996O610・福山

（主）下垂的細莖連葉形似分股纏繞而成的繩索
（小左）營養葉明顯呈弓形，葉尖朝莖彎曲
（小右）孢子葉較不呈弓形，但仍多少緊貼莖上，隱約可見位於葉腋的孢子囊。

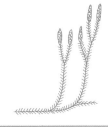

鱗葉馬尾杉

Huperzia sieboldii (Miq.) Holub

石杉屬馬尾杉群

海拔	中海拔
生態帶	暖溫帶闊葉林
地形	山坡
棲息地	林內　林緣
習性	著生　岩生
頻度	稀有

福山植物園

20000125・研海林道

●**特徵：**著生，植株懸垂，呈繩索狀，長約20～50cm，莖三至四回二叉分支，莖連葉寬1.5～2mm；小葉橢圓形，長不超過2mm，貼伏莖上；孢子葉和營養葉同形而且等大，不集生成孢子囊穗。

●**習性：**生長在有雲霧之闊葉林環境，著生於樹幹或岩石上。

●**分布：**中國大陸、韓國濟州島、日本，台灣則見於北部及東部之中海拔山區。

【附註】具有雲霧環境之暖溫帶闊葉林在台灣呈零星分布的狀態，此類環境空氣濕度之維護亦有賴較大面積之森林，所以隨著森林被開發，生長其間的小型植物，尤其是著生型蕨類更難維持生存所需，因此之故，暖溫帶闊葉霧林的著生蕨類一般都很稀有。

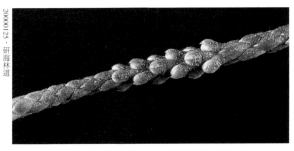

（小）營養葉及孢子葉均貼伏莖上，尚可見著生葉腋之孢子囊。

垂枝馬尾杉

Huperzia phlegmaria (L.) Rothmaler

石杉屬馬尾杉群

海拔	低海拔	
生態帶	熱帶闊葉林	亞熱帶闊葉林
地形	谷地	
棲息地	林內	林緣
習性	著生	
頻度	偶見	

19851219·鹿寮溪

●**特徵**：著生，幼莖直立或斜上生長，老莖則下垂，呈多回二叉分支，長可達 1 m，一般莖長30～50cm；小葉開展，卵狀披針形，基部截形，具柄，長 8～15mm，寬 4～6 mm；孢子葉明顯較小，長約 1 mm，位在莖末端，形成明顯較營養枝細的孢子枝，孢子枝一至多回二叉分支，長約8～10cm或更長。

●**習性**：屬於成熟林的著生植物，常為高位著生。

●**分布**：亞洲及非洲熱帶，台灣則在低海拔地區偶可見到。

【**附註**】本種是台灣高位著生石松科中最耐旱的植物，所以被發現的頻度也較高，在花市中偶亦可見；本種也是台灣呈零星片狀分布的熱帶雨林之指標植物。

19851219·鹿寮溪

（主）高位著生的垂枝馬尾杉
（小）孢子枝及營養枝之外形極為不同，此為本種的主要特徵。

假石松

Lycopodium pseudoclavatum Ching

石松屬石松群

海拔	中海拔	高海拔
生態帶	箭竹草原	
地形	山坡	
棲息地	空曠空	
習性	地生	
頻度	常見	

19910811·雲稜→南湖山莊

●**特徵**：具匍匐地面多回分叉的匍匐莖，並由其上長出挺空的直立莖；小枝圓柱形，小葉密生，窄披針形，寬約 0.6 mm，質地堅硬且厚，傾斜向上，葉尖內彎；孢子囊穗3～5個一組，位於枝條末端的長柄上。

●**習性**：地生，生長在開闊環境，尤其是箭竹草原，蔓生。

●**分布**：中國大陸西南部及印度北部等地，台灣常見於中、高海拔山區。

【**附註**】箭竹草原是中、高海拔地區森林火災後所形成的植物群落，而假石松是這種環境中最常見的蕨類。

19930909·合歡山→成功堡

蔓石松

Lycopodium annotinum L.

石松屬石松群

海拔	高海拔	
生態帶	箭竹草原	
地形	山坡	
棲息地	空曠地	林緣
習性	地生	
頻度	稀有	

●**特徵**：主莖匍匐於地表，分枝極多，上具挺空的直立莖，通常不分叉或僅分叉一次；小葉線狀披針形，略具齒緣，長5～10mm，寬約0.5～1mm，開展或多少向下反折，且葉尖端向上彎曲；孢子囊穗無柄，位於直立莖莖頂，穗長約3cm。

●**習性**：地生，生長在林緣及箭竹草原等開闊處，常蔓生。

●**分布**：北半球溫帶地區，台灣分布於冷杉林帶之箭竹草原或森林邊緣，罕見。

（主、小）地上莖直立，單一或僅分叉一次，頂端具一無柄之長圓柱形孢子囊穗。

19890907·石門山

19810808·南湖東峰

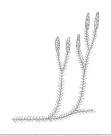

玉柏

Lycopodium juniperoideum Sw.

石松屬石松群

海拔	高海拔
生態帶	箭竹草原
地形	山坡
棲息地	空曠地
習性	地生
頻度	偶見

石松科

石松屬‧石松群

19860515‧大水窟

●**特徵**：地下莖橫走狀，埋藏於地表下，地上莖直立，高10～30cm，上半部多回分支，形成叢狀；小葉窄披針形，全緣，長3～5mm；每一直立莖具一至數個孢子囊穗，孢子囊穗無柄，穗長3～4cm。

●**習性**：地生，生長在開闊環境，尤其是玉山箭竹草原，通常只見散生的地上莖，橫走的地下莖不容易看到。

●**分布**：北半球溫帶地區及熱帶高山，台灣3000公尺以上的高海拔山區可見。

（主）每一單位之地上直立莖具數個分枝，每一分枝頂端僅具一無柄之孢子囊穗，地下莖深埋地下，由地表不易看見。

43

矮石松

Lycopodium veitchii Christ

石松屬石松群

海拔	高海拔
生態帶	箭竹草原
地形	山坡
棲息地	空曠地
習性	地生
頻度	偶見

160101091 · 南湖北山登山口

●**特徵**：主莖匍匐狀，向上分出挺空的直立莖，直立莖圓柱形，分叉數回，植株高度通常在10cm以下；小葉呈螺旋狀排列，披針形至窄披針形，長3～4mm，寬約0.5mm，葉尖朝上；孢子囊穗長2～3cm，每穗具一長4～7cm之柄。

●**習性**：地生，常生長在箭竹草原之開闊環境，呈小叢狀出現。

●**分布**：中國大陸西南部，台灣則見於高海拔約3000公尺以上地區。

（主）匍匐莖隱藏於岩縫中，直立莖多回分叉，每一枝條頂端具一有柄的孢子囊穗；植株常呈小叢狀生長。

玉山地刷子

Lycopodium yueshanense Kuo

石松屬扁枝石松群

海拔	高海拔
生態帶	箭竹草原
地形	山坡
棲息地	空曠地
習性	地生
頻度	偶見

19881105・八通關前山

●**特徵**：植株具橫走莖及直立莖，橫走莖埋藏在地表下，分枝緊密；直立莖高約10 cm，具多回不對稱二叉分枝，分枝排列亦緊密，枝條甚窄，寬約2 mm，明顯具背腹性；小葉兩形，側葉較腹、背兩面之小葉大，近十字對生；孢子囊穗2～3個一組，每組具一長柄。

●**習性**：地生，生長在開闊環境，呈小叢狀出現。

●**分布**：台灣特有種，主要出現在高海拔3000公尺左右的箭竹草原中。

（主） 橫走莖常為腐植質掩蓋，每一單位之直立莖呈數回不對稱之二分叉，每一直立莖具1～3長柄。

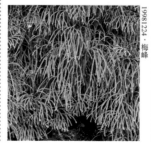

地刷子

Lycopodium multispicatum J. Wilce

石松屬扁枝石松群

海拔	中海拔	
生態帶	箭竹草原	
地形	山坡	
棲息地	林緣	空曠地	路邊
習性	地生	
頻度	常見	

●**特徵：**主莖匍匐狀，直立莖由主莖分出，並行數回二叉分支，枝條明顯具背腹性；小葉三形，側面及腹、背兩面之小葉不等大，近十字對生，小葉基部緊貼莖上；孢子囊穗長可達3cm，數個一組，每組具一長柄，柄長約10～15cm。

●**習性：**地生，生長在向陽開闊處或是路邊坡地，大面積蔓生。

●**分布：**中國大陸西南部、越南、菲律賓等地，台灣在中海拔山區常見。

【附註】本種之枝條扁平，近似卷柏科植物（見49頁）的特徵，不過卷柏的中葉兩行並列，且僅出現在枝條的正面，而本種中葉只有一列，且上下兩面均有。

1986.03.21・梅峰

1998.12.24・梅峰

1998.03.21・觀霧

（主、小左）生長在中海拔開闊之山坡地，直立莖呈扇形開展，常大面積出現。
（小右）小枝枝條扁平，表面可見三行小葉。

木賊葉石松

Lycopodium casuarinoides Spring

石松屬藤石松群

海拔	中海拔
生態帶	暖溫帶闊葉林
地形	山坡 / 稜線
棲息地	林緣
習性	藤本 / 地生
頻度	偶見

19860324・惠蓀林場台灣杜鵑花園

●**特徵**：攀緣性藤本，挺空的主莖不規則分支，主莖徑可達 5 mm，其上疏生小葉；側枝上的小葉較密，小葉基部緊貼於莖，末端呈長尾狀；孢子葉集生在枝條末端，形成圓柱形的孢子囊穗，穗長 1.5～3 cm，彎弓狀，孢子囊穗 6～26 個一組，呈圓錐狀排列。

●**習性**：生長在林緣半開闊處，蔓藤般攀緣於樹上，並常由樹枝上懸垂而下。

●**分布**：熱帶亞洲高山至日本南部，台灣中、北部中海拔山區偶見。

【附註】本種為雲霧帶闊葉林的指標植物之一，在雲霧中懸垂的枝條常泛藍色。

19860324・台灣杜鵑花園

47

過山龍

Lycopodiella cernua
(L.) Pichi-Sermolli

過山龍屬

海拔	低海拔　中海拔
生態帶	亞熱帶闊葉林　暖溫帶闊葉林
地形	山坡
棲息地	林緣　空曠地　路邊
習性	地生
頻度	常見

過山龍屬

●**特徵**：地生之蔓性植物，匍匐莖之外也具挺空的直立莖；直立莖常呈傾臥狀，高可達50cm以上，主軸明顯，側枝多，莖連葉寬約3～5mm；小葉線狀披針形，全緣，纖細，長3～5mm，寬0.3～0.7mm，孢子集生小枝枝條末端，形成無柄的孢子囊穗，穗長約5～10mm，枝條末端彎曲向下。

●**習性**：地生，生長在開闊環境或是森林邊緣，蔓生。

●**分布**：全世界熱帶至暖溫帶地區，台灣中、低海拔常見。

（主）主莖有時傾臥而呈匍匐狀
（小）著生孢子囊穗之小枝枝條末端彎曲向下

19950416・陽明山國家公園大油坑

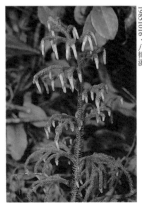

19851016・八律溪

卷柏科

Selaginellaceae

外觀特徵：枝條正面具四排小葉，中葉和側葉形態
不同，無柄，單脈。植物體扁平，具有背腹性。
孢子囊著生葉腋，孢子葉集生於枝條末端，形成
長方柱狀的四面體形或扁平狀的孢子囊穗。

生長習性：地生或長在岩石上，主莖匍匐或直立生
長，常成群出現。

地理分布：主要分布在熱帶、亞熱帶地區，台灣則
遍布全島，從低海拔至2500公尺左右。

種數：全世界只有1屬約750種，台灣有17種。

●本書介紹的卷柏科有1屬9種。

萬年松

Selaginella tamariscina
(P. Beauv.) Spring

卷柏屬

海拔	低海拔	中海拔	
生態帶	海岸	亞熱帶闊葉林	暖溫帶闊葉林
地形	谷地		
棲息地	空曠地		
習性	岩生		
頻度	偶見		

19891112・綠水→文山步道

●**特徵：**主莖短直立狀，基部常形成幹狀構造，上具二至三回分叉之分枝，植株高10～20cm，缺水時枝條向內捲曲；小枝連葉寬1.5～3mm，表面深綠，背面灰褐色；小葉兩形，側葉斜展，長卵圓形，長1.5～2.5mm，寬1～2mm，中葉卵狀披針形，斜向枝頂，長1～2mm，寬0.5～1mm；孢子葉同形，無側葉、中葉之分，在枝條末端集生成孢子囊穗，孢子囊穗四角柱形，長可達1cm。

●**習性：**岩生，主要生長在開闊溪谷地岩壁上。

●**分布：**西伯利亞、日本、韓國、中國大陸、印度北部、中南半島、菲律賓及小笠原群島等地，台灣中、低海拔地區零星可見。

【**附註**】環境濕度足夠時植株開展，其綠色之表面可行使光合作用；濕度降低時植株捲縮，以減少蒸發散面積，且露出淺色之背面亦可反射太陽光。

19981225・屯原

19920915・頭城大溪

（小下）萬年松乾旱時的外觀

全緣卷柏

Selaginella delicatula
(Desv. *ex* Poir.) Alston

卷柏屬

海拔	低海拔
生態帶	熱帶闊葉林　亞熱帶闊葉林
地形	山溝　谷地
棲息地	林內　林緣　溪畔
習性	地生
頻度	常見

19990206・十里

19940425・龜山島

19980918・新店（人工栽植）

19880410・金山

●**特徵**：主莖直立，高30～50cm，二回羽狀分支，主軸上小葉稀疏，基部具根支體；分枝上的葉緊密排列，枝連葉寬3～4mm，小葉兩形，側葉橫長形，末端鈍，全緣，長2.5～3mm，寬1～2mm，中葉較小，葉尖指向枝頂，並向內彎曲，長1～2mm，寬約0.5mm；孢子葉同形，孢子囊穗四角柱形，長約5～10mm以上，甚至可達20mm。

●**習性**：地生，生長在林緣或林下比較潮濕並且富含腐植質之處。

●**分布**：中國大陸南部、印度、中南半島、菲律賓、馬來西亞、印尼等地，台灣全島低海拔山區常見。

（主）　同側之第一回鄰近側枝不相互重疊
（小上）　全緣卷柏常見生長在姑婆芋喜愛的亞熱帶潮濕環境
（小中）　四角柱形的孢子囊穗
（小下）　背面只見兩列小葉

51

異葉卷柏

Selaginella mollendorffii Hieron.

卷柏屬

海拔	低海拔
生態帶	亞熱帶闊葉林
地形	山坡
棲息地	林緣　路邊
習性	地生
頻度	常見

19890612・景美仙跡岩

19931207・台北虎山

19900625・新店（人工栽植）

19980918・新店（人工栽植）

●**特徵：**主莖直立，高約25cm，主軸上的小葉貼伏莖上，螺旋狀排列，疏生，小葉卵形，長4～5mm，寬1～3mm；植株下半部不分支，上半部至少三回分支，主軸基部具根支體；小枝連葉寬3～4mm，小葉兩形，側葉橫長形，基部歪斜，具緣毛，長1～2mm，寬約0.5mm，中葉卵圓形，具長緣毛，中脈彎曲，末端尾尖，基部圓，長約1mm，寬約0.3mm；孢子葉同形，孢子囊穗四角柱形，長5～10mm。

●**習性：**地生，生長在半遮蔭之林緣、產業道路邊坡等處。

●**分布：**中國大陸南部、中南半島、琉球群島，台灣低海拔山區常見。

（小中）中葉卵圓形，末端尾尖。
（小右）側枝頂端四角柱形的孢子囊穗

擬密葉卷柏

Selaginella stauntoniana Spring

卷柏屬

海拔	低海拔	中海拔
生態帶	暖溫帶闊葉林	
地形	谷地	峭壁
棲息地	林緣	空曠地
習性	岩生	
頻度	偶見	

19871226·太魯閣

19890906·迴頭彎‧蓮花池

19990208·瓦拉米

●**特徵**：地下莖橫走，向上分出挺空直立莖，直立莖下半部不分支，上半部二至三回分支，主軸紅褐色，小葉貼伏，長約3 mm，寬1～1.5mm，卵形，基部盾狀著生；小枝連葉寬3～4 mm，小葉兩形，側葉橫長形，末端銳尖，基部歪斜，全緣，長1～3mm，寬約0.7mm，中葉卵形，末端尖，全緣，長約1 mm，寬約0.3 mm；孢子葉同形，孢子囊穗四角柱形，長3～5 mm或更長。

●**習性**：常長在崖壁之岩縫中，為典型之岩生植物。

●**分布**：蒙古、中國大陸東北部及東部、韓國，在台灣見於東部中、低海拔山區。

【**附註**】本種屬於岩生植物，也適應生長在石灰岩環境，故在東部較容易看到。在野外其橫走莖常隱藏在岩縫中，而只見挺空的直立莖，所以容易被誤會為只有直立莖而無橫走莖。

（小上）　枝條頂端可見四角柱形的孢子囊穗
（小下）　枝條之正面可見四行小葉

53

高雄卷柏

Selaginella repanda (Desv.) Spring

卷柏屬

海拔	低海拔	
生態帶	熱帶闊葉林	
地形	山坡	
棲息地	林內	林緣
習性	岩生	地生
頻度	常見	

19850725 · 赤牛嶺

●**特徵：**具直立莖及匍匐莖，直立莖高8～30cm，向左右兩側分出互生之側枝，主軸上的小葉排列緊密；分枝連葉寬4～6mm，小葉兩形，側葉斜長形，末端略尖，基部兩側不對稱，葉緣具短毛，長2.5～3mm，寬1～1.5mm，中葉卵圓形，末端具尾尖，長約1mm，寬0.4～0.6mm，邊緣具毛；孢子葉同形，在枝條末端集生成孢子囊穗，孢子囊穗四角柱形，長5～7mm。

●**習性：**岩生或地生，生長在林緣或林下較開闊處。

●**分布：**印度、中國大陸南部、琉球群島、菲律賓，南至印尼，台灣中南部低海拔地區可見，常見於高位珊瑚礁森林中。

19981203 · 南安→佳心

19981017 · 瓦拉米

（主）成熟的高雄卷柏莖為直立狀
（小上）年輕的高雄卷柏莖呈匍匐狀
（小下）枝條頂端可見四角柱形的孢子囊穗

生根卷柏

Selaginella doederleinii Hieron.

卷柏屬

海拔	低海拔	中海拔
生態帶	暖溫帶闊葉林	
地形	山坡	
棲息地	林內	
習性	地生	
頻度	常見	

1993 1204·台北文山國中

1990 0416·台北天溪園

1995 0915·福山

●**特徵：**植株長20～40cm，匍匐生長，但不貼於地面，以根支體支撐；主軸數回分支，小葉排列情形和分枝相同；分枝連葉寬5～7mm，小葉兩形，側葉向兩側平展，長歪卵形，長3～5mm，寬1.2～2mm，中葉長卵形，大小約為側葉之三分之一，先端直指枝頂，長約1.4mm，寬約0.6mm；孢子葉同形，孢子囊穗四角柱形，長2～5mm或更長。

●**習性：**地生，生長在林下多腐植質、濕度較高之處。

●**分布：**日本南部、中國大陸南部、印度、中南半島，台灣則在中、低海拔地區常見。

（小上）　枝條之正面可見小葉排成四行
（小下）　枝條頂端可見四角柱形的孢子囊穗

疏葉卷柏

Selaginella remotifolia Spring

卷柏屬

海拔	中海拔	
生態帶	暖溫帶闊葉林	針闊葉混生林
地形	山坡	
棲息地	林緣	
習性	地生	
頻度	常見	

●**特徵**：主莖匍匐狀，向地一側常見根支體，兩側互生羽狀分枝；主莖上的小葉排列疏鬆，分枝上的小葉排列較緊密，枝連葉寬約5 mm，小葉兩形，側葉卵形或卵狀披針形，長1.5～2.5mm，寬1～2mm，中葉長卵形或斜卵形，長約1.5mm，寬約0.5mm；孢子葉同形，無側葉、中葉之分，在枝條末端集生成穗，孢子囊穗呈四角柱形，長5～10mm。

●**習性**：地生，長在林緣半開闊環境，蔓生於土坡上。

●**分布**：日本、中國大陸、菲律賓，南至蘇門答臘、爪哇、新幾內亞，台灣則見於中海拔山區。

（主） 攀爬在土坡上的植株
（小） 小枝條末端可見四角柱形的孢子囊穗

1993.12.12・陽明山大屯自然公園

1986.08.28・中興農場

玉山卷柏

Selaginella labordei
Hieron. *ex* Christ

卷柏屬

海拔	中海拔	高海拔
生態帶	針闊葉混生林	針葉林
地形	谷地	山坡
棲息地	林內	
習性	地生	
頻度	偶見	

1989083 · 太平山

19880728 · 八通關古道

1990206 · 十里

●**特徵**：植株常傾臥，具明顯柄狀構造，柄上小葉螺旋排列，卵圓形，長約 3 mm，寬約 2 mm，柄基具根支體；小枝連葉寬3～3.5mm，小葉兩形，側葉卵狀橢圓形，邊緣具毛，末端略尖，長約 2 mm，寬1～1.5mm，中葉卵形，邊緣具毛，末端尖，長約1.5mm，寬約0.6mm；孢子葉兩形，在枝條末端集生成孢子囊穗，孢子囊穗呈壓扁狀，長5～7mm，孢子葉的排列有轉置現象，即孢子枝和營養枝小葉排列的背腹性相反。

●**習性**：地生，生長在林下潮濕遮蔭、腐植質豐富的環境。

●**分布**：中國大陸西南部，台灣中、高海拔山區可見。

（小上）玉山卷柏的生長習性常是自較陡之土坡懸垂而下
（小下）側枝頂端具壓扁的孢子囊穗

膜葉卷柏

Selaginella leptophylla Bak.

卷柏屬

海拔	低海拔	
生態帶	海岸	亞熱帶闊葉林
地形	山坡	
棲息地	林緣	空曠地
習性	地生	
頻度	常見	

19880326·拇指山

19930220·東北角石觀音寺

19940629·陽明山國家公園小油坑

19880326·拇指山

●**特徵**：主莖直立，基部分枝多，狀似成叢生長，具纖細的根支體；小枝連葉寬3～4mm，小葉兩形，側葉橢圓形，邊緣具毛，長2～2.5mm，寬1～1.2mm，中葉卵形至水滴形，末端尾尖，邊緣具毛，長約1mm，寬約0.5mm；孢子葉兩形，在枝條末端集生成孢子囊穗，孢子囊穗壓扁狀，長6～7mm，孢子葉的排列具轉置現象，即孢子枝和營養枝小葉排列的背腹性相反。

●**習性**：地生，生長在向陽潮濕地區或森林邊緣。

●**分布**：中國大陸南部、印度、馬來西亞至澳洲北部，台灣主要產於中、北部低海拔地區。

（主、小左）林下的膜葉卷柏植株較開展
（小中）空曠地的膜葉卷柏其植株較呈直立狀
（小右）側枝末端可見壓扁狀的孢子囊穗

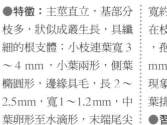

水韭科

Isoetaceae

外觀特徵：具塊狀莖；小葉細長，叢生，具單脈，
　　肉質，通氣組織發達。
生長習性：水生至濕生，沉水或挺水。
地理分布：零星分布於世界各地，台灣僅見於陽明
　　山國家公園夢幻湖。
種數：全世界有1屬約130種，台灣有1種。

●本書介紹的水韭科有1屬1種。

【 屬、群檢索表 】

台灣水韭

Isoetes taiwanensis DeVol

水韭屬

海拔	中海拔
生態帶	暖溫帶闊葉林
地形	山坡
棲息地	空曠地　濕地　水域
習性	地生　水生
頻度	稀有

199606・台大精密溫室（人工栽植）

19940102・七星山夢幻湖

199606・台大精密溫室（人工栽植）

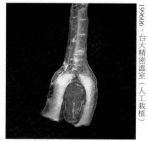

199606・台大精密溫室（人工栽植）

●**特徵**：莖塊狀，位於池邊或池底泥地中；小葉細長，僅具單脈，通氣組織發達，質地鬆軟，長約 5～25 cm，叢生；葉由外向內其分化的順序依次為大孢子葉、小孢子葉、孢子囊發育不全的孢子葉、營養葉；孢子囊大型，灰白色，位於小葉基部膨大處。

●**習性**：水生至濕生，生長在向陽的山地池沼邊，沉水或挺水。

●**分布**：目前僅見於陽明山國家公園的七星山夢幻湖。

（小左）乍看之下台灣水韭外形似一般的禾草
（小中）台灣水韭具有細長叢生的葉子
（小右）小葉基部較寬，緊貼莖上，貼莖一面具有肉眼可見的孢子囊。

木賊科

Equisetaceae

外觀特徵：孢子囊穗橢圓形，頂生；莖中空有節，
枝條、小葉輪生，小葉基部癒合成鞘；莖有縱向
之稜脊與溝槽，表面粗糙；地上莖直立，地下莖
橫走狀。

生長習性：生長在溪邊沙地或礫石灘地，平野溝邊
亦可見到。

地理分布：主要分布於北半球的寒帶、溫帶及亞熱
帶，台灣分布於中、低海拔地區。

種數：全世界有1屬15種，台灣有1種。

●本書介紹的木賊科有1屬1種。

木賊

Equisetum ramosissimum Desf.

木賊屬

海拔	低海拔	中海拔
生態帶	亞熱帶闊葉林	
地形	平野	谷地
棲息地	空曠地	溪畔	濕地
習性	地生	
頻度	常見	

19880402 · 沙里仙溪

19901028 · 宜蘭智腦

19881112 · 小鳥來

19901028 · 宜蘭智腦

●**特徵**：具橫走的地下莖及直立的地上莖，植株高可達1 m或更高，直立莖徑1～7 mm，明顯具節，每節分枝1～4枝，莖有脊，綠色，中空，表面粗糙；小葉多數，輪生節上，基部癒合成鞘，上部為長線狀三角形的鞘齒，其邊緣薄膜狀，多少呈白色，每一齒具一脈；孢子囊穗頂生，長12～15mm，由許多六角形盾狀構造物組成。

●**習性**：地生，主要生長在向陽的溪床邊。

●**分布**：廣泛分布於北半球溫帶至熱帶地區，全台中、低海拔常見。

（主）　常見生長在旱季乾涸之溪谷沙石地

（小左）　枝條輪生節上

（小中）　葉輪生並癒合成鞘，其上為細長的鞘齒

（小右）　長在枝條頂端的孢子囊穗，是由許多六角形盾狀物所構成。

松葉蕨科
Psilotaceae

外觀特徵：莖二叉分支；小葉鱗毛狀，無脈，孢子
葉為二叉狀。孢子囊具有三突起，肉眼可見。

生長習性：通常著生於樹幹上，偶亦見生長在岩縫
或地上。

地理分布：分布於泛熱帶至暖溫帶潮濕地區，台灣
則零星散布於全島低海拔地區。

種數：全世界有2屬約12種，台灣有1屬1種。

●本書介紹的松葉蕨科有1屬1種。

松葉蕨

Psilotum nudum (L.) P. Beauv.

松葉蕨屬

海拔	低海拔	
生態帶	熱帶闊葉林	亞熱帶闊葉林
地形	谷地	山坡
棲息地	林內	
習性	著生	岩生
頻度	偶見	

1987·1107·拇指山

1995·0713·福山

1987·1030·烏來雲仙樂園

1995·0713·福山

●**特徵**：植株不具真正的根，地下莖多次緊密二叉分支；地上莖綠色，長10～50cm，呈鬆散的二叉分支，其基部橫切面為圓柱狀五角形，往上則為三角形；小葉鱗毛狀，單一不分叉，無脈；孢子葉二叉，孢子囊具三突起，長在葉腋。

●**習性**：生長在較成熟的森林內之樹幹上或岩縫中，極少地生，常著生於筆筒樹的樹幹上。

●**分布**：遍布於熱帶、亞熱帶地區，台灣全島低海拔零星可見。

（小上）滿布成熟孢子囊的松葉蕨
（小中）長在葉腋還未發育成熟的孢子囊
（小下）二叉分支的地下莖

瓶爾小草科

Ophioglossaceae

外觀特徵：根狀如蘭花之根，肥厚肉質；莖短直立狀、肉質；葉片通常亦為肉質狀，幼葉不捲旋，孢子囊枝以一定的角度著生在營養葉上。

生長習性：絕大多數為地生型植物，少數著生於樹幹，或為濕地植物。

地理分布：分布世界各地，但不常見；台灣於低、中、高海拔地區及蘭嶼均有發現，數量不多，且各種均有其侷限分布性。

種數：全世界有3屬約80種，台灣有3屬10種。

●本書介紹的瓶爾小草科有3屬5種。

【 屬、群檢索表 】

①單葉全緣或呈1～2回二叉分裂，孢子囊枝單一不分叉，孢子囊陷入孢子囊枝之中。
   ⋯⋯⋯⋯⋯⋯⋯⋯⋯⋯⋯⋯瓶爾小草屬　P.69

①葉羽狀分裂至複葉或三出複葉，孢子囊枝分叉，孢子囊凸出孢子囊枝之外。　⋯⋯⋯⋯②

②葉羽狀分裂至複葉，末裂片寬短；孢子囊枝羽狀分叉。　⋯⋯⋯⋯⋯⋯陰地蕨屬　P.67

②葉為三出複葉，末裂片狹長；孢子囊枝單一不分叉。　⋯⋯⋯⋯⋯⋯七指蕨屬　P.66

錫蘭七指蕨

Helminthostachys zeylanica
(L.) Hook.

七指蕨屬

海拔	低海拔		
生態帶	熱帶闊葉林		
地形	谷地	山坡	山頂
棲息地	林內	溪畔	濕地
習性	地生		
頻度	稀有		

瓶爾小草科

七指蕨屬

1985O710・墾丁森林遊樂區

1994O405・蘭嶼天池

1994O405・蘭嶼天池

1987O901・蘭嶼

●**特徵：**葉柄長10～20cm，葉片平展，與葉柄直角相交，外形近似半圓形，寬20～35cm，三出的三出複葉；頂羽片三裂，側羽片二叉分裂，裂片長約10cm，寬約3cm；孢子囊枝直立，長10～12cm，孢子囊緊密排列。

●**習性：**地生，生長在成熟闊葉林下潮濕開闊處，常為濕地植物。

●**分布：**印度、中國大陸西雙版納及海南島、琉球群島、東南亞、澳洲北部、太平洋群島，台灣僅見於蘭嶼天池池畔濕地，及墾丁森林遊樂區第三區，為稀有植物。

【**附註**】在東南亞，錫蘭七指蕨嫩葉可供作蔬菜之用。

（主）孢子囊枝與葉片不在同一平面
（小中）嫩葉的羽片常上舉
（小右）看似單一不分叉的孢子囊枝，其實是多回分枝緊縮的結果。

台灣陰地蕨

Botrychium formosanum Tagawa

陰地蕨屬

海拔	中海拔	
生態帶	暖溫帶闊葉林	
地形	山坡	稜線
棲息地	林內	
習性	地生	
頻度	偶見	

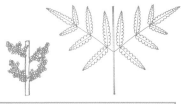

●**特徵**：植株高40～45cm；葉為二至三回羽狀分裂，五角形，最下羽片最大，長8～17cm，寬7～10cm；小羽片長3～7cm，寬1～2.5cm，倒披針形，裂片具鋸齒緣；孢子囊枝由葉柄中段叉出，長20～35cm，呈鬆散的羽狀分支。

●**習性**：地生，生長在成熟闊葉林下，通風良好且腐植質豐富之處。

●**分布**：印度北部、中國大陸西南部、日本，台灣則多見於中海拔地區之山脊稜線上。

（主）　孢子囊枝以一定的角度自葉柄叉出
（小）　孢子囊枝特寫，可見孢子囊附著在小枝表面而不陷入其中。

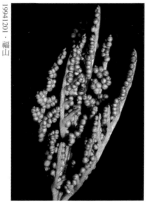

1986/203・七星山

1994/201・福山

阿里山蕨萁

Botrychium lanuginosum
Wall. *ex* Hook. & Grev.

陰地蕨屬

海拔	中海拔
生態帶	針闊葉混生林
地形	山坡
棲息地	林緣
習性	著生　地生
頻度	稀有

●**特徵**：植株高20～40cm或更大；葉片寬卵狀三角形，三至四回羽狀分裂，長10～20cm，寬15～25cm；末裂片尖頭或鈍頭；孢子囊枝由葉片的基部或葉軸下段叉出，長15～30cm。

●**習性**：地生，生長在林緣邊坡，偶見長在樹幹上。

●**分布**：斯里蘭卡、印度北部、中國大陸西南部、菲律賓、印尼，台灣則產於霧林帶。

【附註】本種在日本時代第一次被發現時是長在阿里山的樹幹上，這與其他陰地蕨屬植物地生型的習性非常不同，加上其孢子囊枝特殊的著生位置，少部分學者將之獨立成蕨萁屬，這也是其名稱的由來。

1986051８・觀高→東埔

19980619・李棟山

（主）發育中的阿里山蕨萁其孢子囊枝仍稍呈捲旋狀
（小）孢子囊枝由葉片基部叉出

帶狀瓶爾小草

Ophioglossum pendulum L.

瓶爾小草屬

海拔	低海拔
生態帶	熱帶闊葉林
地形	谷地
棲息地	林內
習性	著生
頻度	偶見

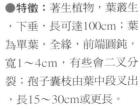

●**特徵**：著生植物，葉叢生，下垂，長可達100cm；葉為單葉，全緣，前端圓鈍，寬1～4cm，有些會二叉分裂；孢子囊枝由葉中段叉出，長15～30cm或更長。

●**習性**：著生於熱帶成熟闊葉林的樹幹上。

●**分布**：熱帶亞洲及太平洋島嶼，台灣在低海拔成熟林中可見。

【附註】本種是熱帶雨林的指標植物，常與垂葉書帶蕨（見194頁）混生於巢蕨類植物（見258頁）之下。

1985091 4・墾丁國家公園卑日頭

（小）　從葉中段叉出的孢子囊枝

1985091 4・墾丁國家公園卑日頭

狹葉瓶爾小草

Ophioglossum thermale Komarov

瓶爾小草屬

海拔	低海拔
生態帶	亞熱帶闊葉林
地形	平野
棲息地	空曠地
習性	地生
頻度	稀有

1990909・花蓮師院

●**特徵**：具短直立莖，植株高約5～10cm；葉片線狀披針形，長3～5cm，寬約1cm，全緣，基部斜尖；葉脈網狀，網眼長形，內有游離小脈；孢子囊枝長4～7cm。

●**習性**：地生，生長在開闊的草生地。

●**分布**：西伯利亞、日本、中國大陸及太平洋西北部島嶼，台灣目前僅知產於花蓮一帶，稀有。

1990909・花蓮師院

（主）營養葉與禾草極為相似，但葉質地較厚，脈也不顯著。

（小）孢子囊枝自葉基部附近叉出

合囊蕨科

Marattiaceae

外觀特徵：根粗大肉質，莖塊狀、略帶肉質，葉柄
基部具有肥厚、略微木質化之宿存托葉。幼葉捲
旋，成熟葉為一至三回羽狀複葉，有時非常大型
。葉柄及羽軸基部有膨大的葉枕。葉脈游離，有
些具有回脈。孢子囊成群集生，有的種類則癒合
在一起。

生長習性：地生。

地理分布：分布於熱帶、亞熱帶地區，台灣則分布
於低海拔地區。

種數：全世界有4屬約300種，台灣有2屬5種。

●本書介紹的合囊蕨科有2屬5種。

【 屬、群檢索表 】

①三回羽狀複葉；具卵莢狀癒合孢子囊群。
....合囊蕨屬　P.72

①一至二回羽狀複葉；具線形孢子囊群。
....觀音座蓮屬　P.73

合囊蕨

Marattia pellucida Presl

合囊蕨屬

海拔	低海拔
生態帶	熱帶闊葉林
地形	山頂
棲息地	林內
習性	地生
頻度	瀕危

1989/06/05 · 蘭嶼紅頭山

1989/06/05 · 蘭嶼紅頭山

1989/06/05 · 蘭嶼紅頭山

1989/06/05 · 蘭嶼紅頭山

●**特徵：**莖塊狀，葉叢生，植株高約1.5～2.5m；葉柄長30～100cm，基部具兩枚全緣的托葉；葉片三回羽狀複葉，葉柄、羽片、小羽片基部具膨大的葉枕，葉柄、葉軸、羽軸、小羽軸背面具鱗片；小羽片長5～10cm，寬1～1.5cm，葉緣鋸齒狀；葉脈單一不分叉，每一側脈對應一齒，不具回脈；孢子囊集生，囊壁癒合，著生於側脈中段較近葉緣處，長約2～3mm。

●**習性：**地生，生長在熱帶成熟闊葉林下。

●**分布：**菲律賓，在台灣僅見於蘭嶼紅頭山山頂。

（小上） 托葉特寫
（小中） 羽軸基部具膨大的葉枕
（小下） 孢子囊著生於側脈中段近葉緣處

蘭嶼觀音座蓮

Angiopteris palmiformis
(Cav.) C. Chr.

觀音座蓮屬

海拔	低海拔
生態帶	熱帶闊葉林
地形	山溝 谷地
棲息地	林內
習性	地生
頻度	常見

19971127・蘭嶼四道溝溪

19970402・蘭嶼四道溝溪

19940405・蘭嶼天池

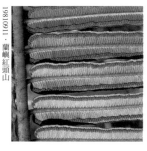

19810911・蘭嶼紅頭山

●**特徵**：莖粗厚，塊狀，葉叢生其上；葉為二回羽狀複葉，長可達4m以上，葉柄長90～140cm，葉柄基部與羽片基部具膨大的葉枕；羽片長40～70cm，小羽片長8～10cm，寬1～1.5cm，基部心形，末端漸尖，葉緣鋸齒狀；葉脈單一或分叉一次，且每一脈頂端對應一齒，葉緣缺刻處有回脈，回脈長達小羽片中脈；孢子囊約10～14枚，在小羽片側脈兩側分兩排對生，孢子囊群靠近葉緣，長約1～2mm。

●**習性**：地生，生長在熱帶成熟闊葉林下，山溝谷地尤其常見。

●**分布**：琉球群島南端、菲律賓、泰國，台灣在蘭嶼普遍可見，恆春半島則有少數個體。

（小中）每一葉柄基部具有兩片托葉
（小右）小羽片具短柄，孢子囊群靠近葉緣

觀音座蓮

Angiopteris lygodiifolia Rosenst.

觀音座蓮屬

海拔	低海拔
生態帶	亞熱帶闊葉林
地形	山溝　谷地　山坡
棲息地	林內
習性	地生
頻度	常見

1998.1.202・花蓮瑞穗溫泉

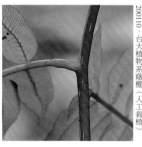

2001.10・台大植物系蔭棚（人工栽植）

1992.0325・草嶺古道

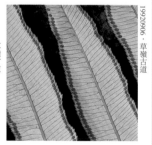

1992.0906・草嶺古道

●**特徵**：莖塊狀，葉叢生；葉為二回羽狀複葉，長1～3m；葉柄長30～90cm，中下段具鱗片，基部具兩枚撕裂緣的托葉；葉柄基部及羽片基部具膨大的葉枕；羽片長50～80cm，小羽片長8～10cm，寬1.5～2cm，基部楔形，末端突尖至漸尖；葉緣鋸齒狀，葉脈單一或分叉一次，每一脈對應一齒，葉緣缺刻處有回脈，回脈僅達孢子囊群附近；孢子囊群由8～10枚孢子囊集生而成，位在小羽片側脈接近葉緣處的兩側，長約1～2mm。

●**習性**：地生，生長在亞熱帶成熟闊葉林下。

●**分布**：日本南部，台灣低海拔山區常見。

（主）　葉大型，長可達3公尺。
（小左）　羽片基部可見膨大的葉枕
（小中）　塊狀莖上布滿宿存的托葉
（小右）　孢子囊群靠近葉緣

74

伊藤氏觀音座蓮

Angiopteris itoi (Shieh) J.M. Camus

觀音座蓮屬

海拔	低海拔
生態帶	亞熱帶闊葉林
地形	谷地　山坡
棲息地	林內
習性	地生
頻度	瀕危

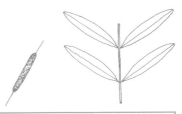

1988O614・烏來雲仙樂園

●**特徵**：根莖短匍匐狀，葉叢生，植株高可達 1.5 m；葉柄長60～100cm，中下段具鱗片，基部有兩枚全緣、厚革質托葉；葉片長50～70cm，一回羽狀複葉；葉柄基部、中段及羽片基部具膨大之葉枕；羽片 4～9 對，基部具柄，頂端略形成尾尖，長25～40cm，寬 3～3.5cm，葉緣多少呈鋸齒緣；葉脈單一或分叉一次，具回脈；孢子囊40～100枚集生，著生羽片側脈上，孢子囊群位於羽軸與葉緣之間偏外側，長可達 1 cm以上。

●**習性**：地生，生長在亞熱帶成熟闊葉林下。

●**分布**：台灣特有種，目前僅知產於台北烏來及南投蓮華池兩地，非常稀有。

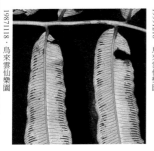

1987I118・烏來雲仙樂園

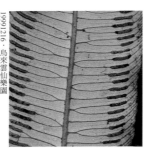

1999I216・烏來雲仙樂園

（小左）　羽片基部具膨大的葉枕
（小右）　長線形的孢子囊群較靠近葉緣，二孢子囊群之間可見回脈。

台灣觀音座蓮

Angiopteris somai
(Hayata) Makino & Nemoto

觀音座蓮屬

海拔	低海拔	
生態帶	亞熱帶闊葉林	
地形	谷地	山坡
棲息地	林內	
習性	地生	
頻度	稀有	

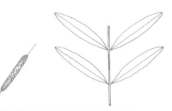

1986.03.04・烏來

1986.03.04・烏來

1987.09.17・烏來大刀山

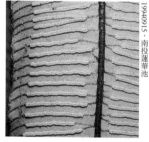
1994.09.15・南投蓮華池

●**特徵：**根莖短匐匍狀或斜生，葉叢生，植株高50～85cm；葉柄長20～60cm，下段具鱗片，基部具兩枚全緣、厚革質的托葉；葉片一回羽狀複葉，長30～50cm；葉柄基部、中段及羽片基部具膨大的葉枕；羽片2～3

對，具柄，長20～30cm，寬4～5cm，末端突尖，多少形成尾尖；葉脈游離，單一不分叉或至多分叉一次，不具回脈；孢子囊群是由60～100枚孢子囊集生而成，著生羽片側脈上，長約1.5cm或更長。

●**習性：**地生，生長在亞熱帶成熟闊葉林下。

●**分布：**台灣特有種，產於台北烏來、坪林及南投蓮華池一帶。

（小左）葉柄基部膨大的葉枕與托葉
（小中、小右）長線形的孢子囊群位於羽軸與葉緣中間

紫萁科

Osmundaceae

外觀特徵：莖粗短、直立；葉叢生於莖頂，一至二回羽狀複葉；葉柄基部呈翼狀；羽片和葉軸之間具有關節；孢子羽片沒有葉肉，孢子囊繞著葉脈生長；植株不具鱗片，但幼葉通常被覆棕色綿毛；葉脈游離。

生長習性：概為地生型植物，少數種類生長於濕地環境。

地理分布：廣泛分布於世界各地，溫帶地區種類較多；台灣則零星分布於全島。

種數：全世界有3屬約18種，台灣有1屬4種。

●本書介紹的紫萁科有1屬3種。

【屬、群檢索表】

粗齒紫萁

Osmunda banksiaefolia
(C. Presl) Kuhn

紫萁屬

海拔	低海拔
生態帶	亞熱帶闊葉林
地形	山溝 / 谷地
棲息地	林緣 / 溪畔
習性	地生
頻度	常見

19980307・花蓮新城山

19860819・內雙溪→平等里

19960904・蘭嶼椰油溪

●**特徵**：莖直立，葉叢生，植株高約100cm；葉為一回羽狀複葉，柄長10～25cm，葉柄及葉軸表面有凹溝，葉片長15～25cm，寬10～30cm，橢圓形，革質；羽片具柄，柄基部有類似關節的界線，羽片長10～20cm，寬1.5～2cm，長披針形，具粗鋸齒緣；葉脈游離，羽片的側脈數次分叉；孢子葉僅基部數對羽片著生孢子囊，羽片皺縮，不具綠色葉片。

●**習性**：地生，常綠性，生長在林緣半遮蔭潮濕處。

●**分布**：中國大陸南部、日本南部及菲律賓，台灣在低海拔溪澗旁常見其蹤。

（小左） 羽片有柄，柄基部具關節的外形；葉脈游離。
（小右） 孢子羽片皺縮，生長方向也與營養羽片不同。

高山紫萁

Osmunda claytonianta L.

紫萁屬

海拔	高海拔
生態帶	箭竹草原
地形	山坡
棲息地	空曠地
習性	地生
頻度	稀有

●**特徵**：莖直立或斜生，葉叢生莖頂，植株高40～80cm；葉為二回羽狀深裂，柄長25～35cm，幼葉具早凋之紅褐色絨毛，葉片長50～60cm，寬16～20cm，長橢圓形至披針形，革質；羽片長披針形，長5～8cm，寬約2cm；末裂片長1～1.5cm，寬約0.5cm，全緣；葉脈游離；孢子葉基部3～4對羽片皺縮，不具綠色葉肉，其餘羽片的外觀和營養葉的羽片相同。

●**習性**：地生，落葉性，生長在向陽開闊地。

●**分布**：喜馬拉雅山區、中國大陸西南部、韓國、日本，台灣高海拔2500至3300公尺地區的芒草地或箭竹草原中零星可見。

1992081‧三六九山莊

1988062‧鹿林山

1999092‧內嶺爾山

（小左）孢子葉僅基部數對羽片皺縮且不具綠色葉肉
（小右）秋天葉子轉為黃褐色的高山紫萁

紫萁

Osmunda japonica Thunb.

紫萁屬

海拔	低海拔	中海拔
生態帶	暖溫帶闊葉林	
地形	山坡	
棲息地	空曠地	
習性	地生	
頻度	偶見	

1980O412．石碇

●**特徵**：莖直立，葉叢生莖頂，植株高50～80cm；葉兩型，有孢子葉與營養葉之分，幼葉具褐色綿毛，營養葉柄長30～40cm，葉片三角狀卵形，二回羽狀複葉，長30～50cm，寬20～25cm，薄革質；小羽片長4～6cm，寬1.5～2cm，全緣；葉脈游離；孢子葉長20～50cm，全部或部分羽片著生孢子囊。

●**習性**：地生，落葉性，生長在向陽開闊地。

●**分布**：中國大陸、韓國、日本，台灣散見於全島中海拔開闊山坡地，北部低海拔地區偶見。

【**附註**】在溫帶地區，人們常將其莖與鬚根搗碎，做為栽植植物的基質，其功能如同台灣的蛇木屑。

1999O403．翠峰

1999O121．翠峰

（小上）具褐色綿毛的幼葉
（小下）冬天的紫萁

莎草蕨科

Schizaeaceae

外觀特徵：有橄欖球形、幾近無柄、頂生環帶的孢子囊。植物體之葉軸可無限生長，羽軸頂端具有休眠芽；或是植物體呈禾草狀，頂端具指狀之附屬物。

生長習性：地生型植物，有些種類葉為攀緣性，蔓生。

地理分布：分布於熱帶至暖溫帶，台灣全島低海拔可見，少數種類非常稀有。

種數：全世界有4屬約170種，台灣有2屬4種。

●本書介紹的莎草蕨科有2屬3種。

海金沙

Lygodium japonicum
(Thunb.) Sw.

海金沙屬

海拔	低海拔	
生態帶	熱帶闊葉林	亞熱帶闊葉林
地形	平野	山坡
棲息地	林緣	
習性	藤本	地生
頻度	常見	

●**特徵：**根莖橫走狀，葉近生或遠生，葉軸光滑，蔓性，長可達數公尺；葉片四回羽狀深裂，但羽片僅留存最基部一對小羽片，其餘仍維持休眠芽之狀態；羽片柄極短，長3～5mm，頂端具休眠芽，休眠芽被淺棕色毛；小羽片長3～8cm，對生，具3～5枚末回小羽片；末回小羽片基部無關節，三裂或掌狀分裂，裂片具不規則淺齒緣；葉脈游離，脈上有毛；孢子葉之末裂片邊緣具指狀突起，其上並排兩列孢膜，胞膜口袋形，長在指狀突起的側脈上，每一孢膜僅具一孢子囊。

●**習性：**地生，如蔓藤般生長在林緣半遮蔭處。

●**分布：**印度、中國大陸、韓國、日本，往南至亞洲熱帶及太平洋地區，台灣低海拔常見。

【附註】葉軸常被利用做成小籃子及鍋刷等。

19900126·墾丁國家公園

（主）　葉軸可無限生長，看起來就像是一般藤本植物的莖。
（小左）　孢膜兩列並排於末裂片邊緣的指狀突出物
（小右）　用海金沙葉軸編成的籃子

19981201·南安→佳心

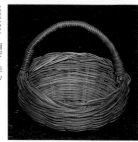

19800530·國立台灣大學

小葉海金沙

Lygodium microphyllum (Cav.) R. Br.

海金沙屬

海拔	低海拔	
生態帶	熱帶闊葉林	亞熱帶闊葉林
地形	平野	山坡
棲息地	林緣	空曠地
習性	藤本	地生
頻度	稀有	

19870524 · 龍潭

20001210 · 丹鳳山

20000423 · 新店安坑

●**特徵：**根莖橫走狀，葉近生或遠生，葉軸光滑，蔓性，長可達數公尺；葉片三回羽狀複葉，羽片僅最基部一對小羽片留存，其餘仍維持休眠芽之狀態；羽片柄長2～4mm，頂端具休眠芽，休眠芽被淺棕色毛；小羽片對生，長4～10cm，末回小羽片3～5對，卵圓形至披針形，長2～3cm，寬約1cm，不分裂，基部具關節；葉脈游離，脈上無毛；孢子葉之末回小羽片的邊緣具指狀突起，口袋形孢膜長在指狀突起背面的側脈上，兩列並排。

●**習性：**地生，蔓藤般攀爬在林緣半遮蔭處或濕地邊緣空曠地的灌叢上。

●**分布：**熱帶非洲及亞洲，北達印度北部，中國大陸南部至日本南部，台灣低海拔地區零星可見。

（主） 如蔓藤般纏繞的葉子
（小上） 營養羽片特寫，可見其短柄及二叉分出的小羽片。
（小下） 孢子葉之末回小羽片，其短柄與小葉片之間有關節。

分枝莎草蕨

Schizaea dichotoma (L.) Sm.

莎草蕨屬

海拔	低海拔
生態帶	熱帶闊葉林
地形	山頂
棲息地	林內
習性	地生
頻度	瀕危

●**特徵**：根莖短橫走狀，葉叢生，葉不分叉部分長15～35cm，分叉部分扇形，長10～20cm，寬3～10cm，多回二叉分裂；裂片線形，寬約2mm，頂端具5～10對指狀附屬物，附屬物長約2～6mm，孢子囊無孢膜，在附屬物背面排成兩行。

●**習性**：地生，生長在林下遮蔭腐植質豐富之處，可能為冬綠型草本植物。

●**分布**：熱帶非洲及亞洲，北達琉球群島，台灣僅見於墾丁國家公園萬里德山山頂，12～5月可見。

1986O128・萬里德山

1986O505・萬里德山

1986O505・萬里德山

（主） 分枝莎草蕨長在季節性下雨的熱帶森林下，自枯枝落葉堆中長出。
（小左） 分枝莎草蕨的生長環境
（小右） 進入初夏之後，分枝莎草蕨即逐漸凋萎。

裡白科

Gleicheniaceae

外觀特徵：地下莖長橫走狀；葉軸頂端有休眠芽；最末分枝之羽片呈現一回或二回羽狀深裂的形態；葉脈游離；孢子囊群著生脈上，屬齊熟型，無孢膜。

生長習性：常成叢出現，生長在開闊地；部分種類生長在森林邊緣或森林裡，並形成攀緣性植物。

地理分布：分布於熱帶地區，台灣全島中、低海拔可見。

種數：全世界有5屬約130種，台灣有2屬7種。

●本書介紹的裡白科有2屬5種。

【屬、群檢索表】

①休眠芽只出現在葉主軸頂端，末回分枝呈二回羽狀深裂。……………………裡白屬　P.86

①休眠芽出現在葉主軸及側軸頂端，末回分枝為一回羽狀深裂。………………芒萁屬　P.89

中華裡白

Diplopterygium chinense
(Rosenst.) DeVol

裡白屬

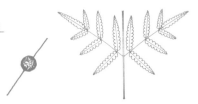

海拔	中海拔
生態帶	暖溫帶闊葉林
地形	山坡
棲息地	林緣
習性	地生
頻度	偶見

●**特徵：**葉柄直徑4～6mm；葉為三回羽狀深裂，常僅最基部一對羽片發育成熟，其餘仍維持休眠芽的狀態，羽片長超過1m，寬40～50cm；小羽片無柄，長約28cm，寬2～3.5cm，靠近葉軸的3～4對小羽片較短，長約7cm，小羽片靠近羽軸的一對末裂片具撕裂狀邊緣，且覆蓋羽軸；休眠芽和葉的各級主軸具脫落性褐色撕裂狀披針形鱗片，葉的各級主軸與葉背另亦為星狀毛被覆，休眠芽並具有兩枚二回羽狀深裂、長約4cm的苞片；圓形孢子囊群由3～4枚孢子囊集生而成，長在末裂片的側脈上，幼時具星狀毛。

●**習性：**地生，生長在林緣半開闊地。

●**分布：**中國大陸及越南，台灣在中部中海拔闊葉林區較常見。

1986O324 · 惠蓀林場台灣杜鵑花園

1988O614 · 烏來雲仙樂園

1996O330 · 內雙溪

（小左） 羽軸密被褐色鱗片及毛，葉主軸頂端可見撕裂狀之苞片。
（小右） 幼葉

逆羽裡白

Diplopterygium blotianum
(C. Chr.) Nakai

裡白屬

海拔	中海拔
生態帶	暖溫帶闊葉林
地形	山坡
棲息地	林緣
習性	地生
頻度	偶見

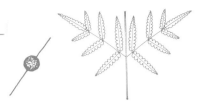

20000201・明潭

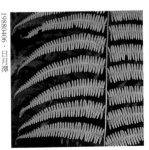

19880406・日月潭

20000201・明潭

●**特徵**：葉柄直徑3～6mm，長30～100cm；葉為三回羽狀深裂，常僅最基部一對羽片發育成熟，其餘仍維持休眠芽的狀態，羽片長80～150cm；小羽片鐮形，具短柄，末端朝向羽片尖端彎曲，長15～28cm，寬2～5cm，羽片基部一對小羽片通常很短；末裂片長1～2.5cm；葉的各級主軸與葉背皆具脫落性深褐色星狀毛，羽軸及小羽軸另亦可見披針形撕裂狀鱗片，而休眠芽則被覆暗褐色、邊緣有剛毛的鱗片與托葉狀、二回深裂的苞片；圓形孢子囊群著生在末裂片分叉側脈的前側小脈，在裂片中脈兩側各排成一行，孢子囊群具3～4枚孢子囊，其間不具星狀毛。

●**習性**：地生，生長在林緣半開闊地。

●**分布**：中國大陸南部、越南及馬來半島，台灣在中海拔可見，尤以中部地區較常見。

（小左）鐮形、具短柄的小羽片
（小右）葉主軸頂端的休眠芽正開始發育

裡白科

裡白屬

裡白

Diplopterygium glaucum
(Thunb. *ex* Houtt.) Nakai

裡白屬

海拔	中海拔
生態帶	暖溫帶闊葉林　針闊葉混生林
地形	山坡
棲息地	林緣
習性	地生
頻度	常見

裡白科

裡白屬

19800810・七星山

19980623・梅峰

19980623・梅峰

19970903・瑞岩

●**特徵**：葉柄綠色，光滑無毛，長30～100cm；葉為三回羽狀深裂，常僅最基部一對羽片發育成熟，其餘仍維持休眠芽的狀態，羽片長60～100cm；小羽片無柄，葉背白綠色，長10～20cm，寬8～25mm；休眠芽具兩枚二回羽狀深裂的托葉狀苞片，並為深褐色撕裂狀披針形鱗片所被覆；葉的各級主軸與葉背均光滑無毛；小羽片基部的末裂片可見一至數個指狀突起；孢子囊群圓形，長在末裂片的側脈上。

●**習性**：地生，生長在林緣半開闊地。

●**分布**：中國大陸、日本及菲律賓，台灣常見於中海拔山區。

（小中）　葉主軸頂端具有兩枚二回羽狀深裂的苞片
（小右）　小羽片基部末裂片可見指狀突起覆蓋羽軸

蔓芒萁

Dicranopteris tetraphylla
(Rosenst.) Kuo

芒萁屬

海拔	低海拔	
生態帶	亞熱帶闊葉林	
地形	山坡	
棲息地	林內	林緣
習性	藤本	地生
頻度	偶見	

20000923・福山植物園

1985080G・南仁湖下方

19921218・福山

●**特徵：**根莖長而橫走，質地堅硬；葉長可達數公尺，葉柄直徑約 2 mm；葉片呈多回假二叉分支，常僅最基部一對羽片發育成熟，其餘仍維持休眠芽的狀態；羽片亦呈多回假二叉分支，亦僅最基部一對小羽片發育成熟，其餘仍維持休眠芽的狀態，相同的假二叉分枝方式重複數次；最末分枝之末回小羽片長 8～18 cm，寬 3～4 cm，最寬處在中段，葉背略偏白色；最末回分枝基部具向下反折的輔助小羽片，休眠芽由兩枚小型托葉狀苞片所保護；小脈呈二至三回不等邊二叉分支；孢子囊群由 7～10 枚孢子囊組成。

●**習性：**地生，生長在林緣半開闊地或林內，植株呈蔓性灌叢狀或攀緣性藤本狀。

●**分布：**主要在東南亞地區，北達越南、中國大陸南部，台灣產於低海拔闊葉林地區。

（小上）　最末分枝基部具向下的輔助小羽片
（小下）　捲旋狀幼葉

裡白科

芒萁屬

芒萁

Dicranopteris linearis
(Burm. f.) Underw.

芒萁屬

海拔	低海拔	
生態帶	熱帶闊葉林	亞熱帶闊葉林
地形	山坡	
棲息地	林緣	空曠地
習性	地生	
頻度	常見	

19911207・木柵指南宮

19871203・台北軍艦岩

19800128・海垟

●**特徵**：根莖質地堅硬，橫走，表面被褐色多細胞毛；葉柄長20～100cm；葉片呈多回假二叉分支，常僅最基部一對羽片發育成熟，其餘仍維持休眠芽的狀態；羽片亦呈一至數回假二叉分支，最末分枝長15～30cm，寬4～6cm，一回羽狀深裂；各級分枝大略等長，最末回分叉點一般不具反折的輔助小羽片；休眠芽由兩枚托葉狀苞片所保護，苞片基部常分裂；裂片的側脈游離，常呈不對稱的二回二叉分支；最末分枝基部與葉的各級主軸具褐色毛；圓形孢子囊群位於末裂片中脈及葉緣之間，較接近中脈，在中脈兩側各成一列，每一孢子囊群由4～9枚孢子囊組成。

●**習性**：地生，生長在向陽開闊地或森林邊緣。

●**分布**：非洲及亞洲熱帶地區，台灣低海拔林緣及開闊地常見。

【**附註**】過去台灣石化工業未發達前，芒萁的葉柄常被編成送禮用的水果籃，在鄉下也常被製成鍋刷。

（小下）用芒萁葉柄做成的鍋刷

膜蕨科

Hymenophyllaceae

外觀特徵：葉片很薄，除脈以外僅具一層細胞。有
　　些種類在真脈之間還具有假脈。孢子囊群生於葉
　　緣、脈的末端，由管狀或二瓣狀孢膜所保護。
生長習性：常生長在空氣濕度幾近百分之百的環境
　　，霧林或闊葉林林下陰濕的角落是它們的最愛，
　　著生、岩生或地生都有可能。
地理分布：分布於熱帶至暖溫帶潮濕多腐植質的闊
　　葉林，台灣主要分布在低海拔溪谷地及中海拔霧
　　林帶之森林內。
種數：全世界有8屬約 600 種，台灣有5屬35種。

●本書介紹的膜蕨科有3屬12種。

【屬、群檢索表】

①孢膜二瓣狀，且裂至基部。 …………………②
①孢膜管狀，至多僅先端二瓣裂。 ……………⑤

②葉全緣…………………………………………③
②葉緣鋸齒狀 …………………………………④

③植株光滑無毛 …………膜蕨屬蔗蕨群　P.93
③葉背脈上密布黃褐色多細胞毛 …膜蕨屬假蔗蕨群

④孢子囊托為孢膜被覆 …膜蕨屬膜蕨群　P.94
④孢子囊托突出孢膜 …膜蕨屬厚壁蕨群　P.95

⑤葉叢生………………………………………⑥
⑤葉遠生，具長橫走莖。 ……………………⑩

⑥葉一回羽狀複葉
……………………厚葉蕨屬厚葉蕨群　P.104
⑥葉至少二回羽狀複葉 ………………………⑦

⑦植株高度不及5cm，著生。
………………………………厚葉蕨屬長片蕨群
⑦植株高度至少10cm以上，地生。 …………⑧

⑧末裂片不為線形，且具一至多叉之游離脈。
………………………………厚葉蕨屬線片長筒蕨群
⑧末裂片線形，僅具單脈。 …………………⑨

⑨葉柄無多細胞毛 …………厚葉蕨屬球桿毛蕨群
⑨葉柄具亮褐色緻密之多細胞毛
………………………………厚葉蕨屬毛桿蕨群

⑩葉為不分裂的單葉
………………………………單葉假脈蕨屬
⑩葉葉為羽狀或掌狀分裂之單葉，或呈羽狀複葉。
…………………………………………………⑪

⑪葉片呈掌狀分裂，葉柄較葉片長。
………………………………細口團扇蕨屬
⑪葉片呈扇形，或為羽狀複葉，葉片較葉柄長。

…………………………………………………⑫

⑫葉片扇形 …………假脈蕨屬團扇蕨群　P.96
⑫葉片三裂、羽狀分裂至複葉。 ……………⑬

⑬葉具特化之邊緣細胞或假脈…………………⑭
⑬葉無特化之邊緣細胞，也不具假脈。 ……⑮

⑭葉具假脈 …………假脈蕨屬假脈蕨群　P.101
⑭葉不具假脈 ………假脈蕨屬厚邊蕨群　P.100

⑮葉覆長棕色毛 …………假脈蕨屬毛葉蕨群
⑮葉不具長棕色毛 ……………………………⑯

⑯莖粗，徑可達1.5mm ………厚葉蕨屬厚莖蕨群
⑯莖直徑約1mm ……………假脈蕨屬瓶蕨群　P.97

細葉蔲蕨

Hymenophyllum polyanthos
(Sw.) Sw.

膜蕨屬蔲蕨群

海拔	中海拔	
生態帶	針闊葉混生林	
地形	谷地	山坡
棲息地	林內	
習性	著生	岩生
頻度	常見	

19990604·櫻櫻峰

19990404·櫻櫻峰

19990604·櫻櫻峰

●**特徵：**根莖長橫走狀，幾乎無毛，葉間距長；葉柄褐色，無翅或上段具窄翅，長2～3 cm；葉片窄披針形至寬卵形，長3～8 cm，寬1.5～3.5 cm，四回羽狀分裂，葉軸具窄翅，翅全緣且平坦，末裂片線形或窄披針形，全緣，寬約 0.8 mm，頂端圓鈍；孢膜較最末裂片寬，二瓣狀，深裂至基部，各瓣近三角形、卵形或圓形，頂端全緣或稍具淺裂，孢子囊群隱藏於孢膜內。

●**習性：**生長在雲霧帶林內之樹幹上或岩石上。

●**分布：**全世界熱帶至暖溫帶山地雲霧地區，台灣全島中海拔雲霧帶山區常見。

（小右）位於裂片頂端的二瓣狀孢膜

93

華東膜蕨

Hymenophyllum barbatum
(v. d. Bosch.) Baker

膜蕨屬膜蕨群

海拔	中海拔	
生態帶	針闊葉混生林	
地形	谷地	山坡
棲息地	林內	
習性	著生	岩生
頻度	偶見	

●**特徵：**根莖長橫走狀，被覆黃褐色毛，葉間距約 1.5～2.5 cm；葉柄長 1～2 cm，上半段具翅；葉片卵形、橢圓形或披針形，長 3～8 cm，寬 1～1.5 cm，少數可達2.5 cm，二至三回羽狀分裂，葉軸具翅，呈波浪狀或皺摺狀，羽片間距小，常重疊；裂片先端鈍，葉緣具齒；葉柄、葉軸及脈上具長線形多細胞毛及由 1～2 個細胞組成之短棍棒狀毛；孢子囊群陷於末裂片頂端，孢膜二瓣狀，深裂至基部，各瓣圓形，先端具齒，側邊通常全緣。

●**習性：**生長在林下潮濕環境之岩石或樹幹上。

●**分布：**喜馬拉雅山一帶、中國大陸南部及東部、韓國及日本，台灣中海拔雲霧帶山區可見。

1990425・清水山

（主）裂片頂端具圓形二瓣狀孢膜，其先端具鋸齒緣。

厚壁蕨

Hymenophyllum denticulatum Sw.

膜蕨屬厚壁蕨群

海拔	低海拔	
生態帶	熱帶闊葉林	亞熱帶闊葉林
地形	山溝	谷地
棲息地	林內	溪畔
習性	著生	岩生
頻度	稀有	

●**特徵**：根莖長而橫走；葉柄長1～2cm；葉片長5～10cm，寬1.5～4cm，卵形至披針形，三回羽狀分裂，葉軸具翅，翅可向下延伸至葉柄基部，葉軸及脈上疏具黃褐色多細胞毛，葉緣呈上下起伏之皺摺狀，邊緣齒狀；最末裂片寬度小於1mm；孢子囊群生於上段羽片之基部裂片，孢膜二瓣狀，深裂至近基部，各瓣橢圓形，全緣，基部具刺毛，孢子囊托外露。

●**習性**：生長在林下潮濕環境，尤其是具腐植質之岩石或樹幹上。

●**分布**：東南亞熱帶地區，北達越南、中國大陸南部及琉球群島，亦見於太平洋之斐濟群島，台灣產於南北兩端低海拔山區及蘭嶼。

（主）孢子囊群長在羽片基部的裂片頂端，孢膜各瓣橢圓形，孢子囊托外露。
（小）二瓣狀孢膜特寫

19851229・老佛山

95

團扇蕨

Crepidomanes minutum
(Blume) K. Iwats.

假脈蕨屬團扇蕨群

海拔	低海拔	
生態帶	熱帶闊葉林	亞熱帶闊葉林
地形	山溝	谷地	山坡
棲息地	林內	
習性	著生	岩生
頻度	偶見	

●**特徵**：根莖細長，無根，但被有褐色毛；葉柄長0.5～1.5cm，無翅，葉片扇形至圓形，徑約1cm，多回二叉分裂之單葉；葉脈二叉分支，脈上有腺毛，不具假脈；孢子囊群位於裂片頂端，孢膜管狀，有翅，先端略二瓣裂，開口喇叭狀；孢子囊托外露。

●**習性**：著生或岩生，生長在林下極潮濕環境。

●**分布**：西伯利亞、中國、日本、菲律賓、馬來西亞、印尼、玻里尼西亞、非洲，台灣低海拔潮濕環境可見。

（小上）植株小型但常成片生長，狀似苔蘚植物。
（小下）孢膜位於裂片頂端，開口呈喇叭狀。

（照片說明）19860819·內雙溪→平等里
19970407·烏來
19970407·烏來

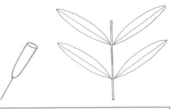

瓶蕨

Crepidomanes auriculatum
(Blume) K. Iwats.

假脈蕨屬瓶蕨群

海拔	中海拔	
生態帶	暖溫帶闊葉林	
地形	谷地	山坡
棲息地	林內	
習性	著生	岩生
頻度	常見	

19991216・烏來雲仙樂園

●**特徵**：根莖長橫走狀，被覆深褐色多細胞毛；葉間距長，具短柄；葉片長10～40cm，寬約2～3cm；營養葉一回羽狀複葉，羽片邊緣淺裂或具圓齒，孢子葉之羽片則具不規則深鋸齒緣；葉脈明顯可見，二叉分支；葉軸有翅，背面散生線形褐色多細胞毛；孢子囊群位於裂片頂端，僅基部陷於葉肉中，孢膜管狀，開口處截形，不呈擴大狀；孢子囊托外露。

●**習性**：半著生或著生，多攀爬於樹幹上，偶見生長於岩石上。

●**分布**：日本、中國大陸南部、中南半島、菲律賓、馬來西亞、印尼等地，台灣中海拔地區較潮濕之森林環境常見。

20000327・草埤

19950916・福山

（小左）營養葉特寫
（小右）孢子葉特寫

華東瓶蕨

Crepidomanes birmanicum
(Bedd.) K. Iwats.

假脈蕨屬瓶蕨群

海拔	低海拔	中海拔
生態帶	暖溫帶闊葉林	
地形	山溝	谷地
棲息地	林內	
習性	地生	
頻度	偶見	

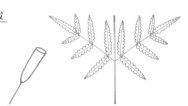

●**特徵**：根莖長橫走狀，密被深褐色多細胞毛，無根；葉間距約3～8cm，葉柄有翅，翅平順，基部則無翅；葉片卵形，約與葉柄等長或更長，長15～25cm，寬7～10cm，三回羽狀分裂，葉軸有翅；葉軸背面有許多小棍棒狀腺毛；孢膜管狀，開口處截形；孢子囊托外露。

●**習性**：地生，生長在林下極潮濕且腐植質豐富之處。

●**分布**：日本、韓國、中國大陸、印度，台灣主要產於中海拔山區，北部低海拔偶見。

19810327 · 烏來娃娃谷

19990403 · 新人崗

19990403 · 新人崗

（小右）葉軸具翅，孢子囊托外露。

高山瓶蕨（寬葉瓶蕨）

Crepidomanes schmidtianum
(Zenker *ex* Taschn.) K. Iwats. var.
latifrons (v. d. Bosch) K. Iwats.

假脈蕨屬瓶蕨群

海拔	中海拔	高海拔
生態帶	暖溫帶闊葉林	針葉林
地形	山溝	谷地
棲息地	林內	
習性	地生	岩生
頻度	偶見	

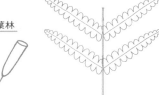

19990403・櫻櫻峰

●**特徵：**根莖長而橫走，細絲狀，直徑約0.3mm，被深褐色多細胞短毛；葉間距1～3cm，葉柄長2～3cm，上段有翅，基部無翅；葉片二回羽狀分裂，長5～10cm，寬1～3cm，葉軸具翅；葉脈上有棍棒狀腺毛；每一羽片具一孢子囊群，生於基部朝上一側裂片的頂端；孢膜管狀，陷於葉肉中，開口處稍呈擴大狀；孢子囊托外露。

●**習性：**地生或岩生，生長在林下潮濕環境。

●**分布：**印度北部、中國大陸、菲律賓，台灣中、高海拔山區有之。

【**附註**】本種是台灣的膜蕨科中海拔分布最高的植物，常出現在鐵杉林帶，海拔約1800至3000公尺之間。

19880727・八通關古道

（主）孢膜呈開闊之管狀，陷於羽片基部朝上一側之裂片中。
（小）生長在鐵杉林下溝谷地腐植質較豐富之邊坡

厚邊蕨

Crepidomanes humile
(Forst.) v. d. Bosch

假脈蕨屬厚邊蕨群

海拔	低海拔	
生態帶	熱帶闊葉林	
地形	山溝	谷地
棲息地	林內	
習性	岩生	地生
頻度	偶見	

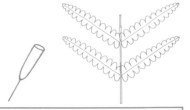

1998O517・花蓮新城山

●**特徵：**根莖絲狀，密被深褐色短毛；葉二回羽狀深裂至三回羽狀分裂，三角狀卵形至卵狀披針形，通常長僅1.5cm，有時可達10cm，下段羽片漸縮；葉軸有翅，葉柄上段具窄翅，基部則無翅；葉緣有兩列延伸之邊緣細胞；最末裂片線形，僅具一脈，先端鈍，有時有凹刻；葉脈上散布節狀腺毛；孢子囊群位於羽片基部朝上一側裂片的頂端，每一羽片僅具一枚，孢膜管狀，開口呈擴大狀；孢子囊托外露。

●**習性：**地生或岩生，生長在林下極潮濕環境。

●**分布：**琉球群島、菲律賓、馬來西亞、印尼、澳洲、紐西蘭、太平洋群島，台灣則見於花蓮、台東低海拔地區。

1998O517・花蓮新城山

20060208・紅頭山

（小上）末裂片狹長形，僅具一脈。
（小下）裂片外側具一圈特殊的邊緣細胞。

圓唇假脈蕨

Crepidomanes bipunctatum
(Poir.) Copel.

假脈蕨屬假脈蕨群

海拔	中海拔
生態帶	暖溫帶闊葉林
地形	谷地
棲息地	林內
習性	著生
頻度	偶見

1985.12.29・老佛山

●**特徵**：根莖橫走，被黑色多細胞毛，葉片間距長；葉柄有翅，下延至基部或近基部處；葉片卵形至卵狀披針形，長約10cm，寬約4～5cm，三回羽狀分裂；裂片邊緣具不連續之假脈，真脈之間亦具假脈；孢子囊群位於羽片基部朝上一側裂片的頂端，孢膜管狀，開口處圓鈍且呈擴大狀。

●**習性**：生長在林下極潮濕環境，著生於大樹樹幹上或小樹枝條上。

●**分布**：琉球群島、越南、馬來西亞、印尼，台灣中海拔及南北兩端低海拔地區可見。

（主）葉軸及葉柄具翅
（小）葉緣可見不連續之假脈

克氏假脈蕨

Crepidomanes kurzii
(Bedd.) Tagawa

假脈蕨屬假脈蕨群

海拔	低海拔	
生態帶	熱帶闊葉林	
地形	山溝	谷地
棲息地	林內	
習性	岩生	地生
頻度	偶見	

1996006·蘭嶼四道溝溪

●**特徵**：根莖絲狀，橫走，被覆褐色毛；葉片間距約5mm，葉柄長2～3mm或更短，幾近無柄；植株高7～13mm，通常為一回羽狀深裂，末裂片線形，寬約0.5～1mm，先端尖；假脈位在裂片邊緣，連續，其外側尚可見一排細胞；葉脈背面具褐色、棍棒狀或二細胞的腺毛；孢子囊群生於裂片頂端，孢膜倒圓錐狀，有翅，先端呈二瓣裂，裂片圓，開口喇叭狀；孢子囊托外露。

●**習性**：生長在林下潮濕環境，常見於山溝邊土坡或岩石上。

●**分布**：中國大陸、印度、馬來西亞，台灣南北兩端低海拔地區可見。

1997.0402·蘭嶼四道溝溪

1997.0402·蘭嶼四道溝溪

（小上）孢膜開口呈喇叭狀
（小下）成片生長在林下山溝邊土坡上

翅柄假脈蕨

Crepidomanes latealatum
(v. d. Bosch) Copel.

假脈蕨屬假脈蕨群

海拔	中海拔
生態帶	暖溫帶闊葉林
地形	谷地
棲息地	林內
習性	著生 岩生
頻度	偶見

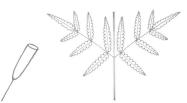

19990228・浸水營

19860329・鳳凰山

●**特徵**：根莖長橫走狀，被黑色多細胞毛；葉柄長1～2.5cm，柄翅下延至基部；葉片窄卵形至披針形，長3～10cm，二至三回羽狀分裂；假脈散生於側脈之間，不在裂片邊緣；孢子囊群生於裂片頂端，孢膜管狀，先端二瓣裂，各裂片具尖頭；孢子囊托外露。

●**習性**：生長在林下潮濕環境，著生在樹幹或岩石上。

●**分布**：日本、中國大陸、印度北部、馬來西亞、蘇門答臘，台灣於中海拔地區可見。

（小）孢膜具尖頭，孢子囊托外露。

膜蕨科

假脈蕨屬・假脈蕨群

菲律賓厚葉蕨

Cephalomanes javanicum
(Blume) v. d. Bosch var.
asplenioides (C. Chr.) K. Iwats.

厚葉蕨屬厚葉蕨群

海拔	低海拔	
生態帶	熱帶闊葉林	
地形	山溝	谷地
棲息地	林內	
習性	地生	岩生
頻度	偶見	

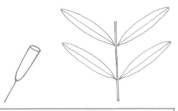

1985.10.16 · 八律溪

19800207 · 南仁山

●**特徵**：葉叢生；葉柄長5～8cm，被覆深褐色多細胞毛；葉片披針形，長10～18cm，一回羽狀複葉；羽片幾無柄，長1.5～2cm，兩側不對稱，基部楔形，先端鈍，具齒緣，其側脈斜生，一至二回分叉；孢子囊群生於羽片頂端及近頂端處，孢膜管狀，開口處截形；孢子囊托外露。

●**習性**：生長在林下溪谷地區極潮濕環境之土坡或岩石上。

●**分布**：琉球群島、菲律賓、緬甸、泰國、馬來西亞、印尼、玻里尼西亞，台灣在墾丁國家公園南仁山保護區及蘭嶼偶見。

（主） 長在低海拔闊葉林下溝谷地邊坡，環境極為陰濕。
（小） 孢膜通常侷限在羽片頂端，孢子囊托伸出管狀孢膜之外。

蚌殼蕨科

Dicksoniaceae

外觀特徵：根莖粗大橫走，半埋於地下，與葉柄基部都密布金黃色至褐色的毛；葉大型，長可達二至三公尺，三回羽狀深裂，葉脈游離；孢子囊群著生於相鄰兩末裂片的凹入處，位於脈的末端，且就在葉緣的位置；孢膜蚌殼狀，將孢子囊群包被在內。

生長習性：常生長在林內較突出的巨岩上，或石塊較多的山坡地。

地理分布：分布於熱帶至亞熱帶山區，台灣產於低海拔地區。

種數：全世界有5屬35～40種，台灣有1屬2種。

●本書介紹的蚌殼蕨科有1屬1種。

【屬、群檢索表】

台灣金狗毛蕨

Cibotium taiwanense Kuo

金狗毛蕨屬

海拔	低海拔				
生態帶	亞熱帶闊葉林				
地形	谷地	山坡	山頂	稜線	峭壁
棲息地	林內	林緣	空曠地		
習性	岩生	地生			
頻度	常見				

1987.11.28·新店（人工栽植）

1987.10.04·台北四獸山

1991.11.23·台北大湖公園

1989.08.19·花蓮

●**特徵**：根莖粗，短橫走狀，密被金黃色多細胞毛，葉叢生；葉柄長約120cm，葉柄及葉軸綠色，柄基部被覆與莖相同之毛；葉片長150～300cm，薄革質，三回羽狀深裂；羽片具柄，基部兩側不對稱，下側缺2～3枚小羽片；小羽片長12～15cm，寬1.2～1.6cm，具柄；孢子囊群著生於相鄰兩末裂片缺刻內，每一缺刻至多2～3對孢子囊群，孢膜蚌殼狀，革質。

●**習性**：地生或岩生，常出現在林下較空曠處或大岩壁上。

●**分布**：本種為台灣特有種，分布於台灣低海拔地區，以北部最多。

（小上）莖及葉柄基部具金黃色多細胞毛
（小中）羽片基部朝下一側缺2～3枚小羽片
（小下）蚌殼狀孢膜位於相鄰兩末裂片間之凹入處

桫欏科

Cyatheaceae

外觀特徵：莖一般非常顯著，粗大且直立，少數種
類的莖較不明顯，斜上生長，挺空的樹幹通常單
一不分叉，表面密布厚層的氣生根。葉大型，二
至三回羽狀深裂，集生莖頂，葉柄基部密布鱗片
。葉脈游離。孢子囊群長在突出葉面的孢子囊托
上，圓形，脈上生。
生長習性：全部為地生型，生長在林下或開闊地。
地理分布：多分布於熱帶雨林區的高山上，台灣主
要分布在低海拔地區。
種數：全世界有1屬600～650種，台灣有7種。

●本書介紹的桫欏科有1屬5種。

筆筒樹

Cyathea lepifera
(J. Sm. *ex* Hook.) Copel.

桫欏屬

海拔	低海拔
生態帶	亞熱帶闊葉林
地形	谷地　山坡
棲息地	林內　林緣　空曠地
習性	地生
頻度	常見

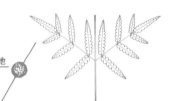

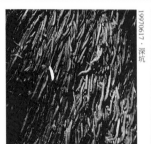

1997.06.17‧深坑

1998.04.24‧深坑

1992.09.06‧草嶺古道

1985.11.26‧萬里德山

●**特徵**：樹狀蕨，樹幹高6～20m或更高，徑約15cm，氣生根發達，包在莖外圍；葉柄徑約5cm，葉柄及葉軸具瘤狀突起及披針狀、易掉落之鱗片；葉片橢圓形，長150～200cm，寬70～120cm，三回羽狀深裂，老葉脫落後在樹幹留下橢圓形葉痕；羽片長達50～80cm；小羽片無柄，長8～14cm，背面具淺色鱗片；末裂片全緣，側脈游離、單叉，孢子囊群圓形，不具孢膜。

●**習性**：地生，向陽性喬木，生長在開闊之潮濕環境。

●**分布**：琉球群島、中國大陸南部、菲律賓，以台灣為分布中心，全台低海拔向陽潮濕地區常見，在北部地區常成林出現。

（小上）　莖外側被滿氣生根
（小中）　孢子囊群圓形，在裂片中脈兩側各排成一列。
（小下）　由金黃色鱗片保護的幼葉

鬼桫欏

Cyathea podophylla (Hook.) Copel.

桫欏屬

海拔	低海拔	
生態帶	亞熱帶闊葉林	東北季風林
地形	谷地	山坡
棲息地	林內	
習性	地生	
頻度	常見	

1996080 8·內雙溪

1999041 6·台北天溪園

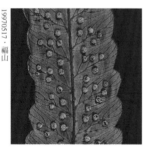

1997051 7·福山

1999041 6·台北天溪園

桫欏科

桫欏屬

●**特徵**：樹幹高約2m，徑5～8cm；葉柄長30～50cm，徑1～1.5cm，紫褐色，具光澤，基部有披針形暗褐色鱗片；葉寬卵形，長1.5～2m，寬1～1.2m，二回羽狀複葉，老葉下垂，形成稀疏之樹裙；羽片長60cm，寬17～20cm，葉軸、羽軸紫褐色，背面光滑，表面有毛；小羽片長10cm，寬1.2～1.7cm，具短柄，全緣或多少齒裂；小羽片側脈呈四至五回之不等邊二叉分支；孢子囊群圓形，長在脈上，不具孢膜。

●**習性**：地生，耐陰性灌木或小喬木，生長在林下。

●**分布**：琉球群島、中國大陸南部、越南、泰國，台灣於低海拔，尤其北部地區常見。

（小上）老葉下垂形成樹裙
（小中）羽片基部
（小下）葉緣圓齒狀，孢子囊群圓形。

109

台灣樹蕨

Cyathea metteniana
(Hance) C. Chr. & Tard.-Blot

桫欏屬

海拔	低海拔
生態帶	亞熱帶闊葉林
地形	山溝 谷地
棲息地	林內
習性	地生
頻度	偶見

桫欏科

桫欏屬

●**特徵**：莖短直立，葉叢生；葉柄長70～100cm，徑6～10mm，葉柄褐色，具光澤，基部可見披針形褐色鱗片；葉片寬三角狀卵形，長1～2.5m，寬1～1.5m，三回羽狀分裂；羽片長35～60cm，羽軸具翅；小羽片長6～10cm，具短柄；末裂片略具齒緣；羽軸、小羽軸背面具鱗片，表面無毛；葉脈游離，末裂片具4～5對側脈；孢子囊群圓形，位於脈上，無孢膜。

●**習性**：地生，耐陰性大型草本至小灌木狀，生長在林下潮濕環境。

●**分布**：日本及中國大陸，台灣低海拔地區可見。

19991216・烏來雲仙樂園

19880503・陽明山

19870823・台北虎山

（小左）羽片基部及葉軸上表面
（小右）小羽片中裂；孢子囊群圓形，位於脈上。

蘭嶼桫欏

Cyathea fenicis Copel.

桫欏屬

海拔	低海拔	
生態帶	熱帶闊葉林	
地形	谷地	山坡
棲息地	林內	
習性	地生	
頻度	偶見	

●**特徵：**主莖高約1m，徑約6cm；葉柄長35～65cm，徑約1cm，基部褐色，具短刺和小型鱗片；葉片橢圓形，長1.5～2m，三回羽狀深裂，葉軸草桿色，具短刺；老葉下垂，形成稀疏樹裙；羽片長30～40cm，基部一對明顯較短；小羽片長7～10cm，幾乎無柄；裂片邊緣鋸齒狀，其側脈游離，單叉；孢子囊群圓形，位於脈上，孢膜下位，鱗片狀。

●**習性：**地生，耐陰性小喬木，生長在林下潮濕環境。

●**分布：**菲律賓及蘭嶼。

【附註】本種的生態地位近似台灣本島的台灣桫欏（見後頁），二者都生長在森林下層，其生態功能相似，外貌也近似，但所處之地理位置卻截然不同，因此二者互為生態等價種。

1994O4O5・蘭嶼天池

1989O6O6・蘭嶼天池

（主）老葉下垂，呈鬆散之樹裙狀。
（小）小羽片羽狀深裂，頂端具有尾尖。

台灣桫欏

Cyathea spinulosa Wall. ex Hook.

桫欏屬

海拔	低海拔	中海拔
生態帶	亞熱帶闊葉林	暖溫帶闊葉林
地形	谷地	山坡
棲息地	林內	
習性	地生	
頻度	常見	

●**特徵**：樹幹高約5m，徑約15cm；葉柄長50～70cm，徑1～2cm，紫褐色，表面具刺及褐色鱗片；葉片橢圓形，長150～200cm或更長，寬100～140cm，三回羽狀深裂，老葉下垂，形成樹裙；羽片長45～60cm，寬10～15cm，基部羽片較短，長約15～20cm，羽軸亦有刺；小羽片長8～10cm，寬約1cm，具短柄；葉軸、羽軸表面具剛毛，背面無毛，但具小型之卵形鱗片；末裂片具齒緣，側脈單叉；孢子囊群圓形，位於脈上，在末裂片兩側各排成一排，孢膜薄膜質，球形，早凋。

●**習性**：地生，耐陰性喬木，生長在林下潮濕環境。

●**分布**：尼泊爾、印度、中國大陸、日本，台灣全島中、低海拔地區常見。

1951118 · 台北虎山

2001415 · 三峽

1911102 · 陽明山

〔小左〕 由空中俯瞰台灣桫欏
〔小右〕 小羽片邊緣深裂，孢子囊群在各末裂片排成兩行。

瘤足蕨科

Plagiogyriaceae

外觀特徵：植株無毛無鱗片；莖短而直立，少數種
　　　類具橫走莖；葉柄基部常向兩側展延形成翼狀，
　　　通常宿存，並具瘤狀之通氣組織；一回羽狀深裂
　　　或複葉，葉兩型，葉脈游離。

生長習性：地生型，喜歡生長在腐植質較豐富的森
　　　林下。

地理分布：分布在熱帶、亞熱帶高海拔的森林下層
　　　；台灣主要分布在海拔1800～2500公尺降水豐富
　　　的檜木林帶。

種數：全世界有1屬40～70種，台灣有7種。

●本書介紹的瘤足蕨科有1屬5種。

【 屬、群檢索表 】

台灣瘤足蕨

Plagiogyria formosana Nakai

瘤足蕨屬

海拔	中海拔
生態帶	針闊葉混生林
地形	山坡
棲息地	林內
習性	地生
頻度	常見

19880627・新中橫

19990322・鴛鴦湖

19990312・鴛鴦湖

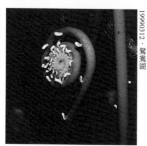

19990312・鴛鴦湖

●**特徵：**莖塊狀，短而直立，上覆宿存的葉柄基部；葉一回羽狀複葉，營養葉長25～85cm，寬7～25cm，葉背白色；葉柄長5～30cm，基部多少膨大，具瘤狀之氣孔帶，多少散布到上段，基部橫切面呈三角形，上段四角形；羽片先端漸尖，頂羽片和側羽片同形，長7～12cm，寬8～13mm，邊緣呈銳鋸齒狀，基部羽片具柄，往上則無柄；孢子葉長40～120cm，柄長20～60cm，羽片邊緣多少反捲。

●**習性：**地生，生長在林下腐植質豐富之處。

●**分布：**台灣特有種，見於中海拔有雲霧環境的檜木林地區。

（小左）營養葉葉背呈白色
（小中）葉柄基部具瘤突狀的氣孔帶
（小右）葉柄與捲旋的幼葉上都具有突出、淡色之氣孔帶

小泉氏瘤足蕨

Plagiogyria koidzumii Tagawa

瘤足蕨屬

海拔	中海拔
生態帶	暖溫帶闊葉林
地形	山坡
棲息地	林緣
習性	地生
頻度	瀕危

●**特徵**：根莖橫走，植株下垂；葉柄長12～25cm，橫切面下段三角形，上段近圓形；葉一回羽狀複葉，營養葉長40～50cm，寬12～25cm，葉背和葉表同色，基部3～5對羽片具柄，中段羽片無柄，上段羽片連合；頂羽片長5cm，外形與側羽片同，但與下方1～2對羽片連合；側羽片頂端尾尖，長6.5～10cm，寬1～1.5cm；孢子葉較營養葉短，長約15～35cm，羽片緣略反捲，下段5～6對羽片具柄，上段羽片無柄，頂羽片比側羽片長。

●**習性**：地生，生長在森林邊緣。

●**分布**：琉球群島，台灣僅見於南投清水溝溪一帶。

1997.01.22．南投鳳凰谷

耳形瘤足蕨

Plagiogyria stenoptera
(Hance) Diels

瘤足蕨屬

海拔	中海拔	
生態帶	暖溫帶闊葉林	針闊葉混生林
地形	山坡	
棲息地	林內	
習性	地生	
頻度	偶見	

19990119・瑞岩

●**特徵**：莖直立，塊狀；葉柄長4～14cm，上下段橫切面均呈四角形；葉一回羽狀深裂，營養葉長25～45cm，寬6～12cm，葉背和葉表同色；葉片基部3～6對裂片短縮至耳狀；孢子葉長25～50cm，柄長15～30cm，羽片緣略反捲，羽片無柄，基部6～8對呈耳狀。

●**習性**：地生，生長在林下腐植質豐富之處。

●**分布**：日本、中國大陸、越南、菲律賓，台灣見於中海拔地區。

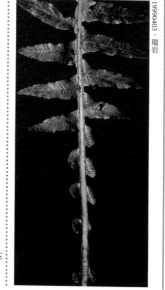

19990403・瑞岩

（主）　葉兩型，營養葉較平展，孢子葉則較直立。
（小）　基部裂片短縮呈耳狀

倒葉瘤足蕨

Plagiogyria dunnii Copel.

瘤足蕨屬

19880227・溪頭

19950625・東眼山

●**特徵：**莖短直立；葉一回羽狀深裂，營養葉長30～70cm，寬8～16cm，葉背和葉表同色；葉柄長8～23cm，橫切面呈三角形；葉片頂端羽裂、漸縮，基部裂片朝向根部反折，裂片鋸齒緣；孢子葉長50～70cm，柄長28～45cm，羽片長3～5cm，窄線形，無柄。

●**習性：**地生，生長在林下腐植質豐富處。

●**分布：**中國大陸，台灣零星見於中海拔天然闊葉林。

（主） 葉兩型，營養葉鮮綠色，傾斜生長；孢子葉較窄，直立生長。
（小） 成熟的孢子葉其羽片褐色且呈扭曲狀

117

瘤足蕨

Plagiogyria rankanensis Hayata

瘤足蕨屬

海拔	中海拔	
生態帶	暖溫帶闊葉林	針闊葉混生林
地形	山坡	
棲息地	林內	
習性	地生	
頻度	偶見	

19990227・浸水營

●**特徵**：莖直立，塊狀；葉柄長12～20cm，基部多少膨大，具瘤狀之氣孔帶，基部橫切呈三角形，上段四角形；葉一回羽狀深裂，營養葉長35～45cm，寬10～15cm，葉背和葉表同色；裂片平展或鐮形，長5～10cm，下側裂片較長，頂裂片基部有1～2個小裂片；孢子葉長45～75cm，柄長35～45cm，羽片窄線形，具由葉緣反捲之假孢膜。

●**習性**：地生，生長在林下遮蔭環境。

●**分布**：印度北部、中國大陸、日本、菲律賓，台灣見於中海拔天然闊葉林地區。

19990228・浸水營

19980329・神祕湖

（小上）孢子葉特寫
（小下）葉柄基部特寫

雙扇蕨科

Dipteridaceae

外觀特徵：木質化根莖呈長橫走狀，其上密布狹長
、質地堅硬之深色鱗片；葉在莖上散生，葉柄較
葉片長，葉片呈多回二叉撕裂狀之複葉，第一回
分裂最深，幾達葉片基部，其餘之分裂均較淺；
主脈亦呈二叉狀分支，細脈結合成網狀，網眼具
游離小脈；孢子囊群圓形，遠小於一般真蕨類，
散生在葉背。

生長習性：常長在霧氣較重的空曠地區，如路邊坡
地、岩壁縫隙或有土壤分化的大石上。

地理分布：東亞南部及東南亞，澳洲及斐濟群島亦
曾發現。台灣產於南北兩端低海拔地區的山脊線
上，都在東北季風影響範圍內，北部的數量遠大
於南部地區。

種數：全世界有1屬8種，台灣有1種。

●本書介紹的雙扇蕨科有1屬1種。

雙扇蕨

Dipteris conjugata
(Kaulf.) Reinwardt

雙扇蕨屬

海拔	低海拔
生態帶	東北季風林
地形	山坡　山頂　稜線　峭壁
棲息地	林緣　空曠地　路邊
習性	岩生　地生
頻度	偶見

19960808．內雙溪

19931207．台北虎山

19930305．桃源谷

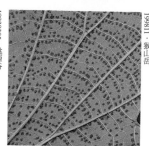

199811．猴山岳

●**特徵**：根莖長橫走狀，徑約1cm，覆窄披針形鱗片；葉柄長30～60cm，稻稈色，基部具鱗片；葉為多回二叉撕裂之複葉，圓形，徑20～60cm，末裂片寬1～2cm；葉脈網狀，網眼中有分叉的游離小脈，主脈二叉分支；孢子囊群小型，圓形，著生於網眼中之游離小脈上，無孢膜。

●**習性**：地生或岩生，主要生長在向陽的岩壁上或道路邊坡。

●**分布**：中國大陸西南部、菲律賓、印尼、太平洋群島，台灣產於南北兩端，且在低海拔地區的山脊線上。

（小左）　峭壁頂端亦為其生育環境
（小中）　雙扇蕨的葉子就像一把邊緣撕裂的雨傘
（小右）　孢子囊群小型，散布於葉背

燕尾蕨科

Cheiropleuriaceae

外觀特徵：根莖短橫走狀，密被黃棕色多細胞毛；
　　　　葉叢生，革質，有孢子葉與營養葉之分，營養葉
　　　　卵形，頂端有的呈燕尾狀；孢子葉細長披針形，
　　　　孢子囊全面著生於葉背。最大的主脈四條，由葉
　　　　片基部分出，明顯呈二叉分支；細脈則連結成網
　　　　眼，網眼中尚有游離小脈。
生長習性：生長在天然闊葉林下坡地，屬地生型植
　　　　物，偶亦見長在岩縫中。
地理分布：主要分布在東亞及東南亞，台灣則零星
　　　　分布於中、低海拔山區。
種數：全世界僅1屬1種。

●本書介紹的燕尾蕨科有1屬1種。

【 屬、群檢索表 】

燕尾蕨

Cheiropleuria bicuspis
(Blume) Presl

燕尾蕨屬

海拔	低海拔	中海拔
生態帶	暖溫帶闊葉林	
地形	山坡	
棲息地	林內	
習性	地生	
頻度	偶見	

19850807・南仁山

19950418・鹿角坑溪

19951009・猴山岳

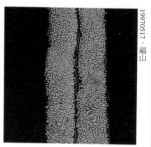

19970517・福山

●**特徵**：根莖短橫走狀，被覆黃棕色多細胞長毛，葉叢生；單葉，營養葉柄長約20～35cm，葉片卵形，長10～15cm，寬5～8cm，頂端多少呈剪裂之燕尾狀，主葉脈4條，葉脈網狀，網眼中具分叉的游離小脈；孢子葉柄較營養葉柄長，葉片狹長，長10～20cm，寬1～2cm，孢子囊密布葉背，不具孢膜。

●**習性**：地生，主要生長在林下遮蔭處。

●**分布**：日本、中國大陸南部、菲律賓、印尼，台灣中、低海拔山坡地成熟林下零星可見。

（小中）頂端分裂呈燕尾狀的營養葉
（小右）孢子囊像散沙狀密布於孢子葉葉背

碗蕨科

Dennstaedtiaceae

外觀特徵：根莖橫走，多數上覆多細胞毛，稀為莖斜上生長，且植物體不具鱗片。一至多回羽狀複葉，多數種類具游離脈；孢子囊群靠近葉緣，在一條脈的末端，孢膜為杯狀或碗狀，或在多條脈末端，為由葉緣反捲的假孢膜所保護；也有少數種類不具孢膜。

生長習性：地生，極少數種類的葉子呈蔓生之藤叢狀，或長在岩屑地的岩縫中。

地理分布：分布於熱帶至暖溫帶地區，台灣主要產於中、低海拔。

種數：全世界約有12屬180種，台灣有7屬26種。

●本書介紹的碗蕨科有6屬16種。

刺柄碗蕨

Dennstaedtia scandens
(Blume) Moore

碗蕨屬

海拔	低海拔
生態帶	亞熱帶闊葉林
地形	山坡
棲息地	林緣　空曠地
習性	地生
頻度	偶見

1997062・鳳凰谷

19921220・福山

19970407・烏來

19980612・三峽

●**特徵：**根莖長匍匐狀，覆紅褐色毛；葉柄紅褐色，葉柄、葉軸、羽軸具倒鉤；葉草質，四回羽狀複葉，葉軸很長，葉片可達數公尺以上，常蔓生成叢；羽片近對生，具短柄，長可達1m以上；末回小羽片長2～5cm，寬0.5～1.5cm，無柄，羽狀深裂；孢膜碗狀，著生在裂片基部朝上一側近缺刻處。

●**習性：**地生，生長在開闊地或林緣，植株利用葉柄、葉軸、羽軸上的倒鉤，攀掛在其他植物身上，常覆滿整片山坡。

●**分布：**菲律賓、馬來西亞、印尼、新幾內亞、大溪地，台灣於低海拔林緣零星可見。

（小中）　葉軸上的倒鉤
（小下）　末回小羽片羽狀深裂，裂片圓頭，孢膜位於缺刻處。

司氏碗蕨

Dennstaedtia smithii
(Hook.) Moore

碗蕨屬

海拔	低海拔
生態帶	熱帶闊葉林
地形	谷地
棲息地	林緣　空曠地　溪畔
習性	地生
頻度	偶見

19980307 · 花蓮新城山

19000329-0402 · 南仁山

19980307 · 花蓮新城山

1998808 · 花蓮新城山

●**特徵**：根莖匍匐狀，葉叢生，葉柄長可達100cm，徑約2～3cm；葉柄、葉軸和羽軸上均具銹色毛，葉軸綠色至褐色；葉片寬披針形至卵圓形，長100cm，寬70～80cm，三回羽狀複葉至四回羽狀分裂，草質至厚紙質；末回小羽片長2～5cm，寬0.5～1cm；葉脈上下兩面皆被細毛，孢膜碗狀，緊貼葉緣。

●**習性**：地生，生長在潮濕、溪谷環境的溪畔空曠處或林緣遮蔭處。

●**分布**：東南亞，台灣低海拔山區零星可見。

（小中）　羽軸、小羽片及分裂之末回小羽片
（小下）　末回小羽片羽狀分裂，孢膜緊貼裂片邊緣。

碗蕨

Dennstaedtia scabra
(Wall. *ex* Hook.) Moore

碗蕨屬

海拔	中海拔
生態帶	暖溫帶闊葉林　針闊葉混生林
地形	山坡
棲息地	林內　林緣
習性	地生
頻度	偶見

20001215・菁山自然中心

19881002・合歡山

19930909・奇萊

●**特徵：**根莖匍匐狀，被長毛；葉柄褐色，長15～40cm；葉片卵狀三角形，長20～45cm，寬15～35cm，三至四回羽狀分裂，草質至紙質，葉軸草桿色，具毛；末回小羽片長7～15mm，寬3～8mm，葉脈上下兩面皆具細毛；孢膜碗狀，緊貼裂入處邊緣。

●**習性：**生長在林下或林緣半開闊處之土坡。

●**分布：**日本、韓國、中國大陸、喜馬拉雅山、印度、斯里蘭卡、中南半島、馬來西亞及印尼，台灣全島中海拔偶爾可見。

（主）　通常生長在林下土坡上
（小上）偶亦見長在林緣之岩縫中
（小下）緊貼葉緣的孢膜朝下轉折90°

細毛碗蕨

Dennstaedtia hirsuta
(Sw.) Mett. *ex* Miq.

碗蕨屬

海拔	中海拔	
生態帶	暖溫帶闊葉林	針闊葉混生林
地形	山坡	
棲息地	林緣	
習性	岩生	地生
頻度	偶見	

19881125．樂樂

●**特徵**：根莖匍匐狀，密布褐色長毛；葉叢生，葉柄草稈色，長7～20cm，具毛；葉片草質，披針形，長7～30cm，寬4～7cm，二回羽狀分裂；羽片披針狀橢圓形，長2～3cm，寬0.4～1cm，密覆長毛；孢膜碗狀，位於裂片基部朝上一側，緊貼葉緣。

●**習性**：生長在林緣半開闊處之土坡或岩縫中。

●**分布**：西伯利亞、日本、韓國、中國大陸，台灣中部及北部中海拔山區可見。

19940815．桃山瀑布

19881125．樂樂

（主）林緣土坡是其生長的環境之一
（小上）偶亦見生長在岩壁之岩縫中
（小下）羽片密覆長毛，孢膜位於裂片基部朝上一側，緊貼葉緣。

虎克氏鱗蓋蕨

Microlepia hookeriana
(Wall. *ex* Hook.) Presl

鱗蓋蕨屬

海拔	低海拔
生態帶	亞熱帶闊葉林
地形	山坡
棲息地	林內　林緣
習性	地生
頻度	常見

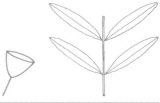

19990416・台北天溪園

19940819・紗帽山

19940819・紗帽山

19990725・烏來雲仙樂園

●**特徵**：根莖長匍匐狀，密被毛；葉柄長10～22cm；葉片長披針形，長35～45cm，寬8～12cm，一回羽狀複葉，具頂羽片；羽片長5～8cm，寬0.5～1.5cm，邊緣細鋸齒狀，基部朝上一側具耳狀突起，有些個體羽片基部朝下一側亦有突起；羽軸側脈單一或僅分叉一次；孢膜杯形，無毛，靠近葉緣，開口朝外。

●**習性**：地生，生長在林緣半遮蔭處。

●**分布**：琉球群島、中國大陸南部、印度北部、中南半島、馬來西亞、印尼，台灣低海拔地區可見。

（小中）羽片基部朝上一側具耳狀突起，孢膜靠近葉緣，位於小脈頂端。
（小下）滿布長毛的的幼葉

邊緣鱗蓋蕨

Microlepia marginata
(Panzer) C. Chr.

鱗蓋蕨屬

海拔	低海拔	中海拔
生態帶	亞熱帶闊葉林	暖溫帶闊葉林
地形	山坡	
棲息地	林內	林緣	路邊
習性	地生	
頻度	偶見	

●**特徵：**根莖長匍匐狀，被褐色毛；葉柄長35～50cm；葉片卵狀披針形，長35～55cm，寬13～25cm，一回羽狀複葉，偶見二回羽狀分裂之個體，密被毛；羽片長8～15cm，寬2～4cm，不具頂羽片，羽片基部兩側不對稱，朝上一側多少具耳狀突起，葉脈兩面被毛；孢膜寬杯形，亞邊緣生，具毛，開口朝向羽片尖端。

●**習性：**地生，生長在林下空曠處或林緣半遮蔭環境。

●**分布：**日本、中國大陸、喜馬拉雅山、印度、中南半島，台灣中、低海拔可見。

1990927・台北天溪園

1981O419・拇指山

1981114・春陽

（小左）生長在產業道路邊坡，有林緣遮蔭之處。
（小右）孢膜寬杯形，位於脈頂端，亞邊緣生。

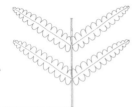

台北鱗蓋蕨

Microlepia marginata (Panzer)
C. Chr. var. *bipinnata* Makino

鱗蓋蕨屬

海拔	低海拔
生態帶	亞熱帶闊葉林
地形	山坡
棲息地	林內　林緣
習性	地生
頻度	常見

1988O503・陽明山

碗蕨科

鱗蓋蕨屬

19941121・陽明山後山公園

1988O409・猴山岳

20010121・大屯瀑布

●**特徵**：根莖匍匐狀；葉柄長7～15cm；葉片披針形，長30～60cm，寬20～30cm，一回羽狀複葉至二回羽狀分裂；羽片長披針形，長15～18cm，寬2.5～4cm；基部朝上一側呈耳狀突起，常深裂；羽片背面具短毛；孢膜寬杯形，上緣略呈圓形，多少具短毛，亞邊緣生，開口朝向裂片末端。

●**習性**：地生，生長在林下較空曠處或林緣半遮蔭的環境。

●**分布**：中國大陸南部、日本，台灣北部低海拔常見。

（小中）羽片基部具朝上之耳狀突起
（小右）孢膜寬杯形，位於脈頂端，靠近葉緣。

131

克氏鱗蓋蕨

Microlepia krameri Kuo

鱗蓋蕨屬

海拔	低海拔
生態帶	亞熱帶闊葉林
地形	山坡
棲息地	林緣
習性	地生
頻度	常見

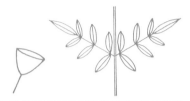

19940802・新山夢湖

19880409・猴山岳

19940802・新山夢湖

19810406・木柵

●**特徵**：根莖匍匐狀，被覆黑褐色短毛；葉柄長20～40cm；葉片披針形，長30～80cm，寬15～25cm，二回羽狀複葉，兩面被毛；羽片線形至窄披針形，長15～20cm，寬3～4cm，和葉軸交角近90度；小羽片邊緣具圓齒，柄不顯著，葉肉下延；孢膜杯形，亞邊緣生。

●**習性**：地生，生長在林緣半遮蔭處。

●**分布**：台灣特有種，低海拔林緣可見。

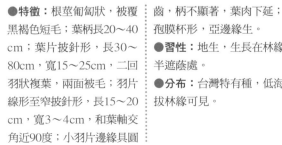

（主）　二回羽狀複葉，小羽片之柄不顯著。
（小中）　小羽片基部兩側不對稱
（小下）　孢膜杯形，位於脈頂，靠近裂片邊緣。

粗毛鱗蓋蕨

Microlepia strigosa (Thunb.) Presl

鱗蓋蕨屬

海拔	低海拔	
生態帶	熱帶闊葉林	亞熱帶闊葉林
地形	山坡	
棲息地	林內	林緣
習性	地生	
頻度	常見	

碗蕨科

鱗蓋蕨屬

19991114・二子坪

19941105・陽明山

200110・台大植物系蔭棚（人工栽植）

200110・台大植物系蔭棚（人工栽植）

●**特徵：**根莖匍匐狀，密被褐色毛；葉柄長20～50cm，被毛；葉片寬披針形，長40～80cm，寬20～30cm，二回羽狀複葉至三回羽狀分裂，葉軸具短毛；羽片長10～18cm，寬1.5～3cm，背面密布毛，葉脈在葉背明顯突起；末裂片邊緣鋸齒狀；孢膜杯形，多少具毛，亞邊緣生。

●**習性：**地生，生長在林緣半遮蔭環境或林下空曠處。

●**分布：**日本、中國大陸南部、喜馬拉雅山區、印度、斯里蘭卡、馬來西亞、菲律賓、玻里尼西亞，台灣低海拔山區常見。

（主）　葉常為二回羽狀複葉，最靠近葉軸之小羽片常再多分裂一次。
（小左）　常見長在林緣環境
（小中）　孢子囊群位於脈頂端
（小右）　孢膜杯形，亞邊緣生。

133

熱帶鱗蓋蕨

Microlepia speluncae (L.) Moore

鱗蓋蕨屬

海拔	低海拔	
生態帶	熱帶闊葉林	亞熱帶闊葉林
地形	山坡	
棲息地	林內	林緣
習性	地生	
頻度	常見	

●**特徵**：根莖匍匐狀，覆短毛；葉柄長45～60cm；葉片卵形至卵狀三角形，長70～100cm，寬20～40cm，三回羽狀複葉至四回羽狀分裂；葉柄、葉軸具短毛；羽片長9～22cm，寬4～10cm，具短柄；小羽片基部兩側不等邊，羽緣深裂，裂片圓頭；孢膜杯形，位於小脈末端。

●**習性**：地生，生長在次生林下遮蔭但較空曠的地方，有時在林緣也可看到。

●**分布**：中國大陸西南部、喜馬拉雅山區、印度、斯里蘭卡、琉球群島、菲律賓、馬來西亞、玻里尼西亞、熱帶美洲，台灣低海拔山區常見。

【附註】本種極容易反應空氣濕度，濕度稍有不足即呈垂頭喪氣狀，而這也是本種最常見的外貌。

1985O916・南仁湖

1993l130・台北虎山

20001125・石門水庫

（主）葉片為三回羽狀複葉
（小右）小羽片基部兩側不等邊，裂片圓頭，孢膜靠近裂片凹入處邊緣。

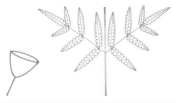

毛囊鱗蓋蕨

Microlepia trichosora Ching

鱗蓋蕨屬

海拔	中海拔
生態帶	暖溫帶闊葉林
地形	山坡
棲息地	林內	林緣
習性	地生
頻度	稀有

19860401 · 鳳凰山

19990829 · 溪頭

19990829 · 溪頭

●**特徵：**根莖匍匐狀，被覆紅褐色長毛；葉柄長30～40cm，具毛；葉片長橢圓形，長40～60cm，寬12～16cm，二回羽狀複葉至三回羽狀分裂，草質；葉軸、羽軸、脈之背面皆具長毛；小羽片具柄，淺裂至深裂；孢膜杯形，具有長毛，亞邊緣生。

●**習性：**地生，生長在林下或林緣半遮蔭處。

●**分布：**中國大陸雲南，台灣產於中海拔地區。

（小上、小中）小羽片之分裂程度變化頗大；杯形孢膜位在小脈末端，靠近葉緣。
（小下）幼株葉子的末裂片較細長，常僅具單脈。

135

蕨

Pteridium aquilinum (L.) Kuhn var.
latiusculum (Desv.) Underw.

蕨屬

海拔	低海拔	
生態帶	亞熱帶闊葉林	
地形	山坡	
棲息地	林緣	空曠地
習性	地生	
頻度	常見	

●**特徵**：根莖橫走狀，具褐色柔毛；葉柄長15～35cm；葉片三角形至寬卵形，長25～55cm，寬15～35cm，三回羽狀深裂至複葉，幾乎無毛，基部3～6對羽片常顯得較成熟，其餘部分仍呈幼葉期之捲旋狀；小羽片末端漸尖；末裂片全緣，多少向葉背反捲；孢子囊群著生在裂片兩側邊緣，葉緣反捲的假孢膜裡還有一朝外開口的真正孢膜。

●**習性**：地生，生長在向陽開闊地或森林邊緣，尤其在大面積的火災跡地最常見。

●**分布**：中國大陸南部、日本以及同緯度的北美洲、歐洲等地，台灣低海拔火災跡地常見。

（主）　葉片三角形，基部羽片最大也最先成熟。
（小上）　常見葉長在空曠地，根莖深埋地下。
（小下）　成熟葉之葉背幾乎光滑無毛

巒大蕨

Pteridium revolutum (Bl.) Nakai

蕨屬

海拔	中海拔	高海拔
生態帶	針闊葉混生林	針葉林
地形	山坡	
棲息地	林內	林緣	空曠地
習性	地生	
頻度	常見	

19910907・思源埡口→多加屯山

●**特徵：**根莖橫走狀，具褐色柔毛；葉柄長15～35cm；葉片三角形至寬卵形，長25～60cm，寬15～35cm，三回羽狀深裂至複葉，葉背密布毛；羽片至少5～7對，通常對生，羽片平展，葉表朝上；小羽片末端銳尖，末裂片全緣，多少向葉背反捲；孢子囊群著生在裂片兩側邊緣，葉緣反捲的假孢膜裡還有一朝外開口的真正孢膜。

●**習性：**地生，生長在向陽開闊地，尤其常出現在大面積的火災跡地。

●**分布：**中國大陸南部、喜馬拉雅山區、印度、中南半島及東南亞一帶，台灣中、高海拔山區常見。

19940621・塔塔加→排雲

19860819・小雪山莊

（主）　常見葉片基部的數對羽片較成熟，而其餘部分尚處於幼葉期之捲旋狀。
（小左）　常見長在開闊地
（小右）　葉背密被毛，葉緣具反捲之假孢膜。

姬蕨

Hypolepis punctata
(Thunb.) Mett.

姬蕨屬

海拔	低海拔	中海拔
生態帶	暖溫帶闊葉林	
地形	山坡	
棲息地	林內	林緣	空曠地
習性	地生	
頻度	偶見	

碗蕨科

姬蕨屬

1970619・深坑

1990402・梅峰

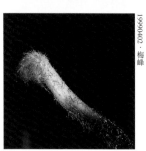

1990402・梅峰

1940731・陽明山國家公園大油坑

●**特徵**：根莖長匍匐狀，密被褐色毛；葉柄長25～40cm，覆褐色短毛；葉片卵狀三角形，長30～75cm，寬20～45cm，三回羽狀複葉至四回羽狀分裂，草質，不具腺毛；最下羽片對生，裂片邊緣鋸齒狀；孢子囊群圓形，著生於裂片基部兩側或上側近缺刻處，無孢膜。

●**習性**：地生，生長在林下較空曠處、林緣半遮陰環境或林外空地。

●**分布**：日本、韓國、中國大陸中部及南部、喜馬拉雅山區、印度、斯里蘭卡、中南半島、馬來半島，台灣中海拔山區偶見，北部低海拔山區偶亦可發現其蹤。

（主）植株常見生長在較空曠的環境
（小上）葉片基部一對羽片已發育成熟，而其餘部分仍維持幼葉期的捲旋狀。
（小中）孢子囊群無孢膜，位於裂片基部兩側。
（小下）長匍匐莖頂端顏色較淡，被毛。

栗蕨

Histiopteris incisa (Thunb.) J. Sm.

栗蕨屬

海拔	低海拔	
生態帶	亞熱帶闊葉林	
地形	山坡	
棲息地	林緣	空曠地
習性	地生	
頻度	常見	

19880203・拇指山

19940223・大油坑

19931203・絹絲瀑布

1994・陽明山國家公園冷水坑

●**特徵**：根莖長匍匐狀，被覆僅2～3列細胞寬之毛狀窄鱗片；葉柄長15～20cm以上，紅褐色並具光澤；葉片三角狀卵形至寬三角形，長可達數公尺，寬可達1m以上，二至三回羽狀複葉，可無限延長；葉多少肉質，葉背粉白色；羽片及小羽片對生，無柄，葉軸兩側四個小羽片連合呈蝶狀；葉脈網狀，網眼內無游離小脈；孢子囊群沿葉緣著生，為由葉緣反捲而成的假孢膜所保護。

●**習性**：地生，生長在林緣及向陽開闊地。

●**分布**：熱帶及亞熱帶，台灣低海拔火災跡地常見。

【附註】植株有毒，不可食用。

（小中）　最靠近葉軸或羽軸的四個末回小羽片常形成蝴蝶狀
（小下）　葉脈網狀，網眼內無游離小脈。

稀子蕨

Monachosorum henryi Christ

稀子蕨屬

海拔	中海拔
生態帶	暖溫帶闊葉林
地形	谷地　山坡
棲息地	林內
習性	地生
頻度	偶見

●**特徵**：莖直立，葉叢生；葉柄長25～45cm，基部暗褐色；葉片卵形至三角形，長30～60cm，寬20～35cm，三至四回羽狀複葉，草質；葉軸表面經常有一至數個不定芽，羽軸表面有時也有；孢子囊群圓形，著生在側脈頂端。

●**習性**：地生，生長在林下遮蔭且腐植質豐富之環境。

●**分布**：中國大陸西南部、喜馬拉雅山區，中南半島，台灣海拔1000至2000公尺山區可見。

【附註】本種在全世界僅產於喜馬拉雅山東部一帶及台灣，與台灣多種裸子植物之分布型相類似，咸信這些都是冰河期當時生物避難所遺留下來的物種。

1990829・溪頭

19990829・溪頭

19980329・神祕湖

（小左）葉背圓形孢子囊群特寫
（小右）葉軸表面具有拳頭狀的不定芽

鱗始蕨科

Lindsaeaceae

外觀特徵：根莖匍匐狀，其上與葉柄基部被覆極窄鱗片；羽片或末裂片為扇形、楔形或兩側極不對稱形；孢子囊群靠近羽片邊緣，具孢膜，大部分種類至少和兩條脈有關，開口向外。

生長習性：地生，少數會攀爬至樹幹基部。

地理分布：分布熱帶至亞熱帶地區，台灣產於低海拔山區。

種數：全世界有6屬約200種，台灣有3屬18種。

●本書介紹的鱗始蕨科有3屬9種。

【屬、群檢索表】

①最末裂片多為扇形或兩側極不對稱形；每一裂片可見至少與兩條脈有關之孢膜。
……………………鱗始蕨屬　P.144

①最末裂片楔形或長披針形；有的種類其孢膜僅與一條脈有關。……………………②

②所有孢膜均僅具一條小脈
……………………達邊蕨屬　P.143

②同一葉片至少可見具二至三條小脈之孢膜
……………………烏蕨屬　P.142

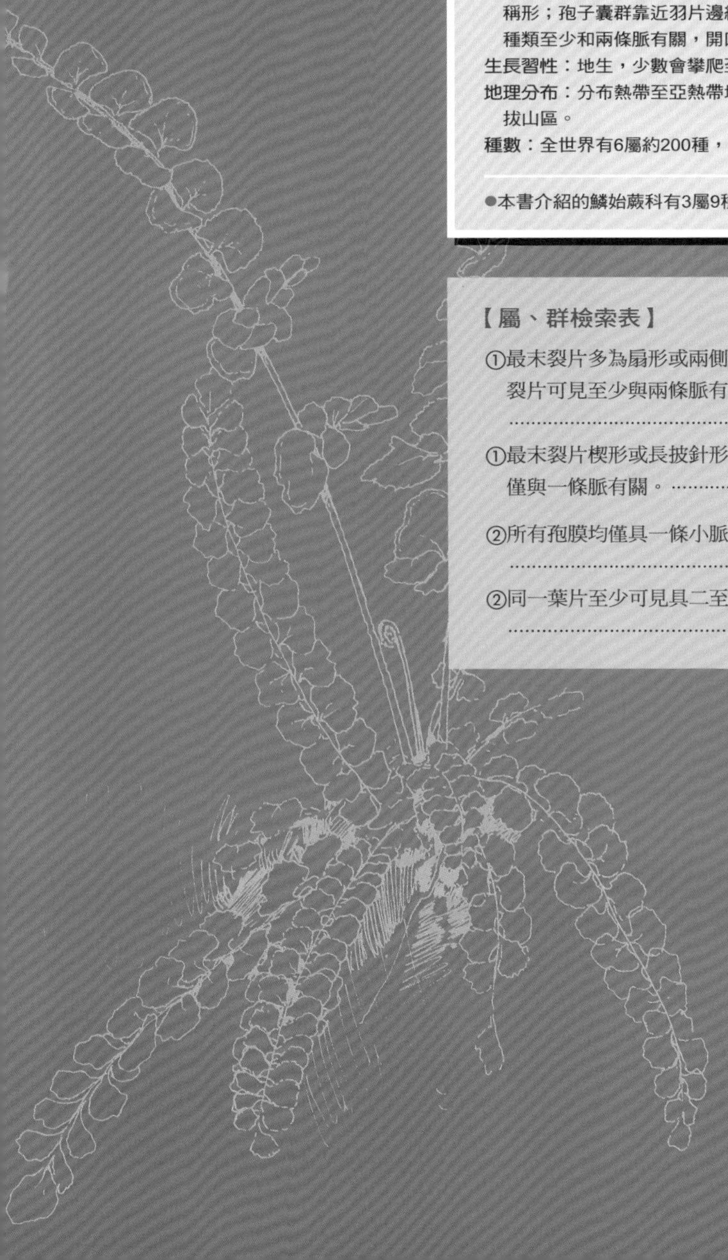

烏蕨

Sphenomeris Chusana (L.) Copel.

烏蕨屬

海拔	低海拔
生態帶	亞熱帶闊葉林
地形	谷地　山坡
棲息地	林緣　溪畔
習性	地生
頻度	常見

鱗始蕨科

烏蕨屬

●**特徵：**根莖短匍匐狀，密生窄鱗片，葉叢生；葉柄長10～25cm，基部亦具窄鱗片；葉片披針形至卵狀披針形，長15～45cm，寬10～20cm，三至四回羽狀複葉，革質，基部羽片略短；末裂片呈楔形，葉脈二叉分支；孢子囊群著生於末裂片近葉緣處，每一孢膜基部具1～3條脈，開口朝外。

●**習性：**地生，主要生長在林緣半遮蔭處。

●**分布：**日本、中國大陸中部及南部、喜馬拉雅山區、印度、斯里蘭卡、馬來半島、菲律賓、馬達加斯加，台灣低海拔山區常見。

【附註】在北部地區之山澗，偶可見小型之烏蕨族群，其株高僅約7～8cm，然而可見長有成熟之孢子囊群。

（小）最末裂片楔形，孢子囊群靠近裂片頂端，開口朝外。

1998O924・中興農場

1992O006・草嶺古道

二羽達邊蕨

Tapeinidium biserratum
(Blume) v.A.v.R.

達邊蕨屬

海拔	低海拔	
生態帶	熱帶闊葉林	
地形	谷地	山溝
棲息地	林內	
習性	地生	
頻度	稀有	

1997.11.27 · 蘭嶼天池

●**特徵：**根莖短匍匐狀，被覆褐色窄鱗片；葉柄長15～20cm，褐色；葉片橢圓形，長30～40cm，寬8～10cm，二回羽狀深裂，表面光滑，葉軸背面不具突起的稜脊；羽片深裂，無柄，長7～10cm，寬1.5～2cm，葉脈游離，孢子囊群圓形，著生在葉脈頂端近葉緣處；孢膜呈杯形至袋形，基部及兩側與葉面癒合，開口朝向葉緣。

●**習性：**地生，主要生長在林下遮蔭處之山溝邊。

●**分布：**東南亞，台灣僅見於蘭嶼及恆春半島。

2001.01.22 · 蘭嶼

1997.11.28 · 蘭嶼天池

（主） 長在林下遮蔭處之潮濕環境
（小左） 羽片之側脈二叉狀，孢子囊群位於前側小脈頂端。
（小右） 葉為二回羽狀深裂，末裂片上寬下窄。

143

鈍齒鱗始蕨

Lindsaea obtusa J. Sm.

鱗始蕨屬

海拔	低海拔
生態帶	熱帶闊葉林
地形	谷地　山坡
棲息地	林內　溪畔
習性	地生
頻度	稀有

●**特徵：**根莖短匍匐狀，具窄鱗片，葉叢生；葉柄長 7～12cm；葉片長12～17cm，寬10～12cm，一回羽狀複葉，有時為三出之二回羽狀複葉，或典型之二回羽狀複葉；羽片長12～17cm，寬1.7～2.4cm；末裂片三角狀扇形至長方形，長約10mm，寬約4～5mm，不具中脈；葉脈網狀，網眼中無游離小脈；孢子囊群著生在小脈頂端的橫向連接脈上，線形，同一末回小羽片之孢子囊群呈斷續分布狀，孢膜開口朝外。

●**習性：**地生，生活在林下遮蔭環境。

●**分布：**安達曼群島、馬來西亞、澳洲、太平洋群島，台灣見於南北兩端低海拔溪谷地。

19800329-0402・南仁山

1991226・烏來雲仙樂園

19900725・烏來雲仙樂園

（主）葉有時為三出複葉或典型之二回羽狀複葉
（小左）葉有時為一回羽狀複葉
（小右）同一末回小羽片之孢膜呈斷續分布狀，開口朝外。

日本鱗始蕨

Lindsaea odorata
Roxb. var. *japonica* (Bak.) Kramer

鱗始蕨屬

海拔	低海拔
生態帶	亞熱帶闊葉林
地形	谷地　山溝
棲息地	林內　溪畔
習性	岩生
頻度	稀有

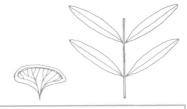

20001207・台北天溪園

19791124・木柵頭廷里

19990409・銀河洞

●**特徵：**根莖長而匍匐，被覆窄鱗片，葉遠生；葉柄長1.5～4cm，葉片長披針形，長3～5cm，寬0.5～1.5cm，一回羽狀複葉，具頂羽片；羽片斜三角形，長約7mm，寬約2～4mm，葉脈游離，不具中脈，頂羽片較呈正三角形；孢子囊群著生在小脈頂端的橫向連接脈上，各羽片之孢膜橫長形，常連續不斷裂。

●**習性：**生長在林下小溪流露出水面之岩塊上，為典型的溪生植物。

●**分布：**日本、韓國及中國大陸，台灣低海拔地區零星可見。

（主）葉子常順著水流的方向生長
（小上）常見生長在山澗之岩石上
（小下）頂羽片顯著是本種的特徵

鱗始蕨科

鱗始蕨屬

鱗始蕨

Lindsaea odorata Roxb.

鱗始蕨屬

海拔	中海拔	
生態帶	暖溫帶闊葉林	針闊葉混生林
地形	谷地	山坡
棲息地	林內	
習性	地生	
頻度	偶見	

鱗始蕨科

鱗始蕨屬

●**特徵：**根莖長匍匐狀，具窄鱗片；葉柄長7～15cm；葉片線形，草質，長約18～30cm，一回羽狀複葉；羽片呈兩側不等邊之三角形，長1～1.5cm，寬約0.5cm，不具中脈，葉脈游離；孢子囊群著生在小脈頂端的橫向連接脈上，靠近葉緣；孢膜橫長形，在同一羽片多少斷裂不連續。

●**習性：**地生，生長在林下潮濕環境之邊坡。

●**分布：**日本、中國大陸中部及南部、喜馬拉雅山區、印度、馬來西亞、澳洲北部、北非島嶼，台灣中海拔山區常見。

1970622 · 鳳凰谷

20000326 · 思源埡口

1990409 · 銀河洞

（主）一回羽狀複葉，羽片呈兩側不等邊之三角形。
（小左）常見長在山谷或路旁邊坡，葉下垂。
（小右）孢膜橫長形，靠近葉緣，開口朝外。

146

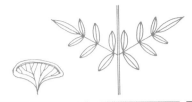

圓葉鱗始蕨

Lindsaea orbiculata
(Lam.) Mett. *ex* Kuhn

鱗始蕨屬

海拔	低海拔	
生態帶	亞熱帶闊葉林	
地形	山坡	
棲息地	林內	林緣
習性	地生	
頻度	常見	

●**特徵**：根莖短匍匐狀，具窄鱗片，葉叢生；葉柄長5～17cm；葉片長15～25cm，一至二回羽狀複葉；末回小羽片扇形，徑約0.5～1.5cm，葉脈游離，不具中脈，葉緣鋸齒狀；孢子囊群著生在小脈頂端的橫向連接脈上，孢膜橫長形，連續不斷裂。

●**習性**：地生，生長在林下空曠處或林緣，常見於次生林或人工林。

●**分布**：琉球群島、中國大陸南部、馬來西亞，台灣低海拔山區常見。

19880326・拇指山

19931130・台北虎山

20000920・台北植物園（人工栽植）

（主）營養葉常傾臥地面，而孢子葉較長也較挺立。
（小左）圓葉鱗始蕨是郊山步道邊坡的常見植物。
（小右）末回小羽片扇形，孢膜橫長形，通常不斷裂。

147

海島鱗始蕨

Lindsaea orbiculata
(Lam.) Mett. *ex* Kuhn var.
commixta (Tagawa) Kramer

鱗始蕨屬

海拔	低海拔	
生態帶	海岸	熱帶闊葉林	亞熱帶闊葉林
地形	谷地	山坡
棲息地	林內	林緣
習性	地生	岩生
頻度	常見	

●**特徵：**根莖短匍匐狀，具窄鱗片，葉叢生；葉柄長12～20cm，紫褐色；葉片披針形至三角狀披針形，長8～15cm，寬5～10cm，一至二回羽狀複葉；末回小羽片呈長方形或基部不對稱之倒三角形，長8～10mm，寬4～7mm，基部楔形，葉脈游離，不具中脈；孢子囊群著生在葉脈頂端的橫向連接脈上，孢膜橫長形，通常連續不斷裂或僅斷裂一至二次。

●**習性：**地生或岩生，生長在林下、林緣遮蔭處或岩石環境。

●**分布：**日本南部，台灣低海拔山區常見。

1989O606．蘭嶼天池

1993I207．台北虎山

1992O908．南雅

（主）　葉有時為二回羽狀複葉
（小左、小右）　有時為一回羽狀複葉

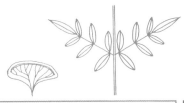

爪哇鱗始蕨

Lindsaea javanensis Blume

鱗始蕨屬

海拔	低海拔
生態帶	亞熱帶闊葉林
地形	谷地 ｜ 山坡
棲息地	林內
習性	地生
頻度	偶見

鱗始蕨科

鱗始蕨屬

1990801 · 陽明山

1996080 · 陽明山

●**特徵：**根莖短匍匐狀，具窄鱗片，葉叢生；葉柄長7～12cm；葉片長12～18cm，寬10～14cm，一至二回羽狀複葉；基部羽片最長，約5～7cm，寬約1.5cm；小羽片中脈顯著，常為斜方形，有時則呈長菱形，上下表面光滑無毛，葉脈游離，葉緣鋸齒狀；孢子囊群著生在小脈頂端的橫向連接脈上，孢膜橫長形，沿裂片邊緣生長。

●**習性：**地生，生長在林下遮蔭且腐植質豐富的環境。

●**分布：**琉球群島、中國大陸南部、印度北部、中南半島、馬來西亞，台灣見於低海拔山區。

（主）部分小羽片呈長菱形是本種特徵，尤其是基部羽片之頂端小羽片。
（小）孢膜橫長形，被葉緣裂入處分斷。

149

錢氏鱗始蕨

Lindsaea chienii Ching

鱗始蕨屬

海拔	低海拔	
生態帶	熱帶闊葉林	亞熱帶闊葉林
地形	谷地	山坡
棲息地	林內	
習性	地生	
頻度	偶見	

1991226‧烏來雲仙樂園

●**特徵**：根莖短匍匐狀，密生紅褐色窄鱗片，葉叢生；葉柄長7〜12cm，無毛；葉片長14〜23cm，寬7〜12cm，二回羽狀複葉，側羽片一至多對；基部羽片最長，約5〜7cm，寬約1〜1.5cm；小羽片窄扇形，稀為不規則四邊形，裂片上下兩面光滑無毛，具不整齊鋸齒緣；葉脈游離，二叉分支，不具中脈；孢子囊群著生在小脈頂端的橫向連接脈上，孢膜橫長形，常為缺刻所斷。

●**習性**：地生，生長在林下遮蔭、富含腐植質之環境。

●**分布**：日本、中國大陸南部、泰國、中南半島，台灣低海拔山區可見。

19990725‧烏來雲仙樂園

1991216‧烏來雲仙樂園

（小上） 橫長形之孢膜常為缺刻所斷
（小下） 小羽片窄扇形，極少為四邊形。

鳳尾蕨科

Pteridaceae

外觀特徵：葉形變化極大，單葉至多回羽狀複葉，
  少數種類葉子呈五角狀；葉脈游離，少數種類具
  網眼，但內無游離小脈；大多數種類的孢子囊群
  均位於裂片邊緣，由葉緣特化、反捲之假孢膜所
  包被，也有一些種類其孢子囊群沿脈生長或是散
  生於葉背，而無孢膜保護。

生長習性：多數地生型，偶爾著生岩縫、珊瑚礁縫
  ，少部分種類為水生。

地理分布：以熱帶為中心，廣泛分布世界各地；台
  灣則全島均可見其蹤跡。

種數：全世界有34屬700～850種，台灣有12屬68
  種。

●本書介紹的鳳尾蕨科有10屬36種。

粉葉蕨

Pityrogramma calomelanos (L.) Link

粉葉蕨屬

海拔	低海拔	中海拔
生態帶	熱帶闊葉林	亞熱帶闊葉林
地形	平野	山坡
棲息地	空曠地	路邊
習性	地生	
頻度	偶見	

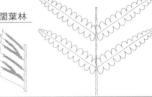

●**特徵：**莖短直立，具褐色、窄披針形鱗片，葉叢生；葉柄長20～25cm，紫色，有光澤，基部具鱗片；葉片披針形，長20～60cm，寬10～25cm，二回羽狀深裂至複葉，厚紙質，表面灰綠色至深綠色，背面具乳白色蠟質粉粒；小羽片長0.5～1cm，寬0.2～0.5cm，基部小羽片較大，具粗鋸齒緣；葉脈游離，側脈單一或分叉；孢子囊群沿側脈生長，不具孢膜。

●**習性：**地生，生長在向陽環境，如產業道路邊坡，建築物牆角偶亦可見。

●**分布：**原分布於熱帶美洲，已在台灣歸化。

（小左）葉背粉白色
（小右）孢子囊沿脈生長，成熟時幾呈散沙狀覆蓋裂片之背面。

153

翠蕨

Anogramma leptophylla (L.) Link

翠蕨屬

海拔	高海拔
生態帶	針葉林
地形	山坡
棲息地	林緣
習性	岩生　地生
頻度	稀有

19880729・對關

19880729・對關

19980911・梅峰

19980911・梅峰

●**特徵**：莖短而直立，被褐色鱗片，葉叢生；葉柄長3～6cm，暗紫色，具光澤；葉片長披針形至卵狀披針形，長3～5cm，寬1～2cm，二至三回羽狀複葉，具稀疏之多細胞毛，最末裂片具分叉游離之葉脈；孢子囊群位在脈上，幾乎佔滿整個裂片，無孢膜。

●**習性**：生長在林緣半遮蔭環境之潮濕土坡或岩壁上。

●**分布**：泛世界溫帶地區；台灣採集紀錄少，分布在鐵杉林至冷杉林帶，族群小。

（小中）孢子囊沿脈生長
（小下）孢子囊成熟後幾乎佔據整個裂片

日本金粉蕨

Onychium japonicum
(Thunb.) Kunze

金粉蕨屬

海拔	低海拔	中海拔
生態帶	亞熱帶闊葉林	暖溫帶闊葉林
地形	山坡	
棲息地	林內	林緣
習性	地生	
頻度	常見	

19920517・北關

●**特徵**：根莖長匍匐狀，疏生褐色披針形鱗片，葉叢生；葉柄長10～20cm，基部深褐色，被黃褐色披針形鱗片，上段呈稻稈色；營養葉卵狀披針形，長15～25cm，寬12～17cm，三至四回羽狀深裂至複葉；末裂片細長，銳尖頭；每一末裂片上假孢膜成對生長，幾乎佔滿整個裂片之背面，開口朝向末裂片中脈。

●**習性**：地生，生長在林緣半遮蔭環境，偶亦見於林下空曠處。

●**分布**：日本、韓國、中國大陸、喜馬拉雅山、巴基斯坦、印度、緬甸、菲律賓、爪哇，台灣海拔1000公尺以下林緣普遍可見。

19990501・春陽

（小）由葉緣反捲成對的假孢膜幾乎佔滿整個末裂片的背面

155

亨氏擬旱蕨

Cheilanthes nitidula Hook.

碎米蕨屬

海拔	中海拔
生態帶	暖溫帶閣葉林
地形	山坡
棲息地	林緣
習性	岩生
頻度	偶見

19981226‧屯原

●**特徵**：莖短而斜上生長，被黑褐色鱗片，葉叢生；葉柄長5～10cm，紅褐色，基部被黑褐色鱗片；葉片長五角形至卵形，長4～10cm，寬3～5cm，二回羽狀深裂至複葉，最基部羽片之最下朝下小羽片較長，且呈羽狀深裂；最末裂片披針形，長1cm以下，寬約0.2cm；葉脈游離，末裂片之側脈二叉分支；孢子囊群位於脈頂端，由葉緣反捲之假孢膜包被，裂片左右兩側各一枚。

●**習性**：生長在林緣半遮蔭環境之岩壁上。

●**分布**：中國大陸、喜馬拉雅山區、中南半島，台灣則產於海拔800至1500公尺山區。

19851102‧觀高↓下東埔

（主）　常見長在中海拔山區之岩石環境
（小）　葉為二回羽狀深裂至複葉，裂片尖頭，最基部羽片之最下朝下小羽片較長且再分裂。

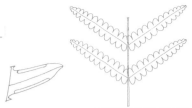

黑心蕨

Cheilanthes concolor
(Langsd. & Fisch.) Schelpe

碎米蕨屬

海拔	中海拔
生態帶	暖溫帶闊葉林
地形	山坡
棲息地	林緣
習性	岩生
頻度	偶見

19990729・裡冷

19990729・裡冷

●**特徵：**莖短而斜上生長，被披針形變色鱗片，葉叢生；葉柄長8～18cm，約佔葉之三分之二長，柄及葉軸、羽軸、小羽軸均呈亮黑色；葉片五角形至圓形，長5～10cm，寬4～10cm，二回羽狀分裂，最基部羽片之最下朝下小羽片較長，且呈羽狀分裂；羽片深裂，基部下延，與相鄰羽片以翅相連，頂羽片呈長菱形；葉脈游離；孢子囊群線形，沿著葉緣的脈生長，並為反捲之假孢膜所保護。

●**習性：**生長在林緣半遮蔭環境之岩壁上。

●**分布：**中國大陸、喜馬拉雅山區、印度、斯里蘭卡、菲律賓，台灣產於中部中海拔山區。

（主）各對羽片基部均具有下延之倒三角形翼片
（小）成熟之線形孢子囊群，部分裂片仍可見線形不斷裂之假孢膜。

薄葉碎米蕨

Cheilanthes tenuifolia (Burm.) Sw.

碎米蕨屬

海拔	低海拔
生態帶	熱帶闊葉林
地形	山坡
棲息地	林緣
習性	地生
頻度	偶見

鳳尾蕨科

碎米蕨屬

1990716・社皆坑溪

●**特徵**：莖短而斜上生長，覆黃褐色鱗片，葉叢生其上；葉柄長約5～6cm，暗紫色，被褐色短毛，基部被褐色鱗片；葉片五角形至卵形，長寬略相等，約8～10cm，三回羽狀複葉，草質，最基部羽片最大；孢子囊群圓形，著生在葉脈頂端，並為反捲之葉緣保護，故同一末裂片之假孢膜呈不連續分布狀。

●**習性**：地生，生長在林緣半遮蔭環境之土坡上。

●**分布**：中國大陸南部、印度、斯里蘭卡、中南半島、馬來西亞、澳洲、紐西蘭、玻里尼西亞，台灣中、南部低海拔山區可見。

1988l004・松風山

1998l201・南安→佳心

（主）營養葉較寬大
（小上）孢子葉較狹窄
（小下）同一裂片之假孢膜呈不連續分布狀

毛碎米蕨

Cheilanthes hirsuta (Poir.) Mett.

碎米蕨屬

海拔	低海拔
生態帶	熱帶闊葉林
地形	山坡
棲息地	林緣
習性	地生
頻度	稀有

19990730・松風山

●**特徵：**莖短而斜上生長，密生紅褐色鱗片，葉叢生莖頂；葉柄長5～8cm，深紫色，被毛；葉片長橢圓形至卵形，長10～15cm，寬3.5～4.5cm，二回羽狀複葉，兩面被毛；羽片對生或近對生，長2.5～3cm，寬1～1.5cm；小羽片長0.5～0.7cm，寬約0.3cm，全緣；葉脈游離；葉緣多少朝葉背反捲；孢子囊群在脈的頂端沿葉緣生長。

●**習性：**地生，生長在林緣半遮蔭環境之土坡上。

●**分布：**熱帶亞洲，北達中國大陸北部，台灣僅零星見於中部低海拔山區。

19990730・惠蓀林場

19990730・惠蓀林場

（主） 葉為二回羽狀複葉
（小左） 葉兩面密被毛
（小右） 葉緣多少朝葉背反捲，孢子囊群無孢膜。

159

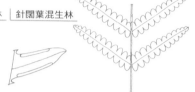

長柄粉背蕨

Cheilanthes argentea
(Gmel.) Kunze

碎米蕨屬

碎米蕨屬

海拔	中海拔	
生態帶	暖溫帶闊葉林	針闊葉混生林
地形	山坡	
棲息地	林緣	
習性	岩生	
頻度	偶見	

1998I224・梅峰

●**特徵**：莖短而斜生，被褐色披針形鱗片，葉叢生莖頂；葉柄長13～18cm，深紫色，具光澤，基部被鱗片；葉片五角形，長寬略相等，約7～10cm，二回羽狀分裂，由一頂羽片及兩枚側羽片組成，革質，背面被白色或黃色蠟粉；頂羽片近菱形，長4～8cm，寬2～5cm，基部沿羽軸下延，楔形或心形，或與側羽片相連，形成軸翅；側羽片三角形，長3～6cm，寬3～4cm，基部朝下裂片最長；葉脈游離，裂片之側脈二叉狀；孢子囊群沿葉緣生長，假孢膜為連續不斷裂之長線形。

●**習性**：生長在林緣半遮蔭環境之岩壁或岩縫中。

●**分布**：西伯利亞、日本、韓國、中國大陸、印度、緬甸，在台灣產於海拔1000至2500公尺山區。

1998I224・梅峰

1998I224・梅峰

（主）葉片呈五角形，可分成三部分，即頂羽片與兩枚側羽片。
（小上）葉背被白粉
（小下）乾旱時露出淺色的葉背

台灣粉背蕨

Cheilanthes formosana Hayata

碎米蕨屬

海拔	中海拔
生態帶	暖溫帶闊葉林
地形	山坡
棲息地	林緣
習性	岩生
頻度	偶見

19950807・八仙山

19990404・春陽

19950807・八仙山

●**特徵**：莖直立或斜生，被鱗片，葉叢生；葉柄長7～15cm，紫黑色並具光澤，基部被披針形、中央深色而周圍淺色之雙色鱗片；葉片長5～10cm，寬4～8cm，卵狀披針形，二回羽狀深裂至複葉，葉背具正白色蠟粉；羽片橢圓狀披針形至三角形，長1.5～3cm，寬1～2.5cm，基部羽片最大；孢子囊群略呈圓形，同一裂片之孢膜不連續分布並形成波浪狀之葉緣。

●**習性**：生長在林緣半遮蔭環境之潮濕岩壁上。

●**分布**：中國大陸西南部、喜馬拉雅山區、緬甸、泰國、中南半島、印尼，台灣產於海拔1000至2000公尺山區。

（主）　常被發現長在潮濕的岩壁上
（小上）　葉背被覆白色粉末
（小下）　各裂片之假孢膜呈波浪狀

161

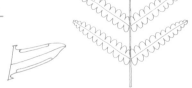

克氏粉背蕨

Cheilanthes karmeri Franch

碎米蕨屬

海拔	中海拔
生態帶	暖溫帶闊葉林
地形	山坡
棲息地	林緣
習性	岩生
頻度	偶見

19880729・對關

19990604・梅峰

19911026・屏東檜谷山莊→登山口

19880509・對關

●**特徵**：莖直立或斜生，被鱗片，葉叢生；葉柄長7～15cm，黑紫色，基部被線形至披針形單色鱗片；葉片披針形至卵狀披針形，長7～13cm，寬6～10cm，二回羽狀深裂，葉軸至少上半段有翅；葉背具蠟粉，幼葉時呈黃色，成葉則變為白色；羽片橢圓狀披針形至卵狀披針形，長2～4.5cm，寬2～4cm，基部羽片最大；沿葉緣生長之假孢膜，邊緣呈波浪狀。

●**習性**：生長在林緣半遮蔭環境之潮濕岩壁上。

●**分布**：日本、中國大陸、印度，台灣產於海拔1000至2000公尺山區。

（小上）　生長在中海拔潮濕岩壁上
（小中）　葉背具白粉，葉軸上半段具窄翅。
（小下）　假孢膜的邊緣呈波浪狀

海拔	低海拔
生態帶	熱帶闊葉林
地形	山坡
棲息地	林緣　灌叢下
習性	地生
頻度	瀕危

澤瀉蕨

Parahemionitis arifolia
(Burm.) Panigahi

澤瀉蕨屬

鳳尾蕨科

澤瀉蕨屬

1988.05.29・甲仙

●**特徵**：莖短而直立或斜生，被褐色窄披針形鱗片，葉叢生；營養葉柄長4～10cm，黑色，密生鱗片及多細胞毛；葉片為橢圓狀卵形之單葉，長4～10cm，寬2～6cm，葉尖圓鈍，基部心形，背面散生與葉柄上相似之鱗片和毛，在葉緣尤其顯著；孢子葉與營養葉外形近似，但葉柄較長，約15～30cm；葉脈網狀，網眼內不具小脈，孢子囊沿網狀脈著生，無孢膜。

●**習性**：地生，生長在半遮蔭環境的土坡上。

●**分布**：中國大陸南部、印度、斯里蘭卡、中南半島、馬來西亞，本種在台灣中、南部地區曾被零星發現過。

1988.05.29・甲仙

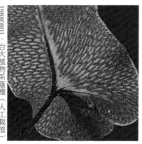

1988.08.01・台大植物系蔭棚（人工栽植）

（主）　孢子葉較營養葉長
（小左）　生長在產業道路邊林緣土坡上
（小右）　孢子囊沿網狀脈生長

163

全緣鳳丫蕨

Coniogramme fraxinea (Don) Diels

鳳丫蕨屬

海拔	中海拔
生態帶	暖溫帶闊葉林
地形	山坡
棲息地	林內
習性	地生
頻度	偶見

●**特徵：**根莖匍匐狀，被褐色窄披針形鱗片，葉遠生；葉柄長60～100 cm；葉片卵形，長100～150cm，寬30～60cm，二回羽狀複葉；羽片5～10對，基部羽片羽狀分裂，小羽片5對以下；末回羽片橢圓狀披針形，全緣，基部微縮，尖端尾狀，銳尖；葉脈游離，側脈分叉一至二次；孢子囊沿脈生長，位在末回羽片中脈至葉緣間。

●**習性：**地生，生長在林下潮濕遮蔭環境。

●**分布：**中國大陸西南部、喜馬拉雅山區、巴基斯坦、馬來西亞、菲律賓、印尼，台灣產於中、南部中海拔地區。

19880227・溪頭

19990829・溪頭

（主）　葉片上半段一回羽狀複葉，下半段二回羽狀複葉。

（小）　羽片或小羽片全緣，葉脈游離，側脈分叉1～2次，孢子囊沿著葉脈生長。

華鳳丫蕨

Coniogramme intermedia Hieron.

鳳丫蕨屬

海拔	中海拔
生態帶	暖溫帶闊葉林
地形	山坡
棲息地	林內
習性	地生
頻度	常見

1998063・梅峰

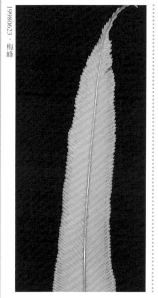

1998063・梅峰

●**特徵**：根莖匍匐狀，被覆褐色披針形鱗片，葉遠生；葉柄長20～40cm，基部具鱗片；葉片卵形，長25～60cm，寬20～45cm，二回羽狀複葉，基部一至數對羽片羽狀分裂，最基部羽片具3～5對小羽片，上半部羽片不分裂；葉緣細齒狀，葉脈游離，側脈二叉分支，小脈相互平行；孢子囊沿葉脈生長，無孢膜。

●**習性**：常綠性之地生植物，生長在林下遮蔭之潮濕環境，山谷地之野溪旁偶亦可見。

●**分布**：日本、韓國、中國大陸、喜馬拉雅山區、巴基斯坦、中南半島，台灣全島中海拔地區常見。

（主）常見長在林下環境，葉片上半段一回羽狀複葉，下半段二回羽狀複葉。
（小）葉緣細齒狀，葉脈游離，側脈二叉分支。

165

日本鳳丫蕨

Coniogramme japonica
(Thunb.) Diels

鳳丫蕨屬

海拔	中海拔
生態帶	暖溫帶闊葉林
地形	山坡
棲息地	林內
習性	地生
頻度	偶見

●**特徵：**根莖匍匐狀，密被鱗片，葉遠生；葉柄長20～50cm，基部被披針形鱗片；葉片卵形，長40～70cm，寬20～30cm，二回羽狀複葉，最基部羽片通常具2～5對小羽片；側羽片4～8對，長橢圓狀披針形，銳鋸齒緣，末端尾狀；葉脈網狀，近中脈處可見網眼，內無游離小脈；孢子囊沿脈生長，幾達葉緣。

●**習性：**地生，生長在林下遮蔭環境。

●**分布：**中國大陸、韓國、日本，台灣見於中部中海拔山區。

1990712・李棟山

1980606・新店（人工栽植）

1990715・北橫

（主）　葉片僅基部呈二回羽狀複葉
（小左）　葉脈網狀，網眼在中脈附近較顯著，內無游離小脈。
（小右）　孢子囊沿葉脈生長，幾達葉緣。

高山珠蕨

Cryptogramma brunoniana
Wall. *ex* Hook. & Grev.

珠蕨屬

海拔	高海拔
生態帶	高山寒原
地形	山坡
棲息地	灌叢下
習性	地生
頻度	偶見

1989 0907・石門山

1989 0907・石門山

1980 0625・合歡山莊

1989 0907・石門山

1990 0822・合歡山

●**特徵**：莖短而斜生，具鱗片，葉叢生；有孢子葉與營養葉之分；營養葉柄長5～8cm，光滑，淺褐色，基部具淺褐色披針形鱗片；葉片卵形至三角形，長3～8cm，寬2～4cm，三回羽狀複葉；葉脈游離；孢子葉柄長12～15cm，葉片長卵形，長5～10cm，寬2～5cm，厚草質；葉緣反捲之假孢膜在末裂片之中脈兩側面對面生長。

●**習性**：地生，長在高山寒原灌叢下岩屑地之岩縫中。

●**分布**：中國大陸、喜馬拉雅山區，台灣只出現在3500公尺以上高海拔地區。

（主）兩型葉植物，孢子葉初生時綠色，但常迅速轉成褐色，而營養葉則為綠色。
（小上）營養葉
（小中）孢子葉之末裂片較細長，其假孢膜面對中脈生長。
（小下）孢子囊群圓形，但由線形之假孢膜保護。

鳳尾蕨科

珠蕨屬

167

疏葉珠蕨

Cryptogramma stelleri
(Gmel.) Prantl

珠蕨屬

海拔	高海拔
生態帶	高山寒原
地形	峭壁
棲息地	空曠地
習性	岩生
頻度	稀有

19810808．南湖大山

●**特徵：**根莖橫走狀，具褐色披針形鱗片，葉疏生；葉柄細長，約6～8cm，多少具褐色光澤；葉兩型，營養葉卵形，長5～10cm，寬2～4cm，二回羽狀複葉，羽片披針形，邊緣淺裂，基部羽片呈三出分裂狀，有的裂片呈扇形；葉脈游離，末裂片之小脈單一或二叉；孢子葉亦為卵形，葉片長4～7cm，寬2～4cm，各羽片具1～4枚裂片，基部和葉軸以窄翅相連；假孢膜線形，膜質，面對面朝向末裂片之中脈。

●**習性：**生長在高山寒原峭壁之潮濕岩縫中。

●**分布：**北美洲、西伯利亞、日本、中國大陸西南部、喜馬拉雅山區，台灣則只出現在高海拔3500公尺以上地區。

19910909．南湖山莊↓主峰登山口

（主）營養葉，側羽片三出分裂，末裂片披針形或扇形。
（小）孢子葉，末裂片狹長形，各羽片具1～4枚末裂片。

半月形鐵線蕨

Adiantum philippense L.

鐵線蕨屬

海拔	低海拔
生態帶	熱帶闊葉林　亞熱帶闊葉林
地形	山坡
棲息地	林緣
習性	地生
頻度	偶見

19870805・沙里仙溪林道

19940625・東埔

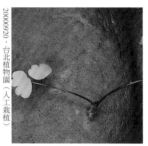

20000920・台北植物園（人工栽植）

19990729・八仙山

鳳尾蕨科

鐵線蕨屬

●**特徵**：莖短直立狀，被鱗片，葉叢生；葉柄長8～15cm，亮黑色；葉片線狀披針形，長12～25cm，寬4～5cm，一回羽狀複葉，葉軸之表面光滑無毛，且不具翅，有些葉片之末段延長，頂端有不定芽；由不定芽長出的新植株，羽片較圓；羽片半圓形，長1.8～3cm，寬1.2～2cm，無毛，上緣具缺刻，基部羽片之柄最長，約1cm；假孢膜線形，每一羽片4～8枚。

●**習性**：地生，生長在林緣潮濕環境。

●**分布**：全球熱帶和亞熱帶，台灣於低海拔地區零星可見。

（主）生長在林緣潮濕土坡上，羽片半圓形。
（小上）常成群出現，覆滿土坡。
（小中）有的葉片主軸頂端向外延伸，並具不定芽。
（小下）每一羽片之假孢膜4～8枚

鞭葉鐵線蕨

Adiantum caudatum L.

鐵線蕨屬

海拔	低海拔
生態帶	熱帶闊葉林　亞熱帶闊葉林
地形	山坡
棲息地	林內　林緣
習性	岩生　地生
頻度	常見

19880529 · 甲仙

●**特徵**：莖短而直立，密被黑褐色鱗片，葉叢生；葉柄長約5～6cm，亮黑色，被深紅色剛毛；葉片線形至狹長披針形，長10～35cm，寬2～4cm，一回羽狀複葉，葉軸亮黑色，表面密被毛，頂端延長，末端有不定芽；羽片斜三角形或斜長方形，長1～2cm，寬0.4～0.7cm，兩面密披毛；孢子囊群著生在裂片頂端，被裂片邊緣反折覆蓋，假孢膜長方形至腎形，被毛。

●**習性**：生長在林下或林緣半遮蔭環境之岩石或是土壁上。

●**分布**：非洲及亞洲熱帶地區，在亞洲北達中國大陸中部，南至新幾內亞，台灣分布於低海拔地區，以中、南部較常見。

19880529 · 甲仙

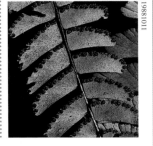

19881011

（主）葉柄短，葉片頂端向外延伸呈「走蕨」狀。
（小上）基部之羽片較短，且常呈扇形。
（小下）假孢膜位於羽片上緣之裂片內

扇葉鐵線蕨

Adiantum flabellulatum L.

鐵線蕨屬

海拔	低海拔
生態帶	熱帶闊葉林	亞熱帶闊葉林
地形	山坡
棲息地	林內	林緣
習性	地生
頻度	常見

19880409・猴山岳

19920326・鼻頭角

19920326・鼻頭角

●**特徵**：莖短直立狀或斜生，被黃褐色線形至披針形鱗片，葉叢生；葉柄長10～20cm，亮黑色，表面有凹溝，溝內具毛；葉片圓形或扇形，長與寬相近，約10～25cm，葉軸表面密被毛，二至三回二叉分支，最終形成掌狀複葉的外形；最末分枝為一回羽狀複葉，線狀披針形，長8～12cm，寬2～3cm；末回小羽片扇形或斜方形，長1～2cm，寬0.5～1cm，具柄，葉緣鋸齒狀；葉脈游離，二叉分支；假孢膜半圓形至長橢圓形，每一末回小羽片通常多枚。

●**習性**：地生，生長在林下遮蔭環境，偶爾亦見長在林緣。

●**分布**：日本南部、中國大陸西南部、印度、斯里蘭卡、中南半島、馬來西亞，台灣低海拔森林地區常見。

（主）葉軸2～3回二叉分支，最末分枝為一回羽狀複葉。
（小上）有時亦見生長於林緣潮濕環境之土坡上
（小下）幼葉呈淡紅色

長尾鐵線蕨

Adiantum diaphanum Blume

鐵線蕨屬

海拔	低海拔	
生態帶	亞熱帶闊葉林	
地形	谷地	
棲息地	林內	林緣
習性	岩生	地生
頻度	偶見	

19880107・銀河洞

●**特徵**：莖直立或斜生，被鱗片，葉叢生；葉柄長5～15cm，暗褐色；葉片長10～15cm，一至二回羽狀複葉，側羽片1～2對，葉軸之表面光滑無毛，背面具深褐色剛毛；羽片狹長披針形，長5～15cm，寬2～3cm，兩面具刺狀剛毛；末回小羽片扇形或斜方形，長寬相近，約1cm；假孢膜圓腎形，每一末回小羽片1～8枚。

●**習性**：生長在林下遮蔭環境或林緣土坡上，亦見長在瀑布邊岩石上。

●**分布**：亞洲熱帶及亞熱帶地區，台灣低海拔山區零星可見。

（主）葉片常呈三出複葉狀，由一枚頂羽片及兩枚側羽片所組成。
（小）假孢膜圓腎形，每一末回小羽片1～8枚。

鐵線蕨

Adiantum capillus-veneris L.

鐵線蕨屬

海拔	低海拔	中海拔
生態帶	海岸	亞熱帶闊葉林	暖溫帶闊葉林
地形	山坡	峭壁
棲息地	林緣	建物
習性	岩生
頻度	常見

19920227·南雅

19891225·太魯閣國家公園第一水濂洞

19851102·觀高↓下東埔

19920227·南雅

●**特徵：**根莖匍匐狀，密被褐色披針形鱗片，葉叢生；葉柄長5～15cm，亮黑色；葉片卵狀披針形，長10～20cm，寬5～12cm，二至三回羽狀複葉，鋸齒緣，薄紙質，背面光滑無毛；末回小羽片扇形，長寬各約1～1.5cm；假孢膜長方形，每一末回小羽片多枚。

●**習性：**生長在林緣半遮蔭環境之滴水岩壁，有時亦見於建物排水溝附近或潮濕之壁面。

●**分布：**全球熱帶至溫帶地區，台灣中、低海拔潮濕環境可見。

（主） 常成群出現在潮濕的壁面
（小上） 生長在海岸潮濕岩壁者，其葉子較小。
（小下） 末回小羽片每一裂片具長方形假孢膜

173

鱗蓋鳳尾蕨

Pteris vittata L.

鳳尾蕨屬

海拔	低海拔		
生態帶	熱帶闊葉林	亞熱帶闊葉林	
地形	平野	山坡	
棲息地	林緣	空曠地	路邊	建物
習性	岩生	地生	
頻度	常見		

●**特徵：**莖短直立狀或斜上生長，密被淡褐色細長鱗片，葉叢生；葉柄長3～25cm，密被與莖相同之鱗片；葉片長橢圓形，一回羽狀複葉，長25～70cm，寬10～25cm，最寬處在中上段；羽片長線形，中段羽片長8～15cm，寬0.5～1cm，基部心形，無柄，末端尖，頂羽片顯著，與側羽片同形，下段羽片逐漸縮短，營養羽片之邊緣鋸齒狀，多少朝下反捲；羽片側脈單一或分叉，不具假脈；孢子囊群長線形，位於羽片兩側邊緣，為由葉緣反捲之假孢膜保護。

●**習性：**常見生長在產業道路邊坡或住家附近的石砌牆垣或磚牆上。

●**分布：**亞洲及非洲的熱帶、亞熱帶，台灣全島低海拔開發地區常見。

1993.12.07・台北虎山

1998.08.19・花蓮新城山

1990.09.26・樹林東山

（主）　有時亦可發現生長在人造的石砌牆面上
（小左）　野外較空曠之山坡上亦可見其蹤跡
（小右）　羽片基部心形，葉緣具反捲之假孢膜。

大葉鳳尾蕨

Pteris nervosa Thunb.

鳳尾蕨屬

海拔	中海拔
生態帶	暖溫帶闊葉林
地形	山坡
棲息地	林內
習性	地生
頻度	常見

●**特徵：**根莖短匍匐狀或斜上生長，被覆深褐色鱗片，葉叢生；葉兩型，營養葉柄長10～25cm，下段紅褐色；葉片卵形至五角形，長28～35cm，寬15～24cm，一回羽狀複葉，側羽片4～8對，基部1～3對羽片自基部即行二叉分裂；羽片狹長披針形至線形，具鋸齒緣，長10～20cm，寬1.5～2.5cm，頂羽片顯著，與側羽片同形；孢子葉柄長30～40cm，下段紅褐色；葉片長22～30cm，寬15～24cm；羽片窄線形，長10～20cm，寬0.8～1cm；葉脈游離，羽片或小羽片之側脈單一或分叉一次，各小脈均平行，不具假脈；孢子囊群長線形，位於羽片或小羽片邊緣，並為反捲的假孢膜包被。

●**習性：**地生，生長在林下遮蔭環境。

●**分布：**全球熱帶至溫帶地區，台灣中海拔地區常見。

（主）　營養葉較短，向四周平展，孢子葉較長且直立。
（小左）　葉具頂羽片，基部數對羽片自基部即行分叉一次。
（小右）　葉緣可見長線形孢子囊群及由葉緣反捲而成的假孢膜

鳳尾蕨科

鳳尾蕨屬

城戶氏鳳尾蕨

Pteris kidoi Kurata

鳳尾蕨屬

海拔	低海拔	中海拔
生態帶	亞熱帶闊葉林	暖溫帶闊葉林
地形	山坡	
棲息地	林緣	
習性	岩生	地生
頻度	偶見	

19871226．太魯閣

●**特徵**：莖短而斜上生長，被鱗片，葉叢生；葉兩型，營養葉柄長2.5～8cm，黃褐色；葉片卵形，長10～18cm，寬4～8cm，厚草質，掌狀複葉，葉緣鋸齒狀；孢子葉柄長10～15cm，一回羽狀複葉，側羽片2對，最基部羽片自基部即裂成二叉，朝下者較小；羽片或小羽片窄線形，頂羽片長10～17cm，側羽片較短，長7～10cm，寬約5mm，頂端漸尖；葉脈游離，側脈單一或分叉一次，與羽軸或小羽軸垂直相交，多數具假脈；孢子囊群長線形，位於羽片或小羽片兩側，為反捲之假孢膜所保護。

●**習性**：生長在林緣半遮蔭環境之土坡上，或長在岩壁之岩縫中。

●**分布**：日本及台灣東部中、低海拔地區。

（主）營養葉為掌狀複葉，孢子葉為一回羽狀複葉，但最基部羽片自基部即行分叉。
（小）長在岩壁之岩縫中，孢子葉較細長，伸出岩縫之外。

掌鳳尾蕨

Pteris dactylina Hook.

鳳尾蕨屬

海拔	中海拔
生態帶	針闊葉混淆林
地形	山坡
棲息地	林緣
習性	岩生 ｜ 地生
頻度	偶見

●**特徵**：莖短斜生，具鱗片，葉叢生；葉柄長10～17cm，草桿色，基部顏色較深；葉片扇形，長寬相近，約12cm，一回掌狀複葉，羽片常為5片；羽片窄線形，長5～10cm，寬1～3mm，幾乎無柄，不長假孢膜之葉緣鋸齒狀；側脈單一或分叉一次，各脈平行，其間不具假脈；孢子囊群長線形，位於羽片兩側，由反捲之假孢膜保護。

●**習性**：生長在林緣半遮蔭環境之土坡上或岩壁之岩縫中。

●**分布**：中國大陸西南部、喜馬拉雅山區，台灣中海拔檜木林帶可見。

（主） 葉為掌狀複葉，羽片兩側具長線形假孢膜。
（小） 生長在林緣土坡，葉常下垂。

177

細葉鳳尾蕨

Pteris angustipinna Tagawa

鳳尾蕨屬

海拔	中海拔
生態帶	針闊葉混生林
地形	山坡
棲息地	林緣
習性	岩生　地生
頻度	稀有

●**特徵：**莖短直立狀，具深褐色鱗片，葉叢生；葉柄草稈色，長可達10～17cm；葉片一回羽狀複葉，但常呈三出複葉的外形，頂羽片長可達12～17cm，側羽片較短，約5～10cm，邊緣具銳鋸齒；葉脈游離，脈間具少數假脈；假孢膜長線形，位於羽片邊緣。

●**習性：**生長在林緣半遮蔭環境之土坡或岩壁縫隙。

●**分布：**台灣特有種，分布在中部中海拔地區。

（主）葉片為一回羽狀複葉，但常呈三出複葉狀，頂羽片較長而側羽片較短。
（小）葉緣具反捲之假孢膜，成熟時呈淺褐色。

178

琉球鳳尾蕨

Pteris ryukuensis Tagawa

鳳尾蕨屬

海拔	低海拔		
生態帶	亞熱帶闊葉林		
地形	平野	谷地	山坡
棲息地	林緣	建物	
習性	岩生	地生	
頻度	稀有		

19990225・深坑

●**特徵**：根莖短匍匐狀，具黑色披針形鱗片，葉叢生，兩型；營養葉柄長4～7cm，葉片卵形至卵狀披針形，長6～8cm，寬4～5cm，三出或掌狀複葉；側羽片長2.5～3cm，寬8～12mm，頂羽片與側羽片同形，但較長，約5～7cm，具銳鋸齒緣；孢子葉柄長8～14cm，羽片長線形，長8～15cm，寬5mm；葉脈游離，羽片或小羽片之側脈單一，少數在基部分叉一次，各小脈相互平行；假孢膜長線形，位於羽片或小羽片之邊緣。

●**習性**：生長在林緣半遮蔭環境，或建物附近人工砌石之牆垣縫隙。

●**分布**：日本、菲律賓，台灣目前僅見於北部烏來、深坑、九份、木柵等地。

（主）生長在人工砌石牆垣之岩縫中，孢子葉較狹長，而營養葉呈胖短之掌狀複葉。

（小）營養葉有時為三出複葉

19990225・深坑

箭葉鳳尾蕨

Pteris ensiformis Burm.

鳳尾蕨屬

海拔	低海拔
生態帶	亞熱帶闊葉林
地形	山坡
棲息地	林內　林緣
習性	地生
頻度	常見

●**特徵：**根莖短橫走狀，具鱗片，葉叢生，兩型；葉柄草桿色；營養葉柄長6～10cm，葉片卵形至卵狀披針形，長10～15cm，寬5～10cm，二回羽狀複葉，頂羽片較不顯著，側羽片2～5對，具鋸齒緣；小羽片橢圓形，長1.5～3cm，寬8～10mm；孢子葉柄長12～25cm，葉片長10～25cm，寬7～15cm，側羽片2～5對，具柄，頂羽片非常顯著，常與下方一對側羽片合生；葉脈游離，不具假脈；邊緣假孢膜長線形，位於羽片或小羽片邊緣。

●**習性：**地生，生長在林下潮濕遮蔭處，林緣坡地亦甚常見。

●**分布：**亞洲熱帶、亞熱帶地區，北達中國大陸南部及日本南部，南抵澳洲東北部及太平洋群島，台灣中、北部低海拔地區普遍可見。

1990O422・新竹峨眉

（主）葉兩型，孢子葉較高且直立，其裂片較窄，營養葉常傾臥，且其裂片也較寬大。
（小左）孢子葉與營養葉有時會有過渡型之變化。
（小右）假孢膜長線形，位於裂片兩側，開口朝向裂片之中脈。

19970822・劍潭

19970126・天母古道

瓦氏鳳尾蕨

Pteris wallichiana Ag.

鳳尾蕨屬

海拔	低海拔	中海拔
生態帶	暖溫帶闊葉林	
地形	谷地	
棲息地	林緣	溪畔
習性	地生	
頻度	常見	

1986.03.24．惠蓀林場台灣杜鵑花園

1998.06.12．三峽

●**特徵**：莖短直立或斜上生長，密被褐色鱗片，葉叢生；葉柄長60～140cm，草桿色，基部具鱗片；葉片圓形，長80～100cm，寬約80cm，掌狀複葉；羽片長橢圓形，長50～65cm，寬25～30cm，二回羽狀深裂；小羽片長15～20cm，寬2.5～3cm，20對以上，最寬處在中下段；末裂片線形，長15mm，寬3～4mm，末端漸尖而後圓鈍，邊緣具淺鋸齒；葉脈網狀，僅具一排網眼，位在小羽軸兩側裂片凹入處附近，網眼中無游離小脈；假孢膜線形，位於裂片邊緣。

●**習性**：地生，生長在林緣或空曠的潮濕環境，如溪畔或谷地。

●**分布**：日本、中國大陸南部、喜馬拉雅山區、印度、東南亞及所羅門群島，台灣全島中海拔山區可見，偶亦見於北部低海拔地區。

（主）生長在較開闊的潮濕環境，葉為掌狀複葉，各單位再呈羽狀分裂。
（小）小羽片羽狀深裂，小羽軸兩側各具一排網眼。

鳳尾蕨科

鳳尾蕨屬

181

弧脈鳳尾蕨

Pteris biaurita L.

鳳尾蕨屬

海拔	中海拔
生態帶	暖溫帶闊葉林
地形	山坡
棲息地	林內 林緣
習性	地生
頻度	偶見

1999729・八仙山

●**特徵：**莖短而直立，葉叢生；葉柄草桿色，長30～50cm，葉片長卵形至五角形，長30～50cm，寬20～25cm，草質，二回羽狀中裂至深裂；羽片披針形，長12～15cm，寬3～4cm，頂羽片與側羽片同形，側羽片5～14對，往上漸短，最下一對羽片從基部分叉；末裂片末端鈍尖，裂片全緣；葉脈僅在羽軸兩側具一排弧形網眼，網眼中無游離小脈；假孢膜線形，位於裂片兩側邊緣。

●**習性：**地生，生長在林下空曠處或林緣半遮蔭環境。

●**分布：**中國大陸南部、喜馬拉雅山區、東南亞，南非及中南美洲亦曾有採集紀錄，台灣中、南部中海拔地區可見。

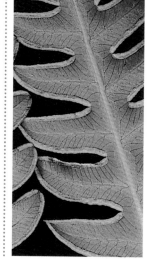

（小）羽片裂入程度僅達葉緣至羽軸三分之二處，羽軸兩側可見弧脈。

半邊羽裂鳳尾蕨

Pteris dimidiata Willd.

鳳尾蕨屬

海拔	低海拔	
生態帶	亞熱帶闊葉林	
地形	山坡	
棲息地	林內	林緣
習性	地生	
頻度	常見	

●**特徵：**莖短直立或斜生，具鱗片，葉叢生；葉柄長15～30cm，亮紅褐色；葉片卵形至卵狀披針形，長30～50cm，寬15～20cm，二回羽狀深裂，頂羽片三角形，羽狀深裂，側羽片3～7對，下側羽狀深裂，上側通常不分裂；裂片線形至鐮形，寬7～8mm，末端漸尖，具鋸齒緣；葉脈游離，小脈末端不與葉緣相連；假孢膜線形，位於裂片側緣。

●**習性：**地生，生長在林下空曠處或林緣半遮蔭環境。

●**分布：**日本、中國大陸南部及東南亞一帶，台灣北部及中部低海拔山區常見。

鳳尾蕨科

鳳尾蕨屬

（主）葉片中、下段之側羽片朝上一側通常不分裂，朝下一側羽狀深裂。
（小）偶亦長在石砌壁面之岩縫中

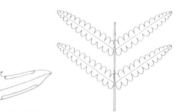

天草鳳尾蕨

Pteris semipinnata L.

鳳尾蕨屬

海拔	低海拔	
生態帶	亞熱帶闊葉林	
地形	山坡	
棲息地	林內	林緣
習性	地生	
頻度	常見	

鳳尾蕨科

鳳尾蕨屬

●**特徵：**莖短直立或斜生，具鱗片，葉叢生；葉柄長20～35cm，紅褐色；葉片卵狀披針形，長20～40cm，寬8～18cm，二回羽狀深裂；頂羽片寬披針形，長7～11cm，寬3～4cm，羽狀深裂；側羽片3～7對，上側全緣至不規則羽裂，下側則呈規則之羽狀深裂；裂片線形，末端圓鈍，長2～4cm，寬4～7mm，邊緣鋸齒狀；側脈游離，二叉分支，直達邊緣；假孢膜線形，位於裂片兩側邊緣。

●**習性：**地生，生長在林下空曠處或林緣半遮蔭環境。

●**分布：**日本、中國大陸，台灣全島低海拔地區可見。

1994.04.25・龜山島

1997.02.16・天母古道

1999.07.25・烏來雲仙樂園

（主）葉片為二回羽狀深裂，側羽片朝上一側至少可見數個不規則分裂之裂片。
（小左）葉緣鋸齒狀，裂片側脈1～2次二叉分支。
（小右）線形假孢膜位於裂片兩側邊緣

溪鳳尾蕨

Pteris excelsa Gaud.

鳳尾蕨屬

海拔	中海拔	
生態帶	暖溫帶闊葉林	針闊葉混生林
地形	谷地	
棲息地	林內	溪畔
習性	地生	
頻度	偶見	

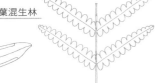

20000326・思源埡口

●**特徵**：莖粗短且直立，具長卵形紅褐色鱗片，葉叢生；葉柄長35～80cm，草桿色；葉片卵形，長80～100cm或更長，寬30～40cm，硬草質，二回羽狀深裂，頂羽片一回羽狀深裂，與側羽片同形，側羽片可達12對以上，最基部羽片之最下朝下裂片特別長，可達8～10cm，且呈一回羽狀深裂，羽軸表面的凹溝兩側有刺；羽片披針形，長20～25cm，寬4～6cm；裂片鐮形，以寬闊之基部與羽軸連結，末端尖；假孢膜線形，位於裂片兩側邊緣。

●**習性**：地生，生長在林下溪畔或潮濕之谷地。

●**分布**：日本、韓國、中國大陸中部及南部、喜馬拉雅山區、巴基斯坦、印度、馬來西亞、菲律賓、夏威夷群島，台灣中海拔山區可見。

鳳尾蕨科

鳳尾蕨屬

1985101・觀高

1980913・春陽

（主）葉片二回羽狀深裂，具一回羽狀深裂之頂羽片，最基部羽片之基部朝下裂片特別大，形成一回羽狀深裂之小羽片。
（小左、小右）羽片基部兩側不等邊，裂片鐮形，線形假孢膜在其兩側。

185

傅氏鳳尾蕨

Pteris fauriei Hieron.

鳳尾蕨屬

海拔	低海拔	
生態帶	海岸	亞熱帶闊葉林
地形	平野	山坡
棲息地	林內	灌叢下 林緣 空曠地
習性	地生	
頻度	常見	

●**特徵**：根莖短橫走狀，密生褐色披針形鱗片，葉叢生；葉柄長30～40cm，稻稈色至褐色；葉片卵形或五角形，草質或革質，長30～50cm，寬20～30cm，二回羽狀深裂，最基部一對羽片之下側近葉軸小羽片特別長且羽狀分裂；羽片窄披針形，頂羽片羽裂，與側羽片同形，側羽片5～8對，具長尾尖，羽軸表面具肉刺；末裂片線形，長2～2.5cm，寬約5～8mm，末端鈍尖；葉脈游離，裂片之側脈二叉分支，相鄰之最基部側脈延伸至缺刻附近，但不相連；假孢膜線形，位於裂片兩側邊緣。

●**習性**：生長在林下遮蔭處或林緣半遮蔭環境，或海邊向陽潮濕之岩石地區。

●**分布**：日本、中國大陸、中南半島，台灣低海拔森林及海岸地區常見。

1992.02.25・鼻頭角

（主） 長在海岸的傅氏鳳尾蕨，葉較小、較厚硬。
（小左） 葉片常呈五角形，頂羽片與二下撇之小羽片顯著。
（小右） 假孢膜位於裂片兩側邊緣，裂片頂端全緣，相鄰二裂片最基部之側脈同時指向缺刻凹入處，但並不相連。

1995.08.24・馬祖北竿

1998.12.25・春陽

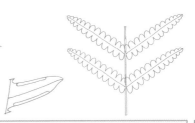

有刺鳳尾蕨

Pteris setuloso-costulata Hayata

鳳尾蕨屬

海拔	中海拔
生態帶	針闊葉混生林
地形	谷地
棲息地	林內　溪畔
習性	地生
頻度	偶見

●**特徵**：根莖短橫走狀，密生紅褐色披針形鱗片，葉叢生；葉柄長30～40cm，基部紅色；葉片卵狀披針形，長40～45cm，寬25～30cm，二回羽狀深裂，最基部一對羽片之下側近葉軸2～4枚裂片特別長，且形成和羽片同形之小羽片；頂羽片羽狀深裂，與側羽片同形，側羽片可達15對以上；羽片長披針形，羽軸表面具肉刺；末裂片線形，長1～2cm，寬約2～3mm，20對以上，末端圓鈍，全緣；裂片之側脈二叉分支，最基部側脈延伸至缺刻上方，不與相鄰裂片之脈連接；假孢膜線形，位於裂片兩側邊緣。

●**習性**：地生，生長在林下遮蔭且腐植質豐富之潮濕環境。

●**分布**：喜馬拉雅山區、日本南部、菲律賓，台灣產於海拔1800至2500公尺之檜木林帶。

（小上）裂片全緣，羽軸及小羽軸表面具有肉刺。
（小下）裂片側脈二叉分支，線形假孢膜位在裂片兩側邊緣。

鹵蕨

Acrostichum aureum L.

鹵蕨屬

海拔	低海拔	
生態帶	海岸	
地形	平野	
棲息地	空曠地	溪畔	濕地
習性	地生	水生
頻度	瀕危	

1993 1101 · 羅山

● **特徵**：莖粗大直立，具肉質狀粗大之根，葉叢生，植株高可達 2m 以上；葉柄長20～50cm；葉片長50～150cm，寬25～30cm，一回羽狀複葉，厚革質；羽片長橢圓形，具柄，長15～18cm，寬4～5cm，全緣，頂端凹入；葉脈網狀，具多排網眼，網眼中無游離小脈；孢子囊散沙狀全面著生羽片之背面。

● **習性**：生長在河口附近小溪出海口之泥灘地。

● **分布**：泛世界熱帶地區之河口環境，在1860～1880年代台北淡水曾有採集紀錄，今僅見於墾丁國家公園的佳樂水和花蓮羅山一帶，族群數以後者較多。

1993 1101 · 羅山

1993 1101 · 羅山

（主）生長在小溪溝邊的泥灘地
（小上）孢子葉僅靠近頂端的數個羽片著生孢子囊
（小下）根肉質狀

書帶蕨科

Vittariaceae

外觀特徵：莖及葉柄基部具窗格狀的鱗片。葉為全緣之單葉，呈長線形或湯匙形，厚肉質。葉脈呈網狀，網眼細長，內無游離小脈。孢子囊沿脈生長或是呈與主軸平行的長線形。孢子囊間具有側絲。

生長習性：岩生或著生樹幹，通常長在森林溫暖潮濕處。

地理分布：主要分布在熱帶地區，台灣主要產於全島中、低海拔較成熟的森林。

種數：全世界有6屬110～140種，台灣則有3屬10種。

●本書介紹的書帶蕨科有2屬7種。

倒卵葉車前蕨

Antrophyum obovatum Bak.

車前蕨屬

海拔	中海拔
生態帶	暖溫帶闊葉林
地形	山坡
棲息地	林內
習性	岩生
頻度	偶見

1995O402・武陵

●**特徵：**根莖短匍匐狀，被覆褐色披針形、邊緣具短突起之窗格狀鱗片，葉叢生；單葉，葉柄長5～15cm，基部具鱗片；葉片厚革質，倒卵形，全緣，長5～15cm，寬5～8cm，葉尖短尾狀；葉脈網狀，網眼內無游離小脈；孢子囊沿脈生長，側絲棒狀，末端為倒三角形。

●**習性：**生長在林下潮濕處之岩壁上。

●**分布：**日本、中國大陸、印度、越南，台灣見於海拔700至1800公尺山區。

19860331・溪頭

19980820・瓦拉米

（主） 長在林下潮濕環境之岩壁上
（小上） 葉片倒卵形，具長柄。
（小下） 孢子囊沿脈生長，葉頂端具短突尖。

蘭嶼車前蕨

Antrophyum sessilifolium
(Cav.) Spring

車前蕨屬

海拔	低海拔	
生態帶	熱帶闊葉林	
地形	谷地	
棲息地	林內	
習性	著生	岩生
頻度	偶見	

1996 0904 · 蘭嶼椰油溪

1996 0904 · 蘭嶼椰油溪

●**特徵：**根莖短匍匐狀，被覆黑色窗格狀之鱗片，葉叢生；單葉，幾乎無柄；葉片倒長披針形，長15～30cm，寬1～2.5cm，最寬處在中間偏上段，基部下延，全緣；中脈明顯，葉脈網狀，葉中下段部分葉脈較明顯可見；孢子囊沿脈生長，側絲螺旋狀線形，黃褐色。

●**習性：**多生長在林下岩壁或是大樹主幹上。

●**分布：**菲律賓及台灣的蘭嶼。

（主）葉呈倒長披針形，孢子囊沿網狀脈生長。
（小）葉柄不顯著，但葉之中脈清晰可見。

小車前蕨

Antrophyum parvulum Blume

車前蕨屬

海拔	中海拔
生態帶	針闊葉混生林
地形	山谷
棲息地	林內
習性	岩生
頻度	稀有

19880403 · 沙里仙林道

●**特徵**：根莖短匍匐狀，被覆褐色披針形、邊緣具短突起之鱗片，葉叢生；單葉，葉柄極短或幾乎無柄；葉片倒披針形，長8〜12cm，寬1〜2cm，先端漸尖，最寬處在中間偏上段，向基部漸窄縮，全緣；中脈上段不明顯，基部多少可見，在葉片下段三分之一處略呈紫色；孢子囊沿網狀脈之凹溝著生，側絲黑褐色，棒狀，先端為倒三角形。

●**習性**：生長在岩壁上。

●**分布**：日本南部、馬來西亞、印尼，台灣可見於海拔1800至2500公尺山區。

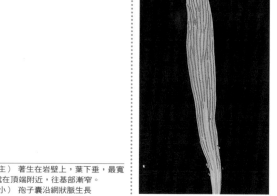

19980820 · 瓦拉米

（主）著生在岩壁上，葉下垂，最寬處在頂端附近，往基部漸窄。
（小）孢子囊沿網狀脈生長

姬書帶蕨

Vittaria anguste-elongata Hayata

書帶蕨屬

海拔	低海拔
生態帶	熱帶闊葉林　亞熱帶闊葉林
地形	谷地　山坡
棲息地	林內　林緣
習性	著生　岩生
頻度	常見

19890228・四礦坪

19990416・台北天溪園

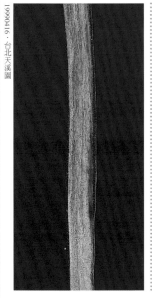

●**特徵：**根莖短匍匐狀，被覆線狀披針形之暗褐色鱗片，葉近叢生；單葉，葉柄短或不顯著，植株一般長約5～20cm，甚至達30cm以上；葉片長線形，寬2～4mm，略彎，革質，全緣；葉脈網狀，網眼斜方形，網眼內無游離小脈；孢子囊沿葉緣兩側縱溝生長。

●**習性：**多生長在林緣土坡或岩石上，或是長在林下大樹樹幹上。

●**分布：**菲律賓、太平洋島嶼，台灣全島低海拔地區可見。

（主）　常見生長在林緣土坡上，葉片剛硬，先上舉而後下垂。
（小）　孢子囊長在葉片兩側正邊緣的溝槽中

193

垂葉書帶蕨

Vittaria zosterifolia Willd.

書帶蕨屬

海拔	低海拔	
生態帶	熱帶闊葉林	亞熱帶闊葉林
地形	谷地	
棲息地	林內	
習性	著生	
頻度	偶見	

●**特徵**：根莖匍匐狀，具黑色全緣之鱗片，葉近生；單葉，葉柄長8～15cm；葉片長線形，長20～60cm以上，甚至可達2m，寬通常為10～12mm，中脈不明顯；葉脈網狀，網眼斜方形，內無游離小脈；孢子囊位於葉片兩側正邊緣的縱溝中，側絲黑褐色，棒狀，多少具分叉，先端為倒三角形。

●**習性**：生長在林內較高位之樹幹上，葉片懸垂，常出現於巢蕨類植物（見258頁）下方。

●**分布**：中國大陸、琉球群島、東南亞及玻里尼西亞，台灣低海拔成熟森林之溪谷地可見。

1992I220・福山

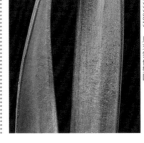

19990619・烏來雲仙樂園

19990619・烏來雲仙樂園

（主）高位著生蕨類，葉片下垂。
（小左）孢子囊位於葉片兩側正邊緣之縱向溝槽中
（小右）莖及葉柄基部被覆黑褐色窄鱗片，幼葉捲旋狀。

書帶蕨

Vittaria flexuosa Fée

書帶蕨屬

海拔	中海拔	
生態帶	暖溫帶闊葉林	針闊葉混生林
地形	谷地	山坡
棲息地	林內	
習性	著生	岩生
頻度	常見	

19990120・梅峰農場

11608661・梅峰

●**特徵**：根莖短匍匐狀，被覆黑色鋸齒狀鱗片，葉叢生；單葉，葉柄長約5cm；葉片長線形，長20～40cm，寬5～8mm，全緣，革質，中脈於葉背突起；葉脈網狀，網眼斜方形，網眼內無游離小脈，葉緣多少朝背面反捲；孢子囊位於兩側靠近邊緣之縱溝，側絲黑褐色，棒狀，多少具分叉，先端為倒三角形。

●**習性**：多生長在林下樹幹上或岩石上。

●**分布**：日本、中國大陸、尼泊爾、印度、越南，台灣中海拔山區常見。

（主）葉片質地厚硬，先上舉而後下垂。
（小）孢子囊長在靠近葉緣之縱溝，葉緣略微反捲。

廣葉書帶蕨

Vittaria taeniophylla Copel.

書帶蕨屬

海拔	中海拔	
生態帶	暖溫帶闊葉林	針闊葉混生林
地形	谷地	山坡
棲息地	林內	
習性	著生	岩生
頻度	偶見	

●**特徵：**根莖短匍匐狀，具黃褐色披針形鱗片，葉叢生；單葉全緣，偶亦可見二叉分裂，革質，葉柄不顯著；葉片長線形，長25～40cm，寬5～10mm，葉背可見顯著之中脈；葉脈網狀，網眼斜方形，內無游離小脈；長線形之孢子囊群位於葉背，與葉緣平行，孢子囊群雖靠近葉緣，但與葉緣仍維持一段距離。

●**習性：**生長在林下岩壁上或是樹幹上。

●**分布：**日本、中國大陸、尼泊爾、印度、越南、菲律賓，台灣中海拔山區零星可見。

（主）葉為不分裂之單葉，但偶亦可見分叉之變態葉。
（小）葉背可見明顯之中脈，長線形孢子囊群與葉緣有一小段距離。

1988O726．八通關古道

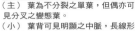

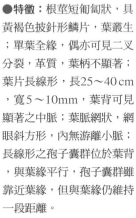

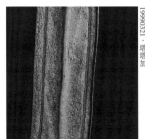

1999O321．塔塔加

水龍骨科
Polypodiaceae

外觀特徵：孢子囊群有固定形狀，如線形或圓形，不具孢膜，少數種類之孢子囊全面分布於孢子葉之葉背，呈散沙狀排列。根莖多為匍匐狀，有些種類甚至形成蔓生的狀態，莖與葉子交接處多有關節。根莖鱗片呈窗格狀。葉形簡單，多為單葉或一回羽狀深裂，至多一回羽狀複葉。葉脈網狀，網眼內有游離小脈。

生長習性：常著生於樹幹、岩石，也有些地生型的種類。

地理分布：主要分布在熱帶、亞熱帶地區；台灣則低、中、高海拔地區都有分布。

種數：全世界有29屬650～700種，台灣則有15屬64種。

●本書介紹的水龍骨科有13屬26種。

擬水龍骨

Goniophlebium mengtzeense
(Christ) Rodl-Linder

水龍骨屬

海拔	中海拔
生態帶	暖溫帶闊葉林　針闊葉混生林
地形	山坡
棲息地	林內
習性	著生　岩生
頻度	偶見

1985.11.01・觀高

1981.08.06・雪稜山莊

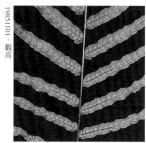

1985.11.01・觀高

2000.10.28・大雪山

●**特徵：**根莖長匍匐狀，被紅褐色至黑色鱗片；葉柄長8～12cm；葉片披針形或長橢圓形，長30～60cm，寬15～25cm，一回羽狀複葉；羽片長披針形或長線形，長8～17cm，寬0.5～1.5cm，對生或互生，無柄，葉緣具缺刻，末端漸尖，下側羽片基部多少呈心形；葉脈網狀，羽軸兩側各一排網眼，內具一條不分叉之游離小脈；孢子囊群圓形，位在網眼內之游離小脈末端，羽軸兩側各一排。

●**習性：**著生在林下潮濕環境之樹幹上或岩石上。

●**分布：**中國大陸西南部、尼泊爾、印度北部、緬甸北部、泰國、中南半島、菲律賓，台灣中海拔地區可見。

（主）　頂羽片顯著
（小上）　長在長滿苔蘚植物之樹幹上
（小中）　羽片基部多少呈心形
（小下）　根莖上被覆紅褐色鱗片

199

阿里山水龍骨

Goniophlebium amoenum
(Mettenius) Beddome

水龍骨屬

海拔	中海拔
生態帶	針闊葉混生林
地形	山坡
棲息地	林內
習性	著生
頻度	偶見

●**特徵：**根莖匍匐狀，疏被黑褐色披針形鱗片；葉柄長20～25cm，草桿色；葉片長25～45cm，寬10～20cm，一回羽狀深裂，頂裂片顯著；側裂片20～25對，基部裂片反折，裂片長5～9cm，寬0.5～1.5cm，末端漸尖，表面光滑或疏被短毛，背面中脈疏被鱗片，葉緣在裂片側脈間具缺刻；葉脈網狀，裂片中脈兩側各一排網眼，內具一條不分叉之游離小脈；孢子囊群圓形，位在網眼內之游離小脈末端，裂片中脈兩側各一排。

●**習性：**著生在林下之樹幹上。

●**分布：**喜馬拉雅山區及中國大陸一帶，台灣產於中海拔檜木林帶。

1985.1101 · 觀高

（主）葉片一回羽狀深裂，基部一對裂片反折，通常具顯著的頂裂片。
（小左）著生在林下樹幹上
（小右）葉緣具缺刻，裂片中脈兩旁各僅一排網眼，其內含一不分叉之小脈。

1981.0806 · 雲稜山莊

1999.0604 · 櫻櫻峰

台灣水龍骨

Goniophlebium formosanum
(Baker) Rodl-Linder

水龍骨屬

海拔	低海拔	中海拔
生態帶	暖溫帶闊葉林	
地形	山坡	
棲息地	林內	
習性	著生	岩生
頻度	常見	

19990729・八仙山

19860330・鳳凰山

19901231・神祕湖

19990208・瓦拉米

●**特徵**：根莖長匍匐狀，粉綠色，鱗片早凋；葉柄長9～20cm，葉片長橢圓形至披針形，長30～60cm，寬8～15cm，一回羽狀深裂，基部裂片反折，不具頂裂片；側裂片可達25對以上，長4～8cm，寬1～2cm，上下兩面具細毛，葉緣在裂片側脈間不具缺刻；葉脈網狀，裂片中脈兩側各一排網眼，內具一條不分叉之游離小脈；孢子囊群圓形，位在網眼內之游離小脈末端，裂片中脈兩側各一排。

●**習性**：著生在林下樹幹上或岩石上。

●**分布**：日本南部及中國大陸南部，台灣中、低海拔地區可見。

（主） 葉片長橢圓形，一回羽狀深裂，基部一對裂片反折，不具頂片。
（小中） 圓形孢子囊群位於裂片中脈兩側
（小下） 粉綠色的根莖，其上可見葉子脫落後所遺留之葉痕。

尖嘴蕨

Belvisia mucronata (Fée) Copel.

尖嘴蕨屬

海拔	中海拔	
生態帶	暖溫帶闊葉林	
地形	谷地	山坡
棲息地	林內	
習性	著生	
頻度	瀕危	

19860329 · 鳳凰山

●**特徵：**根莖短匍匐狀，具卵形鱗片，葉叢生；單葉全緣，葉柄短或無，葉片披針形，長10～25cm，寬1～3cm，葉尖呈尾狀，葉緣波浪狀；葉脈網狀，側脈不明顯，網眼內有游離小脈；孢子囊群長線形，著生在葉片末端狹長的鳥嘴狀部分，在其中脈兩側各排成一列，幼時有盾形鱗片狀側絲保護。

●**習性：**著生於林下樹幹或較高位之樹枝上。

●**分布：**東南亞、斯里蘭卡、太平洋群島，台灣僅見於溪頭、鳳凰山一帶。

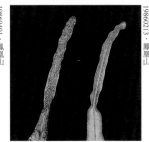

19860401 · 鳳凰山

19860213 · 鳳凰山

（主）　著生樹幹上，葉下垂，孢子葉葉尖具鳥嘴狀突出物。
（小左）　有時亦見生長在較高位之樹枝上
（小右）　孢子囊群長線形，位在葉尖鳥嘴狀突出物中脈之兩側。

二條線蕨

Drymotaenium miyoshianum
(Makino) Makino

二條線蕨屬

海拔	中海拔	
生態帶	針闊葉混生林	
地形	谷地	山坡
棲息地	林內	林緣
習性	著生	岩生
頻度	稀有	

19860809・鞍馬山

●**特徵**：根莖短匍匐狀，被覆黑褐色窄披針形鱗片，葉叢生；葉為長線形全緣之單葉，葉柄不顯著，長15～40cm，寬2～4mm，肉質，橫切面略呈圓形；孢子囊群長線形，著生於中脈兩側凹溝內，幼時為盾形鱗片狀側絲保護。

●**習性**：著生於林下或林緣之樹幹上或岩壁上。

●**分布**：中國大陸、日本，台灣於中海拔山區可見。

水龍骨科

二條線蕨屬

20001028・大雪山

（主）　生長在林下巨岩縫隙中，葉長線形，下垂。
（小）　葉肉質，橫切面略呈圓形，孢子囊群長線形，位於中脈兩側。

203

伏石蕨

Lemmaphyllum microphyllum Presl

伏石蕨屬伏石蕨群

海拔	低海拔	
生態帶	熱帶闊葉林	亞熱帶闊葉林
地形	平野 谷地	山坡
棲息地	林內 林緣	空曠地
習性	著生 岩生	
頻度	常見	

●**特徵**：根莖細長，橫走，常蔓生，疏被鱗片；葉兩型，營養葉幾乎無柄，倒卵圓形，長1～2cm，寬1～1.5cm，單葉全緣，厚肉質，葉脈網狀，網眼中有游離小脈；孢子葉倒窄披針形至線形，葉柄長0.8～1cm，葉片長4～6cm或更長，寬0.2～0.5cm，孢子囊群長線形，位於中脈兩側，幼時有盾形鱗片狀側絲覆蓋。

●**習性**：著生於樹幹上或岩壁上。

●**分布**：中國大陸、韓國、日本，台灣低海拔地區普遍可見。

（主）　孢子葉倒窄披針形，長線形孢子囊群位於其中脈兩側。
（小左）　著生樹幹上，孢子葉線形。
（小右）　著生巨岩上，葉厚肉質，表面光亮。

玉山瓦葦

Lepisorus morrisonensis
(Hayata) H. Ito

瓦葦屬

海拔	中海拔	高海拔
生態帶	針闊葉混生林	針葉林
地形	谷地	山坡
棲息地	林內	林緣
習性	著生	岩生	地生
頻度	偶見

1980730．塔塔加→排雲

●**特徵：**根莖短匍匐狀，被覆卵圓形、中間深色不透明、周圍為窗格狀之鱗片，葉為全緣之單葉，葉與葉間相距 0.5～1 cm；葉柄長 1.5～2cm，被鱗片；葉片長披針形，長15～25cm，寬1～1.5cm，最寬處在中下段；葉脈網狀，網脈內有分叉的游離小脈；孢子囊群圓形，位在中脈兩側，各排列成一行，幼時被覆盾形鱗片狀側絲。

●**習性：**著生於林下潮濕環境的樹幹基部或岩壁上，有時亦見長在林緣步道旁之土坡上。

●**分布：**中國大陸西部及西南部、印度北部，台灣主要產於海拔2500至3500公尺之高海拔地區。

1992.0812．七卡→雪山東峰

19851029．塔塔加→排雲

（主） 長在林下步道旁，葉片直立，葉質地薄；孢子囊群圓形，在葉片中脈兩側各排成一行。
（小左） 長在巨岩之岩縫中，葉片下垂。
（小右） 秋冬之際，葉片顏色轉黃，並隨即掉落。

擬笈瓦葦

Lepisorus monilisorus
(Hayata) Tagawa

瓦葦屬

海拔	中海拔	
生態帶	暖溫帶闊葉林	
地形	山坡	
棲息地	林內	林緣
習性	著生	岩生
頻度	常見	

●**特徵：**根莖短匍匐狀，具卵形至披針形褐色鱗片，中間深色不透明，周圍為窗格狀；葉為全緣之單葉，近生，葉與葉之間有一定的距離；葉柄長1～3cm，葉片線狀披針形，長5～15cm，寬0.5～1cm，最寬處在中下段；孢子囊群圓形，在中脈兩旁各排成一行，但通常侷限在葉片近頂端三分之一處，孢子囊群附近之葉緣呈波浪狀，幼時被覆盾形鱗片狀側絲。

●**習性：**著生於林下或林緣之樹幹上或岩壁上。

●**分布：**台灣特有種，中海拔地區可見。

19911025・檜谷山莊→北大武山

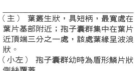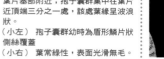

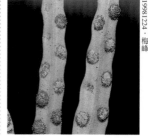

19981224・梅峰

19990619・烏來雲仙樂園

（主）　葉叢生狀，具短柄，最寬處在葉片基部附近；孢子囊群集中在葉片近頂端三分之一處，該處葉緣呈波浪狀。
（小左）　孢子囊群幼時為盾形鱗片狀側絲覆蓋
（小右）　葉常綠性，表面光滑無毛。

瓦葦

Lepisorus thunbergianus
(Kaulf.) Ching

瓦葦屬

海拔	低海拔	中海拔
生態帶	亞熱帶闊葉林	暖溫帶闊葉林
地形	山坡	
棲息地	林緣	空曠地
習性	著生	岩生
頻度	常見	

1993212・陽明山大屯自然公園

19900203・洛韶→豁然亭

19980128・紗帽山

●**特徵**：根莖短匍匐狀，密生窄披針形、中間深色不透明、周圍為窗格狀之鱗片，葉為全緣之單葉，叢生其上；葉柄長1～3cm，葉片長橢圓形，長10～20cm，寬0.5～1cm，末端尖，革質，葉脈多少可見；孢子囊群圓形，幼時被覆盾形鱗片狀側絲，在中脈兩側各排成一行，且集中在葉片上半段。

●**習性**：著生於林緣或空曠地的樹幹上或岩壁上。

●**分布**：中國大陸南部及東部、日本、菲律賓，台灣中、低海拔山區可見。

（主）葉常叢生樹幹上，孢子囊群集生在葉片上半段。
（小右）孢子囊群圓形，位於葉軸與葉緣之間。

207

抱樹石葦

Pyrrosia adnascens (Sw.) Ching

石葦屬

海拔	低海拔	
生態帶	熱帶闊葉林	
地形	山坡	
棲息地	林緣	空曠地
習性	著生	岩生
頻度	常見	

19850709・小尖石山

●**特徵**：根莖長而橫走，密生卵狀披針形之黑褐色鱗片，葉遠生，肉質，密布星狀毛，單葉全緣；葉柄短，具星狀毛；葉兩型，營養葉幾乎無柄，倒卵形，長5～7cm，寬1～1.5cm，基部楔形，先端圓鈍；孢子葉窄披針形，基部略寬，長10～15cm，寬1～2cm；孢子囊群圓形，數量多而相互緊靠，布滿孢子葉上段較狹長部分。

●**習性**：著生於樹幹上或岩石上。

●**分布**：琉球群島、中國大陸南部、印度、馬來西亞、菲律賓、玻里尼西亞，台灣分布於低海拔地區，以南部地區較常見。

19940721・南仁山

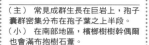

（主）　常見成群生長在巨岩上，孢子囊群密集分布在孢子葉之上半段。
（小）　在南部地區，檳榔樹樹幹偶爾也會滿布抱樹石葦。

絨毛石葦	

Pyrrosia linearifolia (Hook.) Ching

石葦屬

海拔	中海拔
生態帶	暖溫帶闊葉林
地形	山坡
棲息地	林內　林緣
習性	岩生
頻度	偶見

1994O508・新竹尖石

1980913・春陽

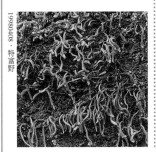

1980408・特富野

●**特徵**：根莖長匍匐狀，密被淺褐色或紅褐色披針形鱗片，葉遠生；單葉，厚肉質，表面密生褐色星狀毛，幾無柄；葉片線形，長2～10cm，寬約3mm；葉脈不明顯；孢子囊群圓形，在葉軸兩側各一排。

●**習性**：著生於林下空曠地或林緣之岩石或岩壁上。

●**分布**：中國大陸東北部、韓國、日本，台灣全島中海拔可見。

（主）　常見長在林緣的岩壁上，成片出現，葉下垂。
（小上）　葉密布褐色星狀毛
（小下）　若遇久旱不雨，葉即行捲曲露出較淺色之葉背。

水龍骨科

石葦屬

209

槭葉石葦

Pyrrosia polydactylis (Hance) Ching

石葦屬

海拔	中海拔
生態帶	暖溫帶闊葉林
地形	山坡
棲息地	林緣
習性	岩生
頻度	常見

●**特徵：**根莖短匍匐狀，具黑色披針形鱗片，葉叢生；葉柄長10〜20cm，葉片扇形，厚革質，密布星狀毛，為掌狀深裂之單葉，長8〜15cm，寬6〜12cm，裂片披針形，末端尖，全緣；葉脈網狀，網眼內有游離小脈但不明顯；孢子囊群圓形，彼此緊靠且密布葉背。

●**習性：**著生於岩壁上。

●**分布：** 台灣特有種，中海拔地區常見。

1999.06.05・梅峰

1998.12.23・春陽

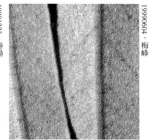

1999.06.04・梅峰

（主） 長在道路邊林緣之岩壁上，葉掌狀深裂。
（小左） 孢子囊群圓形，密布整個葉背。
（小右） 葉背滿布星狀毛

石葦

Pyrrosia lingua (Thunb.) Farw.

石葦屬

海拔	低海拔	中海拔
生態帶	亞熱帶闊葉林	暖溫帶闊葉林
地形	山坡	
棲息地	林內	林緣	空曠地
習性	著生	岩生
頻度	常見	

20010323・苗栗鳴鳳國小

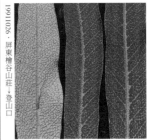

19911026・屏東檜谷山莊→登山口

1989113・天祥→豁然亭

19980408・特富野

水龍骨科

石葦屬

●**特徵**：根莖長而橫走，徑約 3 mm，密布披針形鱗片，葉遠生，但常成片出現；全緣之單葉，肉質至革質，背面密生星狀毛；葉柄長約 10 cm，基部有關節，葉片披針形，長15～20 cm，寬 4～5 cm，最寬處靠近基部；葉脈網狀，葉軸及其主側脈清晰可見；孢子囊群圓形，不具孢膜，密生於葉背中上段。

●**習性**：著生於林下空曠處或林緣之樹幹上或岩壁上，亦常見於破壞地之空曠處。

●**分布**：日本、中國大陸、中南半島，台灣全島中、低海拔常見。

（主） 葉片表面綠色，背面銀褐色，葉軸及主側脈清晰可見。
（小上） 長在道路邊坡林緣之岩壁上
（小中） 孢子囊群圓形，密生葉背，未成熟前淺褐色，成熟後暗褐色。
（小下） 若遇久旱葉即自行捲曲，露出較淡色、星狀毛較多之葉背。

廬山石葦

Pyrrosia sheareri (Bak.) Ching

石葦屬

海拔	中海拔	高海拔	
生態帶	暖溫帶闊葉林	針闊葉混生林	針葉林
地形	谷地	山坡	
棲息地	林內	林緣	
習性	著生	岩生	
頻度	常見		

1998113・三角峰

●**特徵：**根莖短匍匐狀，被覆披針形鱗片，葉常叢生，單葉，革質；葉柄長15～20 cm，基部具關節；葉片長披針形，長30～40 cm，寬可達10 cm，表面之星狀毛散生，背面則密布星狀毛，葉脈網狀，不明顯，僅葉軸及其主側脈較顯著；孢子囊群圓形，密布葉背中上段。

●**習性：**著生於林下樹幹上或岩石上。

●**分布：**中國大陸及中南半島，台灣常見於中海拔地區，分布可達海拔2800公尺。

19810805・南湖溪

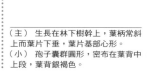

（主）　生長在林下樹幹上，葉柄常斜上而葉片下垂，葉片基部心形。
（小）　孢子囊群圓形，密布在葉背中上段，葉背銀褐色。

三葉茀蕨

Phymatopteris hastatus
(Thunb.) Pichi-Sermolli

茀蕨屬

海拔	低海拔	中海拔
生態帶	暖溫帶闊葉林	針闊葉混生林
地形	谷地	山坡
棲息地	林緣	溪畔
習性	岩生	
頻度	常見	

1998 1203・南安→佳心

1986 0518・觀高→東埔

1993 0215・陽明山前山公園

1992 0906・草嶺古道

●**特徵**：根莖匍匐狀，被窄披針形紅褐色鱗片，葉遠生；葉柄長5～10cm，葉片為披針形或卵形之全緣單葉，或卵狀三角形之三裂單葉，葉片長8～15cm，寬2～10cm，葉片有時僅單側具裂片；裂片披針形，基部較寬，末端漸尖，背面灰綠色；葉緣加厚，淺色或褐色，裂片之側脈間具缺刻；葉脈網狀，網眼中具游離小脈；孢子囊群圓形，在裂片中脈兩側各一排。

●**習性**：常見著生於溪谷地兩側之岩壁，常成片出現。

●**分布**：中國大陸、韓國、日本、菲律賓，台灣全島中海拔地區常見，亦見於北部低海拔。

（主） 生長在溪邊岩壁上，葉呈鳥趾狀三裂。
（小左、小中） 葉形變化大，有時呈披針形，有時呈胖短之橢圓形。
（小右） 側脈間之葉緣具缺刻；葉緣一般加厚，呈軟骨質，紅褐色。

玉山莁蕨

Phymatopteris quasidivaricatus
(Hayata) Pichi-Sermolli

莁蕨屬

海拔	高海拔	
生態帶	針葉林	
地形	谷地	山坡
棲息地	林內	林緣
習性	著生	岩生
頻度	偶見	

1980801・觀高→秀姑巒

1980726・八通關古道

1980625・合歡山莊

1986057・白洋→觀高

●**特徵**：根莖匍匐狀，被紅褐色窄披針形鱗片，葉柄長3.5～6cm；葉片長約10～12cm，寬約7～10cm，一回羽狀深裂，側裂片2～5對，頂裂片顯著，基部裂片反折；裂片末端漸尖，同側裂片相互不重疊，邊緣在裂片側脈間具缺刻；葉脈網狀，網眼中具游離小脈；孢子囊群圓形，位在裂片側脈之間，在裂片中脈兩側各排成一排。

●**習性**：著生於林下或林緣之樹幹上或岩壁上。

●**分布**：印度北部、尼泊爾、中國大陸西南部，台灣產於高海拔針葉林帶。

（主）　葉片一回羽狀深裂，基部一對裂片常反折。
（小上）　有些個體裂片末端圓鈍
（小中）　孢子囊群圓形，在裂片中脈兩側各排成一排。
（小下）　常成片出現在潮濕之岩壁上

214

薄葉擬茀蕨

Phymatosorus membranifolius
(R. Br.) Pichi-Sermolli

擬茀蕨屬

海拔	低海拔
生態帶	熱帶闊葉林
地形	山溝
棲息地	林內
習性	岩生
頻度	瀕危

●**特徵：**根莖長匍匐狀，徑約1.2cm，被褐色鱗片，葉遠生；葉柄長30～50cm；葉片卵狀披針形，長40～60cm，寬25～40cm，一回羽狀深裂，紙質，葉軸具翅，連翅寬0.5～2.5cm；頂裂片與側裂片同形，裂片線形，長10～25cm，寬1.8～3.5cm，4～14對，邊緣全緣或略呈波浪狀，末端長尾狀；葉脈網狀，網眼內具游離小脈；孢子囊群圓形，在裂片中脈兩側各一排，著生處明顯下陷，於葉表則顯得極為突出。

●**習性：**生長在林下之岩石上。

●**分布：**東南亞，台灣在台南曾文水庫地區可見。

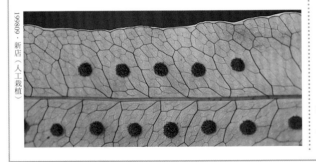

（主）　葉質地薄，孢子囊群著生處於葉表顯得極為突出。
（小）　孢子囊群長在網眼內小脈的連結點上

215

海岸擬茀蕨

Phymatosorus scolopendria
(Burm.) Pichi-Sermolli

擬茀蕨屬

海拔	低海拔	
生態帶	海岸	
地形	平野	山坡
棲息地	林緣	空曠地
習性	岩生	地生
頻度	常見	

水龍骨科

擬茀蕨屬

●**特徵：**根莖匍匐狀，徑約 0.5cm，常呈木質化，頂端被鱗片；葉柄長10～25cm，基部具關節；葉片橢圓形或卵形，長15～35cm，寬15～20cm，一回羽狀深裂，厚肉質至革質，葉軸具翅，連翅寬1.5～3cm；頂裂片較大，側裂片不超過8對，長6～13cm，寬2～3cm。葉脈網狀，不顯著，網眼內具游離小脈；孢子囊群圓形，在裂片中脈兩側各一排，著生處明顯下陷，於葉表可見突起。

●**習性：**岩生或地生，生長在海邊林緣或空曠地之礁岩環境。

●**分布：**亞洲熱帶地區，北達海南島及琉球群島，台灣南部海岸普遍可見。

19940404・蘭嶼測候所

20000920・台北植物園（人工栽植）

19800220-23・綠島

（主） 常見生長在海岸珊瑚礁岩環境
（小左） 孢子囊群著生位置在葉表顯著隆起
（小右） 孢子囊群圓形，在裂片中脈兩側各一排。

海拔	低海拔	中海拔
生態帶	暖溫帶闊葉林	
地形	山溝	谷地	山坡
棲息地	林內	溪畔
習性	岩生	
頻度	偶見	

斷線蕨

Colysis hemionitidea
(Wall. *ex* Mett.) Presl

線蕨屬

1990713・竹東五指山

1990713・竹東五指山

●**特徵：**根莖匍匐狀，被黑褐色披針形鱗片；葉柄長3～5cm，葉片披針形，長35～65cm，寬4～9cm，單葉全緣，中段最寬，末端漸尖，基部下延；葉脈網狀，網眼內有游離小脈，主側脈明顯，彼此平行；孢子囊群圓形、橢圓形或線形，在二主側脈間排成斷線狀。

●**習性：**岩生，生長在林下谷地或山溝中。

●**分布：**琉球群島、中國大陸南部、印度、尼泊爾、越南、菲律賓，台灣分布於中海拔地區，北部低海拔偶亦可見。

（主）　生長在林下小溪溝邊之岩石上，葉表起伏不平，常在側脈處凹陷。
（小）　孢子囊群位於兩側脈之間，呈斷續分布之線狀。

217

橢圓線蕨

Colysis pothifolia (Don) Presl

線蕨屬

海拔	低海拔	
生態帶	熱帶闊葉林	亞熱帶闊葉林
地形	山溝	谷地　山坡
棲息地	林內	林緣
習性	岩生	地生
頻度	常見	

●**特徵**：根莖長匍匐狀，被覆褐色披針形鱗片，葉疏生；葉柄長10～25cm，基部具關節；葉片寬橢圓形，長18～30cm或更長，寬16～24cm，一回羽狀深裂；裂片長8～20cm，寬1～2cm；葉脈網狀，網眼中有游離小脈；孢子囊群線形，斜生，在裂片中脈兩側各一排。

●**習性**：生長在林下或林緣半遮蔭處，有時亦見於溪溝旁之岩石上。

●**分布**：日本、中國大陸、尼泊爾、印度、菲律賓，台灣低海拔地區普遍可見。

19940731・陽明山國家公園大油坑

19980502・隆嶺古道

19990703・樹林東山

（主）　葉為一回羽狀深裂，頂羽片顯著，常見長在山溝旁之岩石上。
（小左）　有時亦生長在林下潮濕環境之地被層
（小右）　孢子囊群線形，與裂片中脈斜交，並在其兩側各排成一排。

波氏星蕨

Microsorium superficiale
(Blume) Ching

星蕨屬

海拔	中海拔
生態帶	暖溫帶闊葉林
地形	谷地　山坡
棲息地	林內
習性	著生　岩生　地生
頻度	常見

●**特徵：**根莖長匍匐狀，具淺褐色寬披針形鱗片，葉遠生，相距1～3cm，植株常呈蔓生狀；葉柄長1～5cm；葉片長披針形，長15～35cm，寬1.2～3cm，單葉，頂端漸尖，基部鈍尖，葉全緣或邊緣呈波浪狀；葉脈網狀，不顯著；孢子囊群圓形，不規則散布在葉軸兩側。

●**習性：**著生或岩生，偶為地生，生長在林下遮蔭之潮濕環境。

●**分布：**日本、中國大陸、越南，台灣中海拔地區常見，多生長在蘚苔覆蓋的樹幹上或岩石上。

1944.11.12・拉拉山

1987.12.26・沙里仙林道

（主）　根莖非常長也分枝多，植株常呈蔓生狀覆滿整棵樹幹。
（小）　孢子囊群圓形，在葉軸兩側不規則散生排列。

219

星蕨

Microsorium punctatum (L.) Copel.

星蕨屬

海拔	低海拔	
生態帶	海岸	熱帶闊葉林
地形	平野	山坡
棲息地	林緣	空曠地
習性	著生	岩生
頻度	常見	

●**特徵：**根莖匍匐狀，疏被鱗片；葉柄長 0.5～2cm；葉片呈長披針形，長20～60cm，寬3～5cm，單葉全緣，厚肉質至革質，最寬處在中段，基部下延；葉軸在葉背顯著突起，葉脈網狀，主側脈明顯；孢子囊群圓形，密布於葉軸與葉緣之間。

●**習性：**著生或岩生，生長在林緣半開闊處。

●**分布：**中國大陸南部、印度、越南、東南亞、太平洋島嶼，台灣主要出現在南部海岸地區。

19940721・南仁山

（主） 常見長在林緣空曠地區，甚至在檳榔園中檳榔樹樹幹上也可見其蹤跡。

（小） 葉背面葉軸顯著隆起，主側脈也清楚可見；孢子囊群圓形，不規則密布在葉軸與葉緣之間。

1999O608・新店（人工栽植）

槲蕨

Drynaria roosii Nakaike

槲蕨屬

海拔	低海拔	中海拔
生態帶	亞熱帶闊葉林	
地形	平野	谷地	山坡
棲息地	林緣	建物
習性	著生	岩生
頻度	常見	

1995030Ⅰ‧台北軍艦岩

19871226‧太魯閣

19871226‧太魯閣

●**特徵**：根莖長而橫走，被褐色披針形鱗片，葉疏生；莖上亦密被卵形、一回羽狀分裂之腐植質收集葉，長7～10cm，寬6～8cm，初生時綠色，很快轉為褐色；一般葉之葉柄基部具關節，葉片三角狀披針形，一回羽狀深裂，長20～45cm，寬6～8cm；葉脈網狀，網眼內具游離小脈；孢子囊群圓形，密布在裂片中脈與葉緣之間。

●**習性**：著生於樹幹上或岩壁上，有時亦見於建物之牆垣。

●**分布**：中國大陸、泰國、中南半島，台灣中部及北部中、低海拔地區可見。

（主）　長匍匐狀之莖常朝上生長，腐植質收集葉初生時綠色，後轉為褐色，其開口亦朝上生長。

（小上）　葉為一回羽狀深裂，葉柄上半段具窄翅。

（小下）　孢子囊群圓形，不規則散布在裂片中脈與葉緣之間。

崖薑蕨

Aglaomorpha coronans
(Wall. *ex* Hook.) Copel.

連珠蕨屬崖薑蕨群

海拔	低海拔	
生態帶	熱帶闊葉林	亞熱帶闊葉林
地形	山坡	
棲息地	林內	林緣
習性	著生	岩生
頻度	常見	

19960521 · 花蓮林田山

●**特徵：**根莖粗大，匍匐狀，密生褐色鱗片，葉緊密排列，不具葉柄；葉片披針形，長50～80cm，寬15～20cm，一回羽狀分裂，革質，基部呈心形緊貼根莖；葉片中上段羽狀深裂，裂片長三角形，末端尖；下段裂片三角形至橢圓形，末端鈍尖或圓；裂片與葉軸或裂片彼此之間易分離，葉脈明顯，裂片之主側脈相互平行，其間密布多排網眼，網眼中具分叉之游離小脈；孢子囊群圓形，無孢膜。

●**習性：**常高位著生於樹幹上，環繞樹幹生長，偶亦見生長在岩石上。

●**分布：**中國大陸、印度，台灣全島低海拔可見。

19990213 · 烏來雲仙樂園

（主）莖橫向繞著樹幹生長，葉片一回羽狀深裂，相互緊靠形成鳥巢狀。
（小）葉無柄，葉片基部心形，貼莖生長。

連珠蕨

Aglaomorpha meyeniana Schott.

連珠蕨屬連珠蕨群

海拔	低海拔
生態帶	熱帶闊葉林
地形	谷地　山坡
棲息地	林內
習性	著生
頻度	稀有

19921026・南仁山

19990524・新店（人工栽植）

19990608・新店（人工栽植）

19990605・台大植物系蔭棚（人工栽植）

●**特徵**：根莖粗大，匍匐狀，密被褐色鱗片，葉相互緊貼生長，無柄；葉片披針形，長30～90 cm或更長，寬10～20 cm，一回羽狀深裂，革質，基部呈心形；裂片與葉軸或裂片彼此之間易分離；葉脈明顯，裂片之主側脈相互平行，其間密布多排網眼，網眼中具分叉之游離小脈；孢子囊群圓形，無孢膜，僅分布在葉片上段，孢子羽片皺縮，僅在具孢子囊群處較寬，呈念珠狀。

●**習性**：常高位著生於樹幹上，環繞樹幹生長。

●**分布**：菲律賓及台灣恆春半島南仁山區。

（主）　植株外表呈叢生狀
（小左）　裂片之主側脈清晰可見，相互平行，其間具多排網眼。
（小中）　孢子羽片皺縮，呈念珠狀。
（小右）　孢子囊群圓形，無孢膜。

223

台灣劍蕨

Loxogramme formosana Nakai

劍蕨屬

海拔	中海拔	
生態帶	暖溫帶闊葉林	
地形	山溝	谷地	山坡
棲息地	林內	
習性	著生	岩生
頻度	偶見	

●**特徵：**根莖匍匐狀，具卵圓形褐色鱗片，葉近生；葉柄長1～3cm，背面紫褐色；葉片倒披針形，單葉全緣肉質，長20～40cm，寬3～5.5cm，最寬處在上半段，先端突尖，基部漸狹長，表面光滑無毛，背面被細毛；葉軸在表面隆起，葉脈網狀，網眼中不一定有游離小脈；孢子囊群長線形，長約2～4cm，在葉片中上段兩側各一排，斜生。

●**習性：**生長在林下遮蔭環境，尤其是潮濕、多腐植質及苔蘚類植物的岩石上或樹幹上。

●**分布：**中國大陸，台灣中海拔山區可見。

19810325・烏來娃娃谷

19990120・松崗

（主） 葉為全緣之單葉，葉軸在表面顯著隆起。
（小） 孢子囊群長線形，與葉軸斜交，並在其兩側各排成一排。

禾葉蕨科
Grammitidaceae

外觀特徵：多數為10公分以下的小型著生植物；葉形簡單，多為單葉、全緣或一回羽狀深裂，稀為二回羽狀深裂；葉脈游離；全株具紫褐色多細胞毛，尤其在葉柄基部特別明顯；孢子囊群多為圓形或橢圓形，不具孢膜。

生長習性：多著生於樹幹上之苔蘚叢中。

地理分布：分布於熱帶高山地區有雲霧的森林裡，有時亞熱帶及暖溫帶山地多雲霧的森林裡也能看到。台灣為本科植物分布之北緣，主要產於南部地區800至2000公尺有雲霧的闊葉林。

種數：全世界至少有10屬445種，台灣有6屬18種。

●本書介紹的禾葉蕨科有4屬7種。

【屬、群檢索表】

①全緣之單葉 …………………………………②
①一至二回羽狀裂葉……………………………③

②孢子囊群長線形，與葉軸平行，位於葉緣內側凹陷處。……………………革舌蕨屬
②孢子囊群圓形或橢圓形，於葉軸兩側各成一排。 ……………………禾葉蕨屬　P.227

③孢子囊群位在葉片側面邊緣或近邊緣
…………………………穴子蕨屬　P.229
③孢子囊群位在葉背……………………………④

④羽片之脈羽狀分叉，羽片上孢子囊群多數。
…………………………蒿蕨屬　P.230
④羽片單脈，每一羽片上僅具一個孢子囊群。
…………………………………………⑤

⑤羽片下側反折，半蓋住孢子囊群。
…………………………荷包蕨屬　P.226
⑤羽片下側不反折，孢子囊群完全裸露。
………………………………… 梳葉蕨屬

疏毛荷包蕨

Calymmodon gracilis (Fée) Copel.

荷包蕨屬

海拔	中海拔
生態帶	暖溫帶闊葉林
地形	山坡
棲息地	林內
習性	著生
頻度	稀有

●**特徵：**莖短而直立，葉叢生；葉柄短或無；葉線形至窄披針形，長3～8cm，寬5～6mm，一回羽狀深裂，被紅褐色毛；裂片間距小，裂片寬度大於同側彼此之間隔；孢子囊群橢圓形，位於由下往上反捲之裂片中。

●**習性：**著生，生長在中海拔霧林帶闊葉林樹幹上的蘚苔叢中。

●**分布：**中南半島及東南亞，台灣見於烏來的哈盆及南部的浸水營。

19990228・浸水營

（主） 生長在苔蘚覆蓋的樹幹上，葉一回羽狀深裂，叢生。
（小） 孢子囊群為由下往上反捲之裂片所保護

19990228・浸水營

短柄禾葉蕨

Grammitis fenicis Copel.

禾葉蕨屬

海拔	中海拔
生態帶	暖溫帶闊葉林
地形	山坡
棲息地	林內
習性	著生
頻度	稀有

1989O605‧蘭嶼紅頭山

1989O605‧蘭嶼紅頭山

●**特徵**：莖短而直立，覆披針形、全緣之鱗片，葉叢生；葉為革質全緣之單葉，柄不顯著，葉片倒披針形，長2～8cm，寬2～3mm，頂端圓鈍；葉表之脈不顯著，葉背上段的脈二叉，下段單一，葉兩面具剛毛；孢子囊群圓形，在葉軸兩側各排成一行。

●**習性**：著生，生長在中海拔霧林帶闊葉林樹幹上的蘚苔叢中。

●**分布**：菲律賓，台灣產於烏來、浸水營及蘭嶼。

（主）葉柄不顯著，頂端圓鈍，孢子囊群靠近葉軸。
（小）生長在長滿苔蘚之樹幹上

227

大武禾葉蕨

Grammitis congener Blume

禾葉蕨屬

海拔	中海拔
生態帶	暖溫帶闊葉林
地形	山坡
棲息地	林內
習性	著生
頻度	稀有

19980404・天長斷崖

●**特徵**：莖短而直立，被覆卵圓形、黃褐色之鱗片；葉柄長2～5cm，密布白色短毛和紅褐色長毛；葉線形至窄橢圓形，長8～15cm，寬5～8mm，頂端鈍至略尖，基部漸窄；孢子囊群圓形，在葉軸兩側各排成一行。

●**習性**：著生，生長在中海拔霧林帶闊葉林樹幹上的蘚苔叢中。

●**分布**：中南半島、東南亞，台灣產於南北兩端的中海拔山區。

19980404・天長斷崖

19990425・清水山

（主） 長在樹幹上苔蘚叢中
（小上） 孢子囊群圓形，在葉軸兩側各排成一行。

穴子蕨

Prosaptia contigua (Forst.) Presl

穴子蕨屬

海拔	中海拔
生態帶	暖溫帶闊葉林
地形	谷地 | 山坡
棲息地	林內
習性	著生 | 岩生
頻度	偶見

●**特徵**：根莖短匍匐狀，覆暗褐色之窗格狀鱗片，葉叢生；葉柄長1～2cm，葉片長披針形，長20～40cm，寬2.5～4.5cm，一回羽狀深裂，裂片向下漸縮，孢子囊群深陷在裂片末端。

●**習性**：生長在中海拔霧林帶樹幹上或岩石上的蘚苔叢中。

●**分布**：印度、東南亞，台灣中海拔地區零星可見。

1999/226・清水山登山口

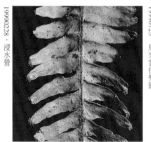

1999/0228・浸水營

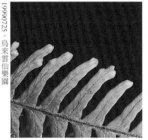

1999/0725・烏來雲仙樂園

（主） 生在苔蘚叢中，葉長披針形，一回羽狀深裂。
（小左） 孢子囊群生長在裂片頂端或頂端附近之洞穴中
（小右） 孢子囊群著生處在葉表顯著隆起

禾葉蕨科

穴子蕨屬

229

虎尾蒿蕨

Ctenopteris subfalcata
(Blume) Kunze

蒿蕨屬

海拔	中海拔
生態帶	暖溫帶闊葉林
地形	谷地　山坡
棲息地	林內
習性	著生　岩生
頻度	稀有

●**特徵：**根莖短匍匐狀，具黃褐色鱗片，葉叢生；葉柄長約1cm，葉片窄披針形，長5～10cm，寬約1cm，一回羽狀深裂；中段裂片長約5mm，寬約1mm，下段裂片短縮，裂片具淺齒；孢子囊群橢圓形，裂片之每一小裂片各具一枚。

●**習性：**生長在中海拔霧林帶闊葉林樹幹上或岩石上的蘚苔叢中。

●**分布：**中國大陸南部、印度、東南亞，台灣中海拔地區零星可見。

1990425・清水山

1990425・清水山

1990425・清水山

（主）葉片一回羽狀深裂，裂片具淺齒。
（小左）長在樹幹或岩石上之苔蘚叢中
（小右）孢子囊群橢圓形，裂片之每一小裂片各長一枚。

密毛蒿蕨

Ctenopteris obliquata
(Blume) Tagawa

蒿蕨屬

海拔	中海拔
生態帶	暖溫帶闊葉林
地形	谷地 ｜ 山坡
棲息地	林內
習性	著生 ｜ 岩生
頻度	偶見

19991208・大同→三間屋

19990213・烏來雲仙樂園

19990213・烏來雲仙樂園

19990619・烏來雲仙樂園

●**特徵**：根莖短匍匐狀，具窗格狀、褐色、鋸齒緣之鱗片，葉幾近叢生；葉柄長約1.5cm，葉片線形至窄披針形，長15～30cm，寬約3cm，一回羽狀深裂，下段裂片短縮；裂片全緣，孢子囊群橢圓形，深陷於葉肉之中。

●**習性**：生長在中海拔霧林帶樹幹上或岩石上的蘚苔叢中。

●**分布**：印度、中南半島、東南亞，台灣中海拔山區可見。

（主） 長在布滿苔蘚之樹幹上
（小上） 孢子囊群之著生位置在葉表顯著隆起
（小中） 孢子囊群橢圓形，在裂片中脈兩邊各排成一行。
（小下） 孢子囊群陷於葉肉之中，裂縫線形。

蒿蕨

Ctenopteris curtisii (Bak.) Copel.

蒿蕨屬

海拔	中海拔	
生態帶	暖溫帶闊葉林	針闊葉混生林
地形	谷地	山坡
棲息地	林內	
習性	著生	岩生
頻度	偶見	

20001029・鞍馬山

●**特徵：**根莖短匍匐狀，具栗褐色、全緣之鱗片；葉柄長1～3cm，被覆紫褐色多細胞毛；葉片披針形，長10～20cm，寬2～3cm，一回羽狀深裂；裂片全緣，最長的裂片在中段，基部裂片短縮成波浪狀；每一裂片有數枚圓形孢子囊群，稍下陷於葉肉中。

●**習性：**生長在中海拔霧林帶樹幹或岩石上蘚苔叢中。

●**分布：**東南亞，台灣見於中海拔山區。

20001028・大雪山

20001029・鞍馬山

（主） 長在林下布滿苔蘚植物之樹幹或岩石上
（小上） 基部裂片逐漸短縮，孢子囊群圓形。
（小下） 孢子囊群在裂片中脈兩側各排成一排

金星蕨科

Thelypteridaceae

外觀特徵：葉形大多為二回羽狀分裂；葉上表面羽軸如果有溝，也與葉軸的溝不相通；植株具單細胞針狀毛，甚至鱗片上亦見其分布；多數種類孢子囊群圓形，長在脈上，大多具有圓腎形孢膜。

生長習性：地生型，叢生或成片生長。

地理分布：主要分布在熱帶、亞熱帶地區，台灣多數產於低海拔地區之林下、林緣及破壞地。

種數：全世界有20多屬800～900種，台灣有15屬46種。

●本書介紹的金星蕨科有12屬20種。

【屬、群檢索表】

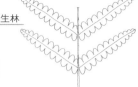

縮羽金星蕨

Parathelypteris beddomei
(Bak.) Ching

金星蕨屬

海拔	中海拔	
生態帶	暖溫帶闊葉林	針闊葉混生林
地形	山坡	
棲息地	林緣	路邊
習性	地生	
頻度	常見	

●**特徵：**具長匍匐莖及短直立莖，葉叢生；葉柄長4～15cm，基部被寬披針形鱗片；葉片長橢圓形，長15～25cm，寬約5cm，二回羽狀深裂；羽片無柄，中段羽片最長，長2～4cm，寬約0.7cm，向下逐漸短縮呈耳狀；裂片先端圓形，側脈不分叉；孢子囊群著生於側脈末端附近，孢膜圓腎形。

●**習性：**地生，生長在林緣道路邊坡半遮蔭處。

●**分布：**日本、韓國、中國大陸南部、印度東北部、斯里蘭卡、東南亞，台灣全島中海拔可見。

（主）　葉叢生於短直立莖上，植株同時亦具長匍匐莖。
（小左）　常成群出現，佔滿整個道路邊坡。
（小右）　葉為二回羽狀分裂，基部羽片往下逐漸縮小。

短柄卵果蕨

Phegopteris decursive-pinnata
(van Hall.) Fée

卵果蕨屬

海拔	低海拔	中海拔
生態帶	亞熱帶闊葉林	
地形	谷地	山坡
棲息地	林緣	
習性	岩生	地生
頻度	常見	

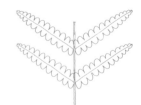

●**特徵**：莖短而直立，葉叢生，葉柄長5～20cm，具毛和鱗片；葉片披針形，長10～45cm，寬5～15cm，二回羽狀分裂至深裂，基部羽片略小；羽片互生，羽片基部與葉軸合生，同側羽片間具三角形翼片；末裂片全緣，側脈不分叉；孢子囊群卵圓形，著生於側脈近葉緣處，不具孢膜。

●**習性**：通常長在林緣半遮蔭處之潮濕土壁或石壁上，葉下垂。

●**分布**：日本、韓國、中國大陸南部、越南，台灣中、低海拔山區可見。

1989Ⅱ13・天祥↓豁然亭步道

（主） 葉為二回羽狀分裂，葉軸兩側具翅。
（小左） 長在林緣潮濕環境之土壁或岩壁上
（小右） 葉軸在同側羽片之間具三角形翼片，孢子囊群卵圓形，無孢膜。

1998Ⅰ203・山風↓佳心

1990428・新店（人工栽植）

毛囊紫柄蕨

Pseudophegopteris hirtirachis
(C. Chr.) Holtt.

紫柄蕨屬

海拔	中海拔
生態帶	暖溫帶闊葉林　針闊葉混生林
地形	谷地　山坡
棲息地	林緣　路邊
習性	地生
頻度	偶見

19880901・楠溪林道

●**特徵**：根莖短匍匐狀，葉近生，葉柄紫褐色，具光澤，長20～40cm，基部具披針形鱗片；葉片卵形至披針形，長30～85cm，寬15～20cm，二回羽狀深裂，基部1～2對羽片最長；羽片長7～10cm，寬1.5～2cm，無柄，最基部一對裂片略長或明顯較長；孢子囊群圓形，具毛，著生在葉脈上，無孢膜。

●**習性**：地生，生長在林緣半遮蔭處。

●**分布**：中國大陸西南部至印度北部，台灣海拔1000至2500公尺山區可見。

19880625・塔塔加

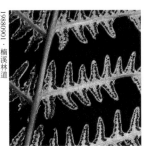

19880901・楠溪林道

（主）　常見長在產業道路邊坡之林緣半遮蔭環境，葉二回羽狀深裂。
（小左）　基部羽片在葉軸兩側之蝴蝶狀裂片較顯著
（小右）　孢子囊群圓形，無孢膜。

金星蕨科

紫柄蕨屬

大金星蕨

Macrothelypteris torresiana
(Gaud.) Ching

大金星蕨屬

海拔	低海拔
生態帶	熱帶闊葉林　亞熱帶闊葉林
地形	平野　山坡
棲息地	林緣　空曠地　路邊　建物
習性	地生
頻度	常見

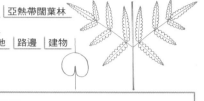

●**特徵：**莖短而直立，葉叢生；葉柄碧綠色，長20～100cm，具鱗片；葉片卵形至長三角形，長50～80cm，約為寬的1.5～2倍，三至四回羽狀深裂，最基部羽片較大；羽片基部一對小羽片略縮短，羽軸具翅；孢子囊群著生在側脈近頂端處，孢膜圓腎形，小型，早落。

●**習性：**地生，生長在林緣半遮蔭處或路邊，有時亦出現於建築物附近。

●**分布：**日本、東南亞、澳洲東北、玻里尼西亞、夏威夷、美洲太平洋岸，台灣低海拔常見。

（主）　常見長在路邊半遮蔭處
（小左）　葉表具毛，葉軸及羽軸尤其顯著，羽軸具窄翅。
（小右）　孢子囊群圓形，圓腎形孢膜極易脫落。

方桿蕨

Glaphyropteridopsis erubescens
(Hook.) Ching

方桿蕨屬

海拔	中海拔	
生態帶	暖溫帶闊葉林	
地形	山溝	谷地
棲息地	林緣	溪畔
習性	地生	
頻度	偶見	

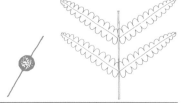

19851102．觀高→下東埔

19860329．鳳凰山

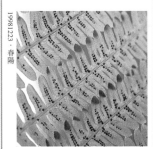

19981223．春陽

●**特徵**：莖短而直立，葉叢生，柄長100cm或更長，深黃色至黃褐色；葉片卵狀披針形，長100～150cm，約與葉柄等長或較長，寬約40～55cm，二回羽狀深裂，基部2～3對羽片明顯向下反折；裂片側脈10對以上，不分叉，相鄰兩裂片最基部一對側脈達缺刻底部；孢子囊群圓形，不具孢膜，著生在裂片側脈基部，常在裂片中脈左右各排成一排。

●**習性**：地生，生長在溪谷地區。

●**分布**：日本南部、中國大陸西南部、印度北部、馬來西亞，台灣中海拔潮濕森林可見。

（主）　葉片基部數對羽片明顯反折
（小上）　常見生長在溪谷地，多成叢出現。
（小下）　孢子囊群圓形，緊靠裂片中脈，且在其兩側各排成一排。

239

假毛蕨

Pseudocyclosorus esquirolii
(Christ) Ching

假毛蕨屬

海拔	低海拔	中海拔	
生態帶	亞熱帶闊葉林	暖溫帶闊葉林	
地形	山溝	谷地	山坡
棲息地	林緣		
習性	地生		
頻度	常見		

●**特徵**：莖短而直立，葉叢生，葉柄長15～25cm，基部具鱗片；葉片長橢圓形，長100～150cm，寬約20～40cm，二回羽狀深裂，羽片無柄，越往基部長度明顯漸縮，但羽片基部上側之裂片不縮短，致基部羽片呈蝶形；羽片基部與葉軸交接處具一褐色瘤狀突起；裂片側脈8～10對，單一不分叉；孢子囊群圓形，著生在裂片側脈中上段，孢膜圓腎形，無毛。

●**習性**：地生，長在溪溝邊或道路邊之林緣半遮蔭處。

●**分布**：日本、韓國、中國大陸南部、印度北部，台灣中海拔及北部低海拔山區可見。

19980623・梅峰

1996O119・瑞岩

19980920・天母古道

（主）　基部羽片逐漸減縮
（小左）　基部羽片形成蝴蝶狀
（小右）　孢膜圓腎形，長在裂片側脈上，靠近葉緣；相鄰兩裂片最基部一對側脈共同指向同一缺刻。

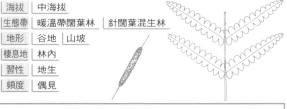

尾葉茯蕨

Leptogramma tottoides H. Ito

茯蕨屬

海拔	中海拔	
生態帶	暖溫帶闊葉林	針闊葉混生林
地形	谷地	山坡
棲息地	林內	
習性	地生	
頻度	偶見	

19810805・雲稜山莊→南湖溪

19990321・塔塔加

●**特徵：**莖短而直立，具褐色鱗片及針狀毛，葉叢生；葉柄長7～22cm，草桿色，基部被鱗片；葉片戟形，長13～24cm，中段寬3～4cm，薄草質，二回羽狀淺裂至中裂，最基部一對羽片特別長，約2.5～4cm，長度約為其他羽片之兩倍；裂片背面被柔毛，側脈3～5對左右，不分叉；孢子囊群線形，沿著側脈生長，無孢膜。

●**習性：**地生，生長在林下遮蔭且富含腐植質之處。

●**分布：**中國大陸，台灣見於海拔1500至2500公尺地區。

（主） 葉片二回羽狀分裂，最基部之羽片特別長。
（小） 孢子囊群線形，沿裂片側脈生長，無孢膜。

毛蕨

Cyclosorus interruptus (Willd.) H. Ito

毛蕨屬毛蕨群

海拔	低海拔
生態帶	熱帶闊葉林　亞熱帶闊葉林
地形	平野
棲息地	空曠地　濕地
習性	地生　水生
頻度	偶見

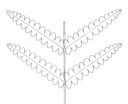

19930810·草埤

19951105·新竹蓮花寺

19951105·新竹蓮花寺

19810910·蘭嶼

●**特徵：**根莖長匍匐狀，黑色，葉遠生；葉柄長15～30cm，基部黑褐色；葉片長30～60cm，寬10～20cm，革質，二回羽狀分裂，具與側羽片同形之頂羽片，側羽片12～20對；羽片長5～10cm，寬1～2cm，葉背面具暗紅色圓形腺體；裂片側脈5～8對，單一不分叉，相鄰兩裂片僅基部約一對小脈連結，形成小毛蕨脈型；孢子囊群位在裂片側脈中上段，孢膜圓腎形。

●**習性：**生長在平野之淡水沼澤濕地。

●**分布：**泛熱帶分布，台灣中、低海拔沼澤濕地可見。

（主）葉具顯著之頂羽片，側羽片與頂羽片同形，邊緣鋸齒狀。
（小上）生長在沼澤濕地，至多僅葉柄基部浸泡水中。
（小中）孢子囊群沿著羽片鋸齒狀邊緣生長
（小下）根莖長匍匐狀，黑色，葉柄基部亦為黑色。

縮羽小毛蕨

Cyclosorus papilio
(Hope) Ching

毛蕨屬小毛蕨群

海拔	中海拔	
生態帶	暖溫帶闊葉林	
地形	谷地	山坡
棲息地	林內	林緣
習性	地生	
頻度	偶見	

1998071 1・樓蘭

●**特徵：**莖短而直立，葉叢生，莖及葉柄基部具淡褐色之卵形鱗片；葉片倒披針形，長50～100cm，寬10～25cm，二回羽狀分裂；羽片披針形，長2～10cm，寬0.7～2cm；頂羽片顯著，基部羽片往下漸縮成三角狀；裂片側脈3對左右，游離，相鄰兩裂片最基部一對側脈連結，並向裂片缺刻處伸出一條小脈；孢子囊群圓形，著生在側脈上，孢膜圓腎形，具毛及腺體。

●**習性：**地生，長在林下或林緣半遮蔭處之潮濕環境。

●**分布：**喜馬拉雅山至台灣一帶，台灣海拔900至1300公尺處可見。

1986033 1・溪頭

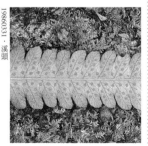

1986033 1・溪頭

（主）　基部羽片往下逐漸縮短成三角狀
（小左）生長在林下潮濕之處，葉叢生。
（小右）葉脈為小毛蕨脈型，孢子囊群長在裂片中脈與邊緣之間。

243

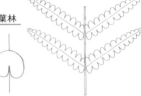

野小毛蕨

Cyclosorus dentatus (Forsk.) Ching

毛蕨屬小毛蕨群

海拔	低海拔	
生態帶	熱帶闊葉林	亞熱帶闊葉林
地形	平野	山坡
棲息地	林緣	空曠地	建物
習性	地生	
頻度	常見	

金星蕨科

毛蕨屬・小毛蕨群

●**特徵**：莖短而直立，葉叢生，葉柄長10～40cm，基部被線形鱗片；葉片倒披針形，長25～52cm，寬9～19cm，草質，二回羽狀分裂，基部羽片漸縮，葉片最寬處在中段偏上方處；裂片側脈4～6對，單一不分叉，相鄰兩裂片最基部一對側脈連結，並由連結點向缺刻處伸出一條小脈，形成小毛蕨脈型；孢子囊群位於裂片中脈與邊緣之間，孢膜圓腎形，具短毛。

●**習性**：地生，生長在平野或林緣半遮蔭處，建物附近偶亦可見。

●**分布**：泛熱帶，台灣低海拔地區常見。

1990619・外平林農場

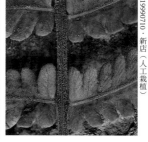

1990710・新店（人工栽植）

1990501・春陽

（主）　葉片最寬處在靠近頂羽片附近，基部羽片往下漸縮短但外形不變。
（小左）　葉表可見葉軸與羽軸均具有溝槽，但彼此互不相通。
（小右）　葉背密生短毛，孢膜圓腎形，位在裂片中脈與葉緣之間。

密毛小毛蕨

Cyclosorus parasiticus (L.) Farw.

毛蕨屬小毛蕨群

海拔	低海拔	
生態帶	熱帶闊葉林	亞熱帶闊葉林
地形	平野	山坡
棲息地	林內	林緣	建物
習性	地生	
頻度	常見	

19850725・赤牛嶺

19880224・新店碧潭

19990605・梅峰

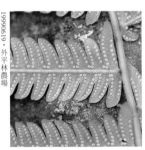

19990619・外平林農場

●**特徵：**根莖短匍匐狀，葉叢生；葉柄長10～40cm，布滿絨毛，基部被褐色、線形至披針形鱗片；葉片通常卵形至卵狀披針形，長30～55cm，寬10～18cm，草質，密布柔毛，二回羽狀分裂；羽片長7～10cm，寬約1～1.5cm；葉脈游離，裂片側脈5～8對左右，相鄰兩裂片最基部一對側脈連結，並由連結點向缺刻處伸出一條小脈；孢子囊群圓形，位於裂片側脈上，孢膜圓腎形，具毛。

●**習性：**地生，生長在林下空曠處或林緣半遮蔭環境或居家附近。

●**分布：**熱帶亞洲，台灣低海拔地區常見。

（主）葉片最寬處在中間偏下段附近，最基部一對羽片較短且朝下反折。
（小中）葉密被短毛，葉表羽軸有溝，但與葉軸之溝不相通。
（小右）孢膜圓腎形，位在裂片中脈與葉緣之間。

245

小毛蕨

Cyclosorus acuminatus
(Houtt.) Nakai *ex* H. Ito

毛蕨屬小毛蕨群

海拔	低海拔	
生態帶	熱帶闊葉林	亞熱帶闊葉林
地形	平野	山坡
棲息地	林緣	空曠地	溪畔
習性	地生	
頻度	常見	

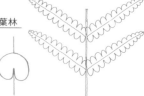

●**特徵**：根莖長匍匐狀，葉遠生，常成片出現；葉柄長10～30cm，基部具鱗片；葉片橢圓狀披針形，長20～40cm，寬10～15cm或更長，兩側大致平行，紙質，二回羽狀分裂，葉片頂端突縮，頂羽片顯著；側羽片長5～10cm，寬1～1.5cm，8～15對；裂片側脈6～8對，單一不分叉，相鄰兩裂片基部約1～2對側脈連合，形成小毛蕨脈型；孢子囊群圓形，著生在裂片側脈上，孢膜圓腎形，密生短毛。

●**習性**：地生，生長在林緣或平野潮濕環境。

●**分布**：日本、中國大陸、中南半島，台灣低海拔普遍可見。

1998 1116・景美仙跡岩

1995 0824・馬祖北竿

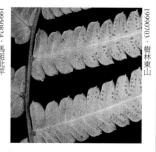

1990 0703・樹林東山

（主）葉片兩側幾乎平行，頂端突縮，頂羽片顯著。
（小左）常成片生長在潮濕環境之土坡上
（小右）裂片頂端具有短尖頭，小毛蕨脈型顯著，孢膜為圓腎形，長在脈上。

小密腺小毛蕨

Cyclosorus subaridus
Tatew.& Tagawa

毛蕨屬小毛蕨群

海拔	低海拔
生態帶	亞熱帶闊葉林
地形	山坡
棲息地	林內
習性	地生
頻度	偶見

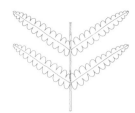

1985.11.02·觀高→下東埔

金星蕨科

毛蕨屬·小毛蕨群

2001.07.14·樹林東山

●**特徵**：根莖長匍匐狀，葉遠生，葉柄長 8～12cm，基部具褐色鱗片；葉片倒披針形，最寬處在中段偏上方，長40～50cm，寬約22cm，二回羽狀分裂，具明顯之長尾狀頂羽片，側羽片10對或更多；羽片長披針形，無柄，中段羽片長約12cm，末端尾尖，基部羽片往下逐漸縮短，呈寬三角形；葉脈游離，裂片側脈8～10對左右，相鄰兩裂片基部1.5～2.5對側脈相連結；孢子囊群著生在側脈上，孢膜圓腎形。

●**習性**：地生，生長在林下潮濕多腐植質之處。

●**分布**：日本南部，台灣低海拔山區可見。

（主）頂羽片顯著，基部羽片逐漸縮短成三角形。
（小）具小毛蕨脈型，孢膜圓腎形，長在脈上。

247

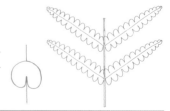

台灣圓腺蕨

Cyclosorus taiwanensis
(C. Chr.) H. Ito

毛蕨屬圓腺蕨群

海拔	低海拔		
生態帶	亞熱帶闊葉林		
地形	山溝	谷地	山坡
棲息地	林內	林緣	溪畔
習性	地生		
頻度	常見		

1985(0)915·八律溪

19931218·三峽滿月圓

19891016·烏來娃娃谷

19930820·坪林

●**特徵：**莖短而直立，葉叢生；葉柄長約20cm，基部被鱗片；葉片橢圓形至橢圓狀披針形，長可達80cm，寬15～25cm，二回羽狀分裂；中段羽片長8～15cm，寬1～2cm，基部羽片驟縮成耳狀，背面具圓形黃色腺體；裂片側脈5～8對，單一不分叉，相鄰兩裂片基部約2.5對側脈相連結，形成小毛蕨脈型；孢子囊群圓形，長在裂片之側脈上，孢膜圓腎形。

●**習性：**地生，生長在林下或林緣之潮濕環境。

●**分布：**中國大陸南部、日本南部，台灣產於低海拔地區。

（主）　葉橢圓形，長在潮濕的環境。
（小左）　葉叢生，常見於低海拔的山溝旁。
（小中）　基部羽片驟縮成耳狀
（小右）　孢膜圓腎形，長在裂片中脈與葉緣之間。

稀毛蕨

Cyclosorus truncatus
(Poir.) Farwell

毛蕨屬稀毛蕨群

海拔	低海拔	
生態帶	熱帶闊葉林	亞熱帶闊葉林
地形	山溝	谷地	山坡
棲息地	林內	林緣	溪畔
習性	地生	
頻度	常見	

20010908·虎山溪

19851017·墾丁國家公園南山路

19980920·天母古道

●**特徵：**莖短而直立，頂部密生褐色披針形鱗片，葉幾乎無毛，叢生；葉柄長10～25cm，草稈色，基部疏被淡褐色披針形鱗片；葉片寬披針形，長100～150cm，寬30～40cm，二回羽狀分裂，基部羽片急縮成短三角形；羽片淺裂至中裂，邊緣平整，裂片末端截形；葉脈游離，裂片側脈5～7對左右，相鄰兩裂片基部2.5～3對側脈連結；孢子囊群位在裂片側脈中段，孢膜圓腎形，無毛。

●**習性：**地生，生長在林下或林緣之潮濕環境。

●**分布：**泛熱帶，台灣低海拔地區常見。

（主）常見長在谷地溪畔，葉片之基部羽片突縮為其主要特徵。
（小上）葉表光滑，葉軸與羽軸之溝不相通。
（小下）裂片末端截形，孢膜圓腎形，長在脈上。

星毛蕨

Ampelopteris prolifera
(Retz.) Copel.

星毛蕨屬

海拔	低海拔	
生態帶	熱帶闊葉林	亞熱帶闊葉林
地形	平野	
棲息地	空曠地	溪畔
習性	地生	
頻度	偶見	

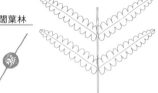

1998.11.20・大漢溪

1998.06.18・新店

1998.11.20・大漢溪

1998.11.20・大漢溪

●**特徵：**根莖橫走狀，具卵形至披針形鱗片，葉近叢生；葉柄長10～15cm，草桿色；葉片披針形，長10～30cm，寬7～10cm，二回羽狀淺裂，一般具顯著頂羽片；部分葉片之葉軸可無限延長，末端鞭狀；羽片長披針形，長4～9cm，寬1～1.5cm，基部與葉軸交接處具不定芽，可長出新植株；葉軸、羽軸被毛；裂片側脈6～8對左右，相鄰兩裂片基部約5對側脈連結，屬小毛蕨脈型；孢子囊群位在裂片側脈中段，不具孢膜。

●**習性：**生長在河床向陽開闊潮濕環境之礫石堆中。

●**分布：**非洲及亞洲熱帶，台灣在低海拔零星可見。

（主）　葉常呈蔓叢狀出現，一般之葉片頂羽片顯著。
（小左）部分葉片之葉軸可無限伸長
（小中）羽片與葉軸交接處具不定芽
（小右）孢子囊群無孢膜，位於裂片之側脈上。

三葉新月蕨

Pronephrium triphyllus (Sw.) Holtt.

新月蕨屬

海拔	低海拔	
生態帶	熱帶闊葉林	亞熱帶闊葉林
地形	山坡	
棲息地	林內	林緣
習性	地生	
頻度	常見	

19880226・皇帝殿

19990826・基隆海門天嶮

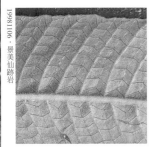

19981106・景美仙跡岩

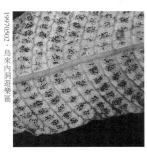

19970502・烏來內洞遊樂區

●**特徵：**根莖長橫走狀，葉遠生；營養葉柄長7～10cm，孢子葉柄則可達20cm，基部具鱗片；葉片呈窄三角形，長10～17cm，寬7～10cm，單葉至三出或一回羽狀複葉；頂羽片長10～15cm，寬1.5～3cm，基部楔形至圓形，側羽片較短，長約2～5cm；葉脈網狀，相鄰兩側脈間之小脈連接，網眼呈平行四邊形；孢子囊群長橢圓形，著生在小脈上，不具孢膜。

●**習性：**地生，生長在林下多腐植質之處，林緣偶亦可見。

●**分布：**廣泛分布於熱帶亞洲，台灣產於低海拔山區。

（主）　植株偶爾會出現五片小葉的情況
（小上）　常見的葉形為三出複葉，頂羽片較大，側羽片較小。
（小中）　葉脈屬多對小脈相互連結之小毛蕨脈型
（小下）　孢子囊群長橢圓形，位於連結之側脈上。

251

大羽新月蕨

Pronephrium gymnopteridifrons
(Hayata) Holtt.

新月蕨屬

海拔	低海拔
生態帶	熱帶闊葉林
地形	山坡
棲息地	林內　林緣
習性	地生
頻度	稀有

1990'07'24·墾丁國家公園南山路

●**特徵**：根莖長橫走狀，葉遠生；葉柄長30～55cm，基部具窄披針形鱗片；葉片寬橢圓形，長30～60cm，寬25～40cm，一回羽狀複葉；頂羽片與側羽片同形，側羽片3～8對，基部圓形至楔形，末端突尖，多少呈尾狀；全緣或粗圓鋸齒緣；葉脈網狀，密被毛，羽軸側脈15對以上，相鄰兩側脈間之小脈連接，網眼呈平行四邊形；孢子囊群圓形，著生在小脈上，孢膜圓腎形，具毛。

●**習性**：地生，生長在森林邊緣，或是林下開闊地。

●**分布**：中國大陸南部及菲律賓北部，台灣南部低海拔經開墾林地附近可見。

1985'10'17·墾丁國家公園南山路

（主）葉為一回羽狀複葉，頂羽片與側羽片同形。
（小）孢子囊群圓形，有孢膜，長在主側脈之小脈上，葉脈屬多對小脈連結之小毛蕨脈型。

溪邊蕨

Stegnogramma dictyoclinoides
Ching

溪邊蕨屬

海拔	中海拔	
生態帶	暖溫帶闊葉林	
地形	山溝	谷地　山坡
棲息地	林內	林緣
習性	地生	
頻度	瀕危	

19990227・浸水營

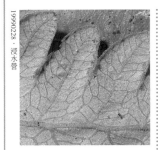

19990228・浸水營

19990227・浸水營

●**特徵：**莖短而斜上生長，葉叢生，植株密被毛；葉柄長12～17cm，葉片長卵形至披針形，長16～18cm，寬6～10cm，一回羽狀深裂至複葉，基部1～2對羽片常獨立且較短；葉脈網狀，羽片或裂片之主側脈間具兩排網眼；孢子囊沿葉脈生長，不具孢膜。

●**習性：**地生，生長在林下遮蔭、潮濕多腐植質之處。

●**分布：**中國大陸西南部至越南，台灣僅產於浸水營一帶。

（主）　常生長在林下潮濕環境的土坡上，最基部1～2對羽片較短。
（小上）　葉脈網狀，網眼內無游離小脈。
（小下）　孢子囊沿脈生長

聖蕨

Dictyocline griffithii Moore

聖蕨屬

海拔	中海拔
生態帶	暖溫帶闊葉林
地形	山坡
棲息地	林內
習性	地生
頻度	偶見

●**特徵：**莖斜上生長，密布鱗片，葉叢生；葉柄長15～30cm，密生短毛，基部被鱗片；葉片卵狀三角形，長15～25cm，寬10～15cm，一回羽狀分裂至複葉，基部羽片常獨立；基部羽片長6～8cm，寬2～4cm；葉脈網狀，羽片或裂片之主側脈間具三排網眼，孢子囊沿著葉脈生長，無孢膜。

●**習性：**地生，生長在林下腐植質豐富之處。

●**分布：**喜馬拉雅山區、中國大陸，台灣在中海拔零星可見。

1996.08.05・烏來雲仙樂園

1999.12.16・烏來雲仙樂園

1999.02.13・烏來雲仙樂園

（主） 有的個體葉片為一回羽狀複葉，基部羽片獨立。
（小左） 有的個體葉片呈一回羽狀分裂
（小右） 裂片之主側脈間具三排網眼

外觀特徵：葉形從單葉到多回羽狀複葉都有。孢膜線形長在脈上，其生長角度與最末裂片的中脈斜交。葉柄基部與莖頂有窗格狀的鱗片。

生長習性：地生、岩生或著生，都與較潮濕的森林有關。

地理分布：廣泛分布全世界各地，但多數種類集中於熱帶至暖溫帶地區；台灣主要產於中海拔的暖溫帶闊葉林。

種數：全世界共有1屬約720種，台灣有44種。

●本書介紹的鐵角蕨科有1屬27種。

【屬、群檢索表】

南洋巢蕨 （南洋山蘇花）

Asplenium australasicum
(J. Sm.) Hook.

鐵角蕨屬巢蕨群

海拔	低海拔		
生態帶	海岸	熱帶闊葉林	
地形	山溝	谷地	山坡	峭壁
棲息地	林內	林緣	
習性	著生	岩生	
頻度	常見		

19851229 · 老佛山

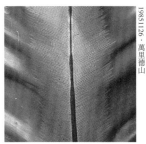

19851126 · 萬里德山

198805 · 台大植物系蔭棚（人工栽植）

19910219 · 天祥

●**特徵：**莖粗短而直立，葉為全緣之單葉，叢生，葉柄短；葉片長橢圓形，長可達100 cm以上，寬約10～15 cm，葉身向下延伸幾達基部，頂端尖；葉軸表面有溝，背面隆起，上具明顯突出之稜脊，側脈單一或分叉一次，平行，在葉緣處連合，形成網眼；孢膜長線形，在葉軸側脈的上側且貼近葉軸，長度不達葉軸到葉緣的一半，朝葉尖之一側開裂。

●**習性：**葉覆瓦狀排列，外形似鳥巢狀，著生於林下或林緣的樹幹或岩石上。

●**分布：**亞洲熱帶地區，台灣主要出現在全島低海拔山區。

（主） 本種之葉片較寬大，且葉緣呈上下起伏之波浪狀，植株較開展。
（小左） 孢膜長線形，與葉軸斜交。
（小中） 葉背之中軸上具稜脊
（小右） 葉片具短柄

巢蕨 （山蘇花）

Asplenium antiquum Makino

鐵角蕨屬巢蕨群

海拔	中海拔	
生態帶	暖溫帶闊葉林	
地形	谷地	山坡
棲息地	林內	
習性	著生	岩生
頻度	常見	

19101011 · 神祕湖

19990313 · 明池

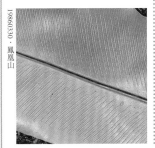

19860330 · 鳳凰山

●**特徵**：莖粗短而直立，葉叢生，不具葉柄；葉為長橢圓形全緣之單葉，長可達70cm以上，寬約10cm，葉身向下延伸至基部，頂端尖；葉軸表面有溝，背面呈圓弧狀隆起；側脈單一或分叉一次，平行，在葉緣處連合，形成網眼；孢膜長線形，長在葉軸側脈的上側，長約4cm，幾達葉緣，朝葉尖之一側開裂。

●**習性**：葉覆瓦狀排列呈鳥巢狀，著生於潮濕環境之林下樹幹或岩石上。

●**分布**：日本、韓國，台灣在全島中海拔山區可見。

（主）　本種之葉比較剛硬，常斜上生長。
（小上）　孢膜幾佔滿葉軸與葉緣間之空域。
（小下）　葉背中軸圓弧狀隆起，孢膜長線形。

海拔	低海拔
生態帶	亞熱帶闊葉林
地形	谷地　山坡
棲息地	林內　林緣
習性	著生　岩生
頻度	常見

台灣巢蕨（台灣山蘇花）

Asplenium nidus L.

鐵角蕨屬巢蕨群

鐵角蕨科

鐵角蕨屬・巢蕨群

1999.12.16・烏來雲仙樂園

1988.06.14・烏來雲仙樂園

1997.06.22・鳳凰谷鳥園

1998.08.27・大粗坑

●**特徵：**莖粗短而直立，葉叢生莖頂，葉柄短或無；葉為長橢圓形全緣之單葉，長100cm～150cm，寬10～15cm；葉軸表面有溝，背面圓弧狀隆起；側脈單一或分叉一次，相互平行，在葉緣處連合，形成長線形網眼；孢膜長線形，在葉軸側脈的上側且貼近葉軸，長度約為葉軸至葉緣的一半長或較短，朝葉尖之一側開裂。

●**習性：**葉覆瓦狀排列呈鳥巢狀，著生於林下或林緣之樹幹或岩石上。

●**分布：**亞、非兩洲之熱帶、亞熱帶地區，台灣全島低海拔山區可見。

【附註】本種嫩葉可食。

（主）　本種是台灣亞熱帶環境的指標植物
（小左）　其基部常是其他著生植物的居住空間
（小右）　孢膜長度約為葉軸至葉緣的一半長

258

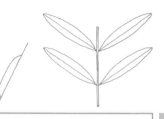

邊孢鐵角蕨

Asplenium cheilosorum
Kunze *ex* Mett.

鐵角蕨屬薄葉鐵角蕨群

海拔	中海拔	
生態帶	暖溫帶闊葉林	
地形	山溝	谷地
棲息地	林內	
習性	地生	岩生
頻度	偶見	

19990829・溪頭

●**特徵：**根莖細長，匍匐狀，葉遠生，下垂；葉柄長 8～20 cm，暗紫褐色，發亮；葉片線形，長15～25 cm，寬 3～6 cm，薄紙質，一回羽狀複葉；羽片長方形，長 2～3 cm，寬 0.5～1 cm，多少中裂，裂片指狀；羽軸偏下側，上側側脈分叉多，下側幾無葉脈及葉肉；裂片上緣常為複鋸齒；孢子囊群橢圓形至短線形，位於羽片上側邊緣指狀突起之裂片上，具孢膜。

●**習性：**生長在林下遮蔭潮濕處之土坡或岩石上。

●**分布：**亞洲熱帶地區，台灣主要出現在全島中海拔山區。

19940915・南投蓮華池

（主）　葉長在溪溝旁潮濕環境之土坡或岩石上，葉下垂。
（小）　羽片上側具指狀裂片，孢子囊群位於其上，成熟時孢膜皺縮且為孢子囊群遮蓋。

小鐵角蕨

Asplenium subnormale Copel.

鐵角蕨屬薄葉鐵角蕨群

海拔	低海拔	中海拔
生態帶	暖溫帶闊葉林	
地形	山溝	谷地
棲息地	林內	
習性	岩生	
頻度	偶見	

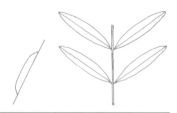

20000518・東眼山

●**特徵：**根莖細長，匍匐狀，葉遠生，葉片多少下垂；葉柄長5～7cm，暗紫褐色，發亮；葉片窄披針形，長12～20cm，寬3～5cm，薄紙質，一回羽狀複葉；羽片斜長方形至三角狀斜長方形，長約1.5～2.5cm，寬約0.5～1cm，末端圓鈍或鈍尖，基部朝上一側略呈耳狀，羽片上緣及前端具鈍尖之鋸齒；羽軸偏下側，側脈數量上側明顯多於下側，且上側側脈分叉較多，分叉處約在羽軸至葉緣中間；孢膜線形，側生於羽片側脈上。

●**習性：**生長在林下遮蔭潮濕處之岩石上。

●**分布：**琉球群島至馬來西亞一帶，台灣主要出現在中、低海拔地區。

20000518・東眼山

（主） 常見長在山溝旁潮濕環境之岩壁上
（小） 羽片兩側極度不對稱，基部朝上一側稍呈耳狀突起，孢膜線形。

湍生鐵角蕨

Asplenium cataractarum Rosenst.

鐵角蕨屬薄葉鐵角蕨群

海拔	中海拔	
生態帶	暖溫帶闊葉林	
地形	山溝	谷地	山坡
棲息地	林內	溪畔
習性	岩生	
頻度	偶見	

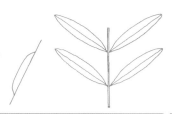

19980517・花蓮新城山

20000405・春陽

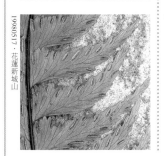

19980517・花蓮新城山

●**特徵**：根莖細長，匍匐狀，葉遠生，下垂；葉柄長7～15cm，暗紫褐色，發亮；葉片線形，長15～23cm，寬4～7cm，薄紙質，一回羽狀複葉；羽片狹長，斜長方形至翼形，基部至尖端長約3～5cm，寬0.5～0.7cm，末端長而漸尖，多少折向葉尖；羽軸偏下側，側脈數量上側明顯多於下側，且上側側脈分叉多，分叉處約在羽軸至葉緣中間；羽片上緣及前端為單鋸齒，脈末端指向鋸齒；孢膜線形，側生於側脈上。

●**習性**：生長在林下溪澗之岩石上。

●**分布**：日本、中國大陸，台灣主要出現在全島中海拔山區的潮濕環境。

（主） 常成片出現在潮濕環境之林下溪澗岩壁上。
（小上） 葉軸呈顯著發亮之暗紫褐色，羽片基部偶見覆蓋葉軸。
（小下） 羽片兩側極度不對稱，頂端為長尾狀漸尖，孢膜長在側脈上，靠近末端。

鐵角蕨科

鐵角蕨屬・薄葉鐵角蕨群

261

對開蕨

Asplenium scolopendrium L.

鐵角蕨屬對開蕨群

海拔	高海拔	
生態帶	針葉林	
地形	山坡	山溝
棲息地	林緣	
習性	地生	
頻度	瀕危	

19930909・南投成功堡

●**特徵：**莖短直立狀，葉叢生，單葉，葉柄長5～10cm；葉片窄披針形，長20～25cm，寬2～3cm，厚肉質至革質，基部心形；葉脈游離，不明顯，側脈單一或分叉一次，彼此平行，不達邊緣；孢膜線形，全緣，兩兩重疊，相對開裂。

●**習性：**地生，生長在林緣山溝旁。

●**分布：**歐洲、俄羅斯、日本、韓國、中國大陸東北、北美洲，台灣目前僅見於南投成功堡一帶。

19930909・南投成功堡

19930909・南投成功堡

（主） 葉成叢生長，葉片基部心形。
（小上） 生長在鐵杉林附近山溝旁
（小下） 葉片厚肉質，孢子囊群生長處於葉表顯著隆起。

劍葉鐵角蕨

Asplenium ensiforme
Wall. *ex* Hook. & Grev.

鐵角蕨屬鐵角蕨群

海拔	中海拔	
生態帶	暖溫帶闊葉林	
地形	谷地	山坡
棲息地	林內	
習性	岩生	著生
頻度	偶見	

19860330‧鳳凰山

19900119‧瑞岩

●**特徵**：莖短而直立，密被黑褐色線形至披針形鱗片，葉為全緣之單葉，叢生；葉柄長5～7cm，表面草桿色、有溝，背面褐色；葉片線狀倒披針形，長10～40cm，寬約2cm，革質，先端漸尖，基部長楔形；側脈游離且相互平行，孢膜長線形，著生在側脈的上側。

●**習性**：生長在林下遮蔭處之岩壁或樹幹上。

●**分布**：日本、中國大陸西南部、尼泊爾、印度、斯里蘭卡、緬甸、泰國、越南，台灣則主要出現在中海拔地區。

（主）常見著生在樹幹或岩壁上，葉叢生，葉片基部向下延伸。
（小）孢膜長線形，長在側脈上側。

263

叢葉鐵角蕨

Asplenium griffithianum Hook.

鐵角蕨屬鐵角蕨群

海拔	中海拔
生態帶	暖溫帶闊葉林
地形	谷地　山坡
棲息地	林內
習性	岩生　著生
頻度	偶見

19990731・竹東五指山

●**特徵：**莖短而直立，密被鱗片，葉叢生；葉柄極短至幾近無柄；葉片為全緣之單葉，倒長披針形，長12～30cm，寬2～5cm，革質，頂端漸尖，基部向下延伸，葉背散布鱗片；孢膜長線形，長約0.7～1.6cm。

●**習性：**生長在林下潮濕環境之岩石上或樹幹上。

●**分布：**日本南部、中國大陸南部、尼泊爾、印度北部、越南，台灣主要出現在全島中海拔地區。

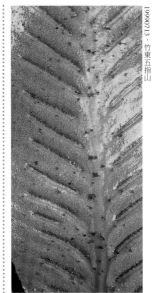

19990713・竹東五指山

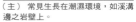

（主）　常見生長在潮濕環境，如溪溝邊之岩壁上。
（小）　孢膜長線形，葉背散布鱗片。

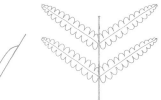

長生鐵角蕨

Asplenium prolongatum Hook.

鐵角蕨屬鐵角蕨群

海拔	中海拔
生態帶	暖溫帶闊葉林
地形	山坡
棲息地	林內
習性	岩生　著生
頻度	稀有

1986040I・鳳凰山

●**特徵**：莖短而直立，被覆鱗片，葉叢生；葉柄長5～10cm，綠色，基部具鱗片；葉片窄披針形，長10～20cm，寬2～3cm，二回羽狀深裂；部分葉片之葉軸末端延伸，頂端具不定芽；末裂片線形，寬約1.5mm，僅具單脈；孢膜線形，長在末裂片之脈上。

●**習性**：生長在林下遮蔭處之岩壁或樹幹上。

●**分布**：日本、韓國、中國大陸南部、中南半島、印度、斯里蘭卡，台灣主要出現在中部中海拔山區。

（主）葉下垂，部分葉片之葉軸末端延伸，頂端具不定芽。
（小）末裂片線形，線形孢膜長在末裂片脈上。

19880402・沙里仙林道

265

革葉鐵角蕨

Asplenium polyodon Forst.

鐵角蕨屬鐵角蕨群

海拔	低海拔	
生態帶	熱帶闊葉林	
地形	山坡	
棲息地	林內	林緣
習性	岩生	地生
頻度	偶見	

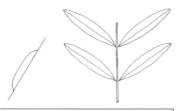

●**特徵**：根莖短匍匐狀，密生鱗片，葉叢生；葉柄長10～25cm，被黑褐色披針形鱗片；葉片卵形至披針形，長25～50cm，寬5～10cm，革質，一回羽狀複葉；羽片長菱形，長5～10cm，寬1.5～3cm，邊緣鋸齒狀，頂羽片顯著，常呈三裂，側羽片6～15對；孢膜長線形，長在羽片側脈的上側。

●**習性**：岩生或地生，生長在林下空曠處或林緣。

●**分布**：熱帶非洲及亞洲，台灣主要出現在中南部低海拔地區。

（主）頂羽片顯著，三裂；側羽片長菱形。
（小上）常見長在林緣半遮蔭多岩石的地區
（小下）羽片最寬處靠近基部，孢膜長線形。

綠柄鐵角蕨

Asplenium viride Hudson

鐵角蕨屬鐵角蕨群

海拔	高海拔
生態帶	高山寒原
地形	山坡　峭壁
棲息地	空曠地
習性	岩生
頻度	偶見

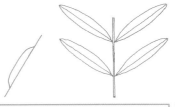

19910909・南湖溪

200004・南湖大山

●**特徵：**根莖短匍匐狀，葉叢生；葉柄長3～5cm，綠色，基部被鱗片；葉片線形，長5～12cm，寬0.8～1.2cm，一回羽狀複葉；葉軸綠色，表面有凹溝；羽片卵圓形，長0.3～0.5cm，寬0.1～0.3cm，具鋸齒緣；葉脈游離；孢膜線形或長橢圓形。

●**習性：**生長在森林界限以上之岩石環境。

●**分布：**北美洲、歐洲、西伯利亞、庫頁島、日本、中國大陸，台灣則零星出現在海拔3500公尺以上之高海拔山區。

（主）　為典型之高山寒原岩屑地植物，莖常埋藏於岩縫中。
（小）　孢膜線形或長橢圓形，長在脈的上側。

鐵角蕨

Asplenium trichomanes L.

鐵角蕨屬鐵角蕨群

海拔	中海拔	高海拔	
生態帶	針闊葉混生林	針葉林	高山寒原
地形	山坡	峭壁	
棲息地	林緣	空曠地	
習性	岩生		
頻度	常見		

1991009·南湖溪

●**特徵：**根莖短匍匐狀，密被窄披針形鱗片，葉叢生；葉柄長1～5cm，亮紫黑色；葉片線形，長5～20cm，寬1.5～3cm，薄革質，一回羽狀複葉，葉軸兩側具膜質窄翅，但背面不具翅；羽片橢圓形，長0.5～1cm，寬0.2～0.5cm，邊緣鋸齒狀，羽片側脈單一或分叉一次；孢膜線形，長在側脈之上側。

●**習性：**生長在林緣或空曠地之岩石縫中。

●**分布：**全世界溫帶，以及熱帶、亞熱帶之高山地區，

台灣主要出現在全島中、高海拔山區。

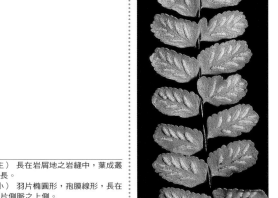

1999064·梅峰

（主） 長在岩屑地之岩縫中，葉成叢生長。
（小） 羽片橢圓形，孢膜線形，長在羽片側脈之上側。

生芽鐵角蕨

Asplenium normale Don

鐵角蕨屬鐵角蕨群

海拔	中海拔
生態帶	暖溫帶闊葉林
地形	山坡
棲息地	林內　林緣
習性	地生　著生
頻度	常見

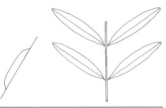

1985.12.29・老佛山

1988.02.27・溪頭

1988.02.27・溪頭

●**特徵**：根莖短匍匐狀，具披針形鱗片，葉叢生；葉柄長3～10cm，紫色至暗褐色，基部被鱗片；葉片披針形，長15～30 cm，寬 3～4 cm，紙質，一回羽狀複葉；葉軸亮紫黑色，近頂端處具不定芽；羽片長方形，長約1～2 cm，寬約0.5～1 cm，末端圓鈍，基部朝上一側多少呈耳狀；孢膜線形，長在羽片側脈之上側。

●**習性**：多為地生，但有時也著生在樹幹基部，生長在林下遮蔭多腐植質之處。

●**分布**：非洲東部、熱帶亞洲、玻里尼西亞，在亞洲北達中國大陸、韓國、日本，台灣主要出現在全島中海拔地區。

（主）　多為地生，但有時也長在樹幹基部。
（小上）　孢膜線形，與羽軸斜交。
（小下）　葉片頂端具不定芽

鐵角蕨科

鐵角蕨屬・鐵角蕨群

269

鈍齒鐵角蕨

Asplenium tenerum Forst.

鐵角蕨屬鐵角蕨群

海拔	中海拔
生態帶	暖溫帶闊葉林
地形	谷地　山坡
棲息地	林內
習性	岩生　著生
頻度	稀有

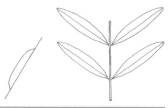

●**特徵：**莖短而直立，葉叢生；葉柄長5～10cm，兩面皆為草稈色，基部被暗褐色鱗片；葉片披針形，長10～20cm，寬5～6cm，革質，一回羽狀複葉；羽片橢圓狀披針形至三角狀披針形，長3～5cm，寬1～1.5cm，基部為兩邊不對稱之楔形，邊緣鋸齒狀，末端圓鈍，羽片側脈單一不分叉；孢膜線形，位於羽片側脈之上側。

●**習性：**生長在林下遮蔭處之樹幹上或岩石上。

●**分布：**印度洋島嶼、斯里蘭卡、印度、緬甸、泰國、中南半島、馬來西亞、菲律賓、印尼、新幾內亞、玻里尼西亞，台灣零星出現在中海拔山區。

1987.11.07・烏來大刀山

2000.04.17・烏來娃娃谷

（主）葉為一回羽狀複葉，頂羽片不顯著。
（小）羽片基部為兩側不對稱之楔形，孢膜線形，位於羽片側脈之上側。

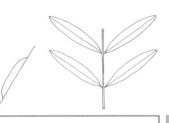

萊氏鐵角蕨

Asplenium wrightii Eaton *ex* Hook.

鐵角蕨屬鐵角蕨群

海拔	中海拔	
生態帶	暖溫帶闊葉林	
地形	谷地	山坡
棲息地	林內	
習性	著生	岩生	地生
頻度	常見	

19970502‧烏來內洞遊樂區

●**特徵：**莖短直立狀，密被披針形鱗片，葉叢生；葉柄長15～25cm，表面綠色，背面紫褐色，基部具鱗片；葉片為寬披針形，長30～50cm，寬10～20cm，革質，一回羽狀複葉，基部之羽片最長，向上逐漸縮短，不具頂羽片；羽片狹長，長披針形至鐮形，長7～15cm，寬1～2cm，邊緣鋸齒狀；羽片側脈二叉分支；孢膜長線形，長約1cm，長在羽片側脈之上側。

●**習性：**多為地生，但有時可見著生或岩生，生長在林下遮蔭、腐植質豐富之處。

●**分布：**日本、中國大陸南部、越南，台灣主要出現在全島中海拔山區。

19930820‧坪林

19800802‧觀高↓下東埔

（主）　長在腐植質豐富的地方，多為地生，但有時也長在岩石上。
（小左）　羽片長披針形至鐮形，先端漸尖，有時形成尾狀。
（小右）　孢膜長線形，長在羽片側脈之上側，並與羽軸斜交。

鱗柄鐵角蕨

Asplenium gueinzianum
Mett. *ex* Kuhn

鐵角蕨屬鐵角蕨群

海拔	中海拔
生態帶	暖溫帶闊葉林
地形	谷地 ｜ 山坡
棲息地	林內
習性	著生 ｜ 岩生
頻度	偶見

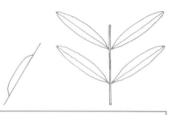

19911026・屏東檜谷山莊→登山口

19880508・陳有蘭溪

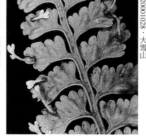

20001028・大雪山

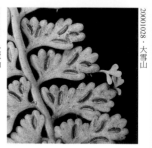

20001028・大雪山

●**特徵：**莖短而直立，密被鱗片，葉叢生；葉柄長5～12cm，表面綠色，背面紫褐色，基部被褐色、披針形鱗片；葉片披針形，長15～35cm，寬2～5cm，紙質至革質，一回羽狀複葉；羽片呈歪斜之菱形，長2～3cm，寬0.5～1.5cm，不規則淺裂至中裂；羽片中脈不明顯，表面具不定芽；孢膜線形，長在羽片側脈之上側，並與羽軸斜交。

●**習性：**岩生或著生，長在林下遮蔭、多腐植質之處。

●**分布：**中國大陸雲南、尼泊爾、印度北部、緬甸、南非，台灣主要出現在中海拔山區。

（主） 通常長在岩石上之苔蘚叢中
（小左） 葉表面散生不定芽
（小中） 葉表面葉軸之溝寬闊而顯著，溝之邊緣延伸至羽片下緣。
（小右） 羽片斜菱形，孢膜線形，與羽軸斜交。

俄氏鐵角蕨

Asplenium oldhami Hance

鐵角蕨屬鐵角蕨群

海拔	中海拔
生態帶	暖溫帶闊葉林
地形	山坡
棲息地	林緣
習性	岩生
頻度	偶見

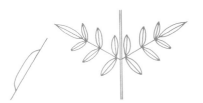

19860323・墾丁森林遊樂區

20010204・瓦拉米

20010126・天祥

●**特徵：**莖短直立狀，密布披針形鱗片，葉叢生；葉柄長5～10cm，表面綠色，背面為紫褐色，基部具披針形鱗片；葉片卵狀披針形，長8～15cm，寬約4～7cm，最寬處較靠近基部，革質，二回羽狀深裂至複葉；羽片長菱形，長2～4cm，寬約1～1.5cm；葉軸、羽軸具披針形鱗片；孢膜線形，長在葉脈之一側。

●**習性：**生長在林緣之岩生環境。

●**分布：**中國大陸南部、琉球群島，台灣主要出現在中海拔岩石地區。

（主）　為典型之岩生植物，長在半遮蔭的林緣環境，葉質地較硬。
（小左）羽片基部兩邊不對稱，常呈歪斜狀。
（小右）孢膜線形，長在裂片小脈之一側。

鐵角蕨科

鐵角蕨屬　鐵角蕨群

273

大蓬萊鐵角蕨

Asplenium lobulatum
Mett. *ex* Kuhn

鐵角蕨屬鐵角蕨群

海拔	中海拔	
生態帶	暖溫帶闊葉林	
地形	谷地	山坡
棲息地	林內	林緣
習性	著生	岩生
頻度	常見	

●**特徵：**莖短而直立，被黑褐色鱗片，葉叢生；葉柄長8～25cm，表面綠色，背面紫褐色；葉片披針形，長15～40cm，寬約7～10cm，革質，一至二回羽狀複葉；羽片長菱形至鐮形，長5～7cm，寬1.5～3cm，有柄，基部兩側多少不對稱；孢膜線形，長在羽片或末裂片側脈之一側。

●**習性：**生長在林下或林緣之樹幹上或岩石上。

●**分布：**東南亞至斐濟、夏威夷等太平洋島嶼，台灣主要出現在中海拔暖溫帶闊葉林。

1999.12.16．烏來雲仙樂園

1999.10.01．雙連埤

2000.08.12．烏來

（主）　葉常為一回羽狀複葉，且羽片基部朝上側常形成一幾近獨立的耳狀裂片。
（小左）　羽片基部極度不對稱，羽柄顯著可見；孢膜線形，長在羽片或末裂片側脈之一側。
（小右）　葉表面偶爾可見不定芽

威氏鐵角蕨

Asplenium wilfordii Mett. ex Kuhn

鐵角蕨屬鐵角蕨群

海拔	中海拔
生態帶	暖溫帶闊葉林　針闊葉混生林
地形	谷地　山坡
棲息地	林內　林緣
習性	岩生　地生
頻度	偶見

19870620・楠溪林道

●**特徵：**莖短而直立，密生披針形鱗片，葉叢生；葉柄長10～20cm，表面綠色，背面紫黑色，基部具黑色鱗片；葉片披針形至窄卵形，長10～35cm，寬5～10cm，革質，三回至四回羽狀分裂；羽片有柄，末裂片全緣，具一至數個孢子囊群，孢膜線形，長在脈之一側。

●**習性：**生長在雲霧帶林下樹幹上或岩石上。

●**分布：**日本、韓國、中國大陸，台灣產於全島中海拔山區。

19980823・烏來雲仙樂園

（主）　生長在霧林帶樹幹上或岩石上，葉片剛硬且細裂。

（小）　末裂片楔形，基部較窄，頂端較寬，孢膜線形，長在小脈之一側。

薄葉鐵角蕨

Asplenium tenuifolium Don

鐵角蕨屬鐵角蕨群

海拔	中海拔	
生態帶	暖溫帶闊葉林	針闊葉混生林
地形	山溝	谷地	山坡
棲息地	林內	
習性	岩生	
頻度	偶見	

●**特徵**：根莖短伏匍匐狀，密生鱗片，葉叢生；葉柄長6～12cm，表面綠色，背面黑褐色，基部具暗褐色鱗片；葉片寬披針形，長15～25cm，寬6～10cm，三至四回羽狀複葉；末裂片長橢圓形至披針形，長0.5～1.2cm，寬0.3～0.6cm，僅具單脈，且僅有一枚孢子囊群，孢膜橢圓形至線形。

●**習性**：生長在林下遮蔭、腐植質豐富之岩石上。

●**分布**：中國大陸、印度、斯里蘭卡、緬甸、中南半島、馬來西亞、菲律賓，台灣主要出現在中海拔山區。

19890908・太魯閣國家公園卡拉寶小徑

20001028・大雪山

20001028・大雪山

（主）長在林下腐植質豐富之岩石上，葉片質地薄，下垂。
（小左）末裂片長橢圓形，各裂片僅具一孢子囊群。
（小右）葉表面常可見不定芽

黑鱗鐵角蕨

（大黑柄鐵角蕨）

Asplenium neolaserpitiifolium
Ching

鐵角蕨屬鐵角蕨群

海拔	中海拔	
生態帶	暖溫帶闊葉林	
地形	谷地	
棲息地	林內	
習性	著生	岩生
頻度	常見	

鐵角蕨科

鐵角蕨屬·鐵角蕨群

20010203・富源

19991226・烏來雲仙樂園

●**特徵：**莖短直立狀，被黑色鱗片，葉叢生；葉柄長20～25cm，黑褐色，基部具黑色鱗片；葉片卵狀披針形，長30～90cm，寬15～45cm，革質，三至四回羽狀複葉；葉軸亮黑褐色；小羽片長2～5cm，寬1～2cm；末裂片不具中脈，脈二叉分支；孢膜線形，長在葉脈之一側。

●**習性：**生長在林下腐植質豐富之樹幹上或岩石上。

●**分布：**中國大陸、印度、越南、菲律賓、印尼，台灣主要出現在中海拔山區。

（主）生長在富含腐植質之處，葉下垂。
（小）末回小羽片菱形，基部楔形；孢膜線形，長在葉脈之一側。

277

縮羽鐵角蕨

Asplenium incisum Thunb.

鐵角蕨屬鐵角蕨群

海拔	中海拔	
生態帶	暖溫帶闊葉林	針闊葉混生林
地形	山坡	峭壁
棲息地	林緣	
習性	岩生	地生
頻度	偶見	

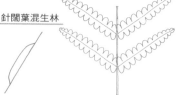

1999O6O5・梅峰

●**特徵：**莖短直立狀，密生窄披針形鱗片，葉叢生；葉柄短，表面綠色，背面紫褐色，基部被黑色披針形鱗片；葉片線形至倒線狀披針形，長10～20 cm，寬1～5 cm，二回羽狀淺裂至深裂，紙質，基部羽片多少短縮；孢膜線形。

●**習性：**生長在林緣石壁或土壁，或林外之岩縫中。

●**分布：**堪察加半島、庫頁島、日本、韓國、中國大陸，台灣主要出現在中海拔山區之岩石環境。

1998O623・梅峰

（主）常見生長在遮蔭之岩縫中，基部羽片向下逐漸縮小。
（小）孢膜線形，羽片羽狀分裂。

尖葉鐵角蕨

Asplenium ritoense Hayata

鐵角蕨屬鐵角蕨群

海拔	低海拔	中海拔
生態帶	暖溫帶闊葉林	
地形	谷地	
棲息地	林內	
習性	岩生	地生
頻度	常見	

20000417・烏來娃娃谷

1998O4O8・特富野

1998O4O8・特富野

1998I2O3・山風→佳心

●**特徵**：莖短直立狀，密被鱗片，葉叢生；葉柄長10～20cm，基部密被鱗片；葉片卵形至三角形，長15～30cm，寬10～20cm，革質，三至四回羽狀分裂；末裂片長約3 mm，寬約1 mm，葉脈游離，先端不達葉緣，各裂片僅具單脈；孢膜線形，每裂片僅具一枚。

●**習性**：生長在林下遮蔭、多腐植質之土坡或岩石上。

●**分布**：日本南部、韓國、中國大陸南部，台灣產於全島中海拔山區，北部低海拔偶亦可見。

（主）葉質地厚，幼葉葉軸及羽軸具寬闊之翼。
（小左）長在林下腐植質豐富之處，葉常上舉而後下垂。
（小中）葉三至四回羽狀複葉，裂片頂端尖頭。
（小右）孢子囊群長橢圓形至線形，各裂片一枚，成熟時孢膜皺縮且為孢子囊群遮蓋。

深山鐵角蕨

Asplenium adiantum-nigrum L.

鐵角蕨屬鐵角蕨群

海拔	中海拔	高海拔		
生態帶	暖溫帶闊葉林	針闊葉混生林	針葉林	
地形	山坡	峭壁		
棲息地	林緣	空曠地		
習性	岩生			
頻度	偶見			

●**特徵：**莖短而直立，密被深色鱗片，葉叢生；葉柄長7～15cm，表面綠色，背面亮黑褐色；葉片長三角形，長15～20cm，寬4～8cm，革質，二至三回羽狀深裂；最末裂片倒卵形或倒披針形；葉脈游離，孢膜線形，著生於葉脈之一側。

●**習性：**生長在岩石之縫隙中。

●**分布：**歐洲、非洲、亞洲等之溫帶地區，台灣則零星出現在中、高海拔山區。

1998O624·梅峰

1999O604·梅峰

（主）葉背之葉柄及葉軸基部黑褐色，葉片長三角形。
（小）長在中、高海拔之岩石環境，葉質地堅硬。

細葉鐵角蕨

Asplenium pulcherrimum
(Bak.) Ching

鐵角蕨屬鐵角蕨群

海拔	中海拔	高海拔
生態帶	針闊葉混生林	針葉林
地形	山坡	峭壁
棲息地	林緣	空曠地
習性	岩生	
頻度	稀有	

●**特徵：**莖短而直立，葉叢生；葉柄長5～8cm，表面綠色，背面紫黑色，基部具鱗片；葉片披針形，長10～12cm，寬2.5～3cm，革質，三至四回羽狀複葉；末裂片僅具單脈，且只有一枚孢子囊群，孢膜線形，長在脈之一側。

●**習性：**長在岩石縫隙中。

●**分布：**中國大陸西南部、中南半島，台灣零星產於花蓮中、高海拔山區，罕見。

20000127・研海林道

（主）生長在岩石地區之岩縫遮蔭處，葉下垂。
（小）葉片細裂，末裂片僅具一脈及一枚孢子囊群。

19990424・清水山

281

小葉鐵角蕨

Asplenium tenuicaule Hayata

鐵角蕨屬鐵角蕨群

海拔	中海拔	高海拔
生態帶	針闊葉混生林	針葉林
地形	山坡	谷地
棲息地	林內	
習性	岩生	地生
頻度	稀有	

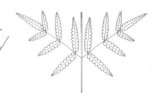

●**特徵：**莖短而直立，密生黑色、披針形鱗片，葉叢生；葉柄纖細，長1～4cm，綠色，基部被鱗片；葉片披針形，長3～10cm，寬約2cm，紙質，二回羽狀複葉至三回羽狀分裂，基部羽片較短；羽片斜菱形至斜長方形，長約1cm，具柄；末裂片頂端具鋸齒緣，但不具芒刺；孢膜線形，長在脈上，每一末裂片2～3枚。

●**習性：**生長在林下潮濕環境之土壁或岩石上。

●**分布：**日本、韓國、中國大陸，台灣產於中、高海拔山區。

（主）　生長在富含腐植質及苔蘚植物的岩壁上，羽片基部朝上一側常具獨立的小羽片。
（小）　羽片基部歪斜，具有顯著之短柄。

1980625·沙里仙溪

19960906·十里

烏毛蕨科

Blechnaceae

外觀特徵：葉為一回羽狀深裂至二回羽狀深裂，幼葉呈暗紅色。孢子囊群線形，位在脈上，與末裂片的中脈平行；絕大多數具有孢膜，且開口朝向中脈。多為游離脈，有的僅在末裂片中脈兩側各有一排網眼，也有形成多排網眼者，但網眼中無游離小脈。

生長習性：地生型，少數種類具直立莖。

地理分布：泛世界分布，但歧異性最大的地區為東南亞；台灣主要產於中、低海拔森林中，少數種類位於林緣。

種數：全世界有8屬180～230種，台灣則有3屬11種。

●本書介紹的烏毛蕨科有3屬8種。

【 屬、群檢索表 】

日本狗脊蕨

Woodwardia japonica (L.f.) Sm.

狗脊蕨屬狗脊蕨群

海拔	中海拔
生態帶	暖溫帶闊葉林
地形	山坡
棲息地	林內
習性	地生
頻度	偶見

1998.11.14・春陽

●**特徵：**根莖短匍匐狀，密生紅褐色披針形大鱗片，葉叢生；葉柄長30～50cm；葉片為寬橢圓形，長50～80cm，寬25～35cm，二回羽狀中裂厚紙質，；羽片線形，無柄，羽軸兩側之裂片等長；葉脈網狀，在羽軸兩側具1～2行網眼；孢子囊群線形，沿裂片中脈兩側生長，孢膜開口朝向裂片中脈。

●**習性：**地生，生長在林下遮蔭處。

●**分布：**日本、韓國、中國大陸、越南，台灣主要產於中海拔地區，北部及馬祖低海拔偶亦可見。

1999.02.28・浸水營

（主）　葉片寬橢圓形，質地厚硬。
（小）　線形孢膜長在裂片中脈兩側，開口朝向裂片中脈。

東方狗脊蕨

Woodwardia prolifera Hook. & Arn.

狗脊蕨屬狗脊蕨群

海拔	低海拔	
生態帶	亞熱帶闊葉林	
地形	谷地	山坡
棲息地	林緣	溪畔
習性	岩生	地生
頻度	常見	

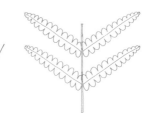

19960008・花蓮新城山

19940508・新竹尖石

19920906・草嶺古道

19950617・陽明山後山公園

●**特徵：**根莖粗大，短匍匐狀，具大型黃褐色鱗片，葉叢生；葉柄長30～60cm，基部具與根莖相同之鱗片；葉片橢圓形或卵狀披針形，長50～150cm，寬30～65cm，二回羽狀深裂，表面常有不定芽；羽片披針形，長15～30cm，寬4～8cm，具短柄，基部兩側不等長，近葉軸之下側裂片極度縮小或不存在；葉脈網狀，網眼在裂片中脈兩旁各排成二列；孢膜線形，沿裂片中脈兩側生長，開口朝向中脈。

●**習性：**地生或岩生，生長在林緣山谷或溪畔邊坡。

●**分布：**日本、中國大陸，台灣低海拔谷地溪溝附近常見。

（主）　幼葉泛紅色，羽片基部極度不對稱，朝下之裂片極度短縮或無。
（小左）　生長在山谷邊坡，葉下垂。
（小中）　孢膜線形，在裂片中脈兩側各排成一行。
（小右）　葉表常見密布不定芽

頂芽狗脊蕨

Woodwardia unigemmata
(Makino) Nakai

狗脊蕨屬狗脊蕨群

海拔	中海拔	
生態帶	暖溫帶闊葉林	針闊葉混生林
地形	谷地	山坡
棲息地	林緣	路邊
習性	地生	
頻度	常見	

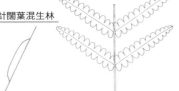

烏毛蕨科

狗脊蕨屬·狗脊蕨群

1990604 · 梅峰

●**特徵：**根莖粗大，短匍匐狀，密生紅褐色披針形大鱗片，葉叢生；葉柄長25～60cm，基部密生與根莖相同之鱗片；葉片橢圓形或卵狀披針形，長50～100cm，寬30～35cm，二回羽狀深裂，厚紙質，葉軸近頂端處具一不定芽；羽片線狀披針形，基部兩側約略等長；葉脈網狀，裂片中脈兩側各具1～2行網眼；孢膜線形，沿裂片中脈兩側生長，開口朝向中脈。

●**習性：**地生，生長在霧林帶林緣邊坡。

●**分布：**日本、中國大陸、菲律賓，台灣中海拔霧林帶常見。

1990604 · 梅峰

19880405 · 沙里仙溪

（主）本種在雲霧帶產業道路邊坡極為常見
（小左）葉軸近頂端處具一大型不定芽，有時尚未著地即已長出小植株。
（小右）幼葉常呈鮮豔之紅色

哈氏崇澍蕨

Woodwardia harlandii Hook.

狗脊蕨屬崇澍蕨群

海拔	中海拔
生態帶	暖溫帶闊葉林
地形	稜線
棲息地	林內
習性	地生
頻度	稀有

19991214・烏來雲仙樂園

20000730・草坪

●**特徵**：根莖長橫走狀，具卵狀披針形之鱗片，葉疏生；葉為全緣鳥趾狀深裂、或一回羽狀深裂之單葉，亞革質，兩型；營養葉柄長10～20cm，孢子葉柄長超過25cm；葉片披針形或三角形，裂片長約20cm，寬1.5～2cm，邊緣具小鋸齒，頂裂片不分裂，側裂片0～2對；葉脈網狀，網眼中無游離小脈；孢膜線形，沿葉軸、裂片中脈及其主側脈兩側生長，開口朝內。

●**習性**：地生，生長在林下遮蔭處。

●**分布**：日本南部、中國大陸南部、越南，台灣僅見於北部山區。

（主）葉片鳥趾狀或一回羽狀深裂，幼葉泛紅色。
（小）孢膜線形，沿著裂片中脈及其主側脈兩側生長，開口朝內。

天長烏毛蕨

Blechnum eburneum Christ

烏毛蕨屬莢囊蕨群

海拔	中海拔
生態帶	暖溫帶闊葉林
地形	山坡
棲息地	林緣
習性	地生
頻度	瀕危

19980401‧天長斷崖

19980401‧天長斷崖

●**特徵：**莖粗短、直立，密被鱗片，葉叢生；葉柄長2～5cm，基部有鱗片；葉兩型，營養葉線形，長10～20cm，寬1～2cm，革質，一回羽狀深裂；裂片長6～7mm，寬約3mm，向下漸縮，全緣；葉脈不明顯；孢子葉約略與營養葉同形，但稍窄，呈褐色，裂片長約6mm，寬約2mm，裂片向下漸縮；孢膜呈褐色，革質，位在裂片中脈兩側，開口朝向裂片中脈，孢膜幾乎佔滿整個裂片。

●**習性：**地生，生長在林緣邊坡多岩石之環境。

●**分布：**中國大陸西部，台灣則僅產於天長斷崖及清水山。

（主）葉兩型，營養葉綠色，厚革質，孢子葉褐色。
（小）長在林緣坡地上，葉片厚革質，下垂。

韓氏烏毛蕨

Blechnum hancockii Hance

烏毛蕨屬荚囊蕨群

海拔	中海拔
生態帶	針闊葉混生林
地形	山坡
棲息地	林緣
習性	地生
頻度	稀有

1985O9O9-11・太平山

●**特徵**：莖短而直立，密被黑褐色披針形鱗片，葉叢生；葉兩型，革質，一回羽狀深裂；營養葉呈開展狀排列，幾乎無柄，長20～30cm，中段寬約4～5cm，裂片向下漸縮至基部，葉軸背面具鱗片；葉脈游離；孢子葉直立生長，與營養葉約略同形，但較窄且呈褐色，裂片較營養裂片窄，長約2cm，基部裂片疏生，中部以上裂片較密生；孢膜位在裂片中脈兩側，幾佔滿整個裂片，開口朝向羽軸。

●**習性**：地生，生長在林緣半遮蔭處。

●**分布**：台灣特有種，分布於中海拔山區。

1985O9O9-11・太平山

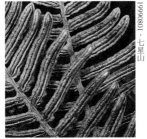

199O8O1・七星山

（主）葉質地厚硬，叢生莖頂，且向四周開展。
（小上）葉兩型，孢子葉褐色，朝上生長。
（小下）孢膜位在裂片中脈兩側，幾佔滿整個裂片。

烏毛蕨

Blechnum orientale L.

烏毛蕨屬烏毛蕨群

海拔	低海拔
生態帶	熱帶闊葉林　亞熱帶闊葉林
地形	山坡
棲息地	林內　林緣
習性	地生
頻度	常見

19890924・台北軍艦岩

19920418・白鷺山

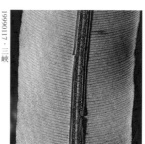

19990117・三峽

19900516・陽明山大屯自然公園

●**特徵**：莖短而直立，被線狀披針形之黑褐色鱗片，葉叢生，植株高可達1m以上；葉片披針形，長可達120cm，一回羽狀複葉，羽片線形，全緣，長10～25cm，寬1～2cm，基部之羽片突然緊縮成耳狀；葉脈游離，羽軸之側脈相互平行；孢膜沿羽軸生長，長線形，位於弧脈上，開口朝向羽軸。

●**習性**：地生，生長在林下空曠地或林緣。

●**分布**：熱帶亞洲、澳洲及太平洋群島，台灣低海拔山區常見。

（主）　基部羽片突然緊縮
（小上）　次生林林下空曠處是烏毛蕨喜歡生長的環境之一。
（小中）　羽片之側脈游離且互相平行，孢膜長在羽軸兩側，長線形。
（小下）　幼葉頂端及羽片均捲旋狀且泛紅色

蘇鐵蕨

Brainea insignis (Hook.) J. Sm.

蘇鐵蕨屬

海拔	中海拔
生態帶	暖溫帶闊葉林
地形	山坡
棲息地	林內
習性	地生
頻度	瀕危

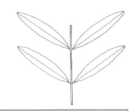

1999073O · 松風山

1999073O · 松風山

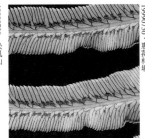

1999073O · 惠蓀林場

1988l013 · 台大植物系蔭棚（人工栽植）

●**特徵**：莖直立，高可達50cm，具主幹，外形頗似蘇鐵，莖頂被覆褐色長披針形鱗片，葉叢生其上；葉為一回羽狀複葉，葉柄長10～20cm；葉片略呈長橢圓形，長60～100cm，寬15～25cm，具頂羽片；羽片線形，長7～12cm，寬約1cm，末端漸尖，具鋸齒緣，基部羽片之基部略呈心形；羽軸兩側各有一行歪斜的三角形網眼，網眼中無游離小脈，網眼外為游離脈，孢子囊群位於網眼之脈上，無孢膜。

●**習性**：長在林下空曠處。

●**分布**：中國大陸、泰國、菲律賓、馬來西亞、印尼，台灣僅見於惠蓀林場松風山一帶。

（主）葉叢生莖頂，常向四周開展。
（小左）植株具粗壯之短直立莖
（小中）羽軸兩側各具一列歪斜之三角形網眼，孢子囊沿網脈邊緣生長。
（小右）幼葉

骨碎補科

Davalliaceae

外觀特徵：橫走莖粗肥，其上密布鱗片。葉柄基部
具關節。通常為多回羽狀複葉，葉脈游離，孢子
囊群靠近葉緣，各自位於一條小脈頂端。孢膜呈
杯狀、管狀或魚鱗狀，開口朝外。

生長習性：多岩生或著生，稀為地生，有些種類屬
於冬天落葉性。

地理分布：分布於歐、亞、非洲之熱帶至暖溫帶地
區；台灣則分布於中、低海拔森林中。

種數：全世界有5屬約113種，台灣有3屬12種。

●本書介紹的骨碎補科有3屬7種。

【 屬、群檢索表 】

①葉質地硬，革質。 …………骨碎補屬　P.294
①葉質地薄，草質至膜質。 ………………………②

②葉膜質，四回羽狀複葉，末裂片狹窄，末端
　尖，僅具單脈。 …………小膜蓋蕨屬　P.299
②葉草質，三回羽狀複葉，末裂片寬大，末端
　圓鈍，具多條脈。 ………大膜蓋蕨屬　P.300

馬來陰石蕨

Davallia parallea Wall. ex Hook.

骨碎補屬

海拔	低海拔
生態帶	熱帶闊葉林
地形	山坡
棲息地	林內
習性	著生 ｜ 岩生
頻度	稀有

1989o606・蘭嶼天池

●**特徵**：根莖長匍匐狀，徑約1～2mm，幼莖具中心褐色周圍白色、貼伏根莖之鱗片，老莖光滑；葉柄長4～12cm，表面有縱溝，基部被覆與根莖相同之鱗片；葉片三角狀披針形，長8～12cm，寬3～5cm，一回羽狀深裂，最基部一對裂片其基部朝下一側具耳狀突起；孢膜位在裂片兩側，腎形，以其基部著生於小脈頂端。

●**習性**：著生於林下樹幹或岩石上。

●**分布**：東南亞地區，台灣僅見於蘭嶼。

1994o405・蘭嶼天池

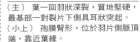

（主）葉一回羽狀深裂，質地堅硬，最基部一對裂片下側具耳狀突起。
（小上）孢膜腎形，位於羽片側脈頂端，靠近葉緣。
（小下）常見與闊葉骨碎補（見298頁）混生，二者在極度乾旱時都會落葉而在根莖上留下葉痕。圖為馬來陰石蕨初生之幼葉與闊葉骨碎補之根莖與葉痕。

1994o405・蘭嶼天池

海州骨碎補

Davallia mariesii Moore *ex* Bak.

骨碎補屬

海拔	中海拔	
生態帶	暖溫帶闊葉林	針闊葉混生林
地形	山坡	
棲息地	林內	
習性	著生	
頻度	常見	

19880729・對關→乙女

1990213・烏來

19901028・棲蘭森林遊樂區

19911026・屏東檜谷山莊→登山口

●**特徵：**根莖長匍匐狀，徑約5～8mm，密生褐色鱗片，葉疏生；葉柄長10～15cm；葉片呈五角形，長15～30cm，寬12～25cm，革質，表面光滑，三至四回羽狀複葉，最基部一對羽片其最下朝下之小羽片較長；末裂片僅具單脈，孢膜管形，位於小脈頂端。

●**習性：**著生於林下的樹幹上。

●**分布：**韓國、日本，台灣全島中海拔可見。

（主）　葉片細裂，呈三至四回羽狀複葉，最基部一對羽片其最下朝下之小羽片特別大。
（小左）　常見著生在林下樹幹上
（小中）　根莖長而橫走，被覆褐色鱗片，老葉脫落後在莖上留下圓形之葉痕。
（小右）　孢膜管狀，位於小脈頂端，各末裂片僅具一枚孢膜。

杯狀蓋骨碎補

Davallia griffithiana Hook.

骨碎補屬

海拔	低海拔	
生態帶	亞熱帶闊葉林	
地形	山坡	
棲息地	林緣	
習性	著生	岩生
頻度	常見	

19960712·芝山岩

19981223·春陽

19981223·春陽

19891113·天祥→豁然亭步道

●**特徵：**根莖長匍匐狀，徑約1cm，密布銀白色之鱗片；葉柄長10～15cm；葉片五角形，革質，表面光滑無毛，長15～25cm，寬12～20cm，三回羽狀複葉至四回羽狀分裂，最基部羽片之最下朝下小羽片較長；羽片披針形至長三角形，長6～10cm，寬3～6cm，具短柄；孢膜寬杯狀，長寬大略相等或寬度略大於長度，位在小脈頂端。

●**習性：**常見生長在林緣巨岩上，偶爾亦見著生於樹幹上。

●**分布：**印度北部、中國大陸西南部，台灣全島低海拔地區可見。

（主） 葉片最基部羽片之最下朝下小羽片特別大，故葉片形成五角狀。
（小上） 偶亦見著生於樹幹上
（小中） 長而橫走的根莖密被銀白色鱗片
（小下） 孢膜寬杯狀，其長寬大略相等，長在小脈頂端。

台灣骨碎補

Davallia formosana Hayata

骨碎補屬

海拔	中海拔	
生態帶	暖溫帶闊葉林	
地形	山坡	稜線
棲息地	林內	
習性	著生	岩生	地生
頻度	偶見	

1986.03.23・墾丁森林遊樂區

1999.07.29・八仙山

1997.10.29・台北植物園（人工栽植）

1998.04.08・特富野

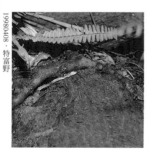

●**特徵：**根莖長匍匐狀，徑約2cm，具披針形紅褐色鱗片；葉柄長35～40cm，表面具溝；葉片近三角形，長30～70cm，寬30～50cm，四回羽狀複葉，最基部一對羽片之最下朝下小羽片較長；羽片、小羽片均明顯具柄，末端漸尖；孢膜管形，長約為寬的兩倍，位於小脈頂端。

●**習性：**生長在林下樹幹或岩石上，偶亦見地生。

●**分布：**中國大陸南部、緬甸、中南半島、菲律賓、馬來西亞，台灣產於中、南部中海拔山區。

（主）葉片大型，表面光亮，羽片及小羽片明顯具柄。
（小上）中海拔林下多岩石較空曠的地方是本種喜愛生長的環境
（小中）孢膜管形，長在小脈頂端。
（小下）根莖長而橫走，老莖上常見火山口般葉子脫落後之遺跡。

297

闊葉骨碎補

Davallia solida (Forst.) Sw.

骨碎補屬

海拔	低海拔	
生態帶	熱帶闊葉林	
地形	山坡	
棲息地	林內	林緣
習性	著生	岩生
頻度	偶見	

右側：19860129 · 萬里德山→響林

●**特徵：**根莖長匍匐狀，徑約1cm，幼莖密被褐色鱗片；葉柄長10～25cm；葉片五角形，長寬大略相等，約15～30cm，二至三回羽狀複葉，最基部羽片其最下朝下之小羽片特別長且羽裂；中段羽片之小羽片無柄或幾乎無柄；孢膜杯形，位於小脈頂端且靠近葉緣。

●**習性：**生長在林下或林緣，著生於樹幹上或岩石上。

●**分布：**東南亞與太平洋島嶼，台灣僅見於南部低海拔地區，以蘭嶼為主要分布地點。

20000920 · 台北植物園（人工栽植）

19940405 · 蘭嶼天池

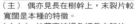

（主）　偶亦見長在樹幹上，末裂片較寬闊是本種的特徵。
（小上）　幼莖密被褐色細長之鱗片
（小下）　小羽片幾乎無柄，孢膜杯形，靠近葉緣。

小膜蓋蕨

Araiostegia perdurans
(Christ) Copel.

小膜蓋蕨屬

海拔	中海拔
生態帶	針闊葉混生林
地形	山坡
棲息地	林內　林緣
習性	著生　岩生
頻度	常見

1987126・沙里仙林道

19940121・太平山

19880729・對關→乙女

19990604・梅峰

●**特徵：**根莖長匍匐狀，被覆褐色披針形鱗片；葉柄長15～30cm，草桿色；葉片寬卵圓形至三角形，薄膜質，四回羽狀複葉，長25～40cm，寬20～35cm，最下羽片長18～25cm，寬7～12cm，羽片幾乎無柄；末裂片細小，僅具單脈；孢膜魚鱗形，僅以基部著生於小脈頂端。

●**習性：**生長在雲霧地區之森林樹幹上或岩石上。

●**分布：**中國大陸西南部，台灣常見於中海拔之檜木林中。

（主）葉極為細裂，薄膜質，羽片及小羽片幾無柄。
（小上）常見於中海拔雲霧地區之樹幹上。
（小下）末裂片銳尖，僅具一脈，孢膜魚鱗形。

大膜蓋蕨

Leucostegia immersa
(Wall. *ex* Hook.) Presl

大膜蓋蕨屬

海拔	中海拔	
生態帶	針闊葉混生林	
地形	谷地	山坡
棲息地	林內	
習性	地生	
頻度	稀有	

●**特徵**：根莖長匍匐狀，具褐色披針形鱗片及多細胞毛；葉柄長20～35cm，草桿色；葉片卵形至卵狀披針形，草質，長約25～35cm，寬約20～30cm，最下羽片最大，因其最基部朝下一側小羽片較長，且呈二回羽裂；葉脈游離；末裂片具多條小脈，裂片頂端圓鈍；孢膜魚鱗形，以其基部著生於小脈頂端。

●**習性**：生長在林下腐植質豐富處之土坡上。

●**分布**：中國大陸南部、印度、菲律賓及印尼，台灣見於檜木林帶。

1986.0518・觀高↓東埔

1985.1108・觀高↓下東埔

（主）葉片三至四回羽狀複葉，羽片及小羽片之柄顯著。
（小）末裂片鈍頭，具多條脈，孢膜魚鱗形，靠近葉緣。

腎蕨科

Nephrolepidaceae

外觀特徵：個體同時具有直立莖及匍匐莖。葉為一
　　回羽狀複葉，羽片和葉軸間有關節。葉脈游離，
　　孢膜腎形或圓腎形，位於各組小脈的前側小脈頂
　　端。

生長習性：每一種都同時具有地生及著生的習性。
　　因具匍匐莖，所以常成群出現，又因有短直立莖
　　，所以群體是由叢生的個體連結而成。

地理分布：分布於全世界熱帶至亞熱帶，而以東南
　　亞為分布中心，台灣則常見於低海拔地區。

種數：全世界有1屬約30種，台灣有3種。

●本書介紹的腎蕨科有1屬3種。

【屬、群檢索表】

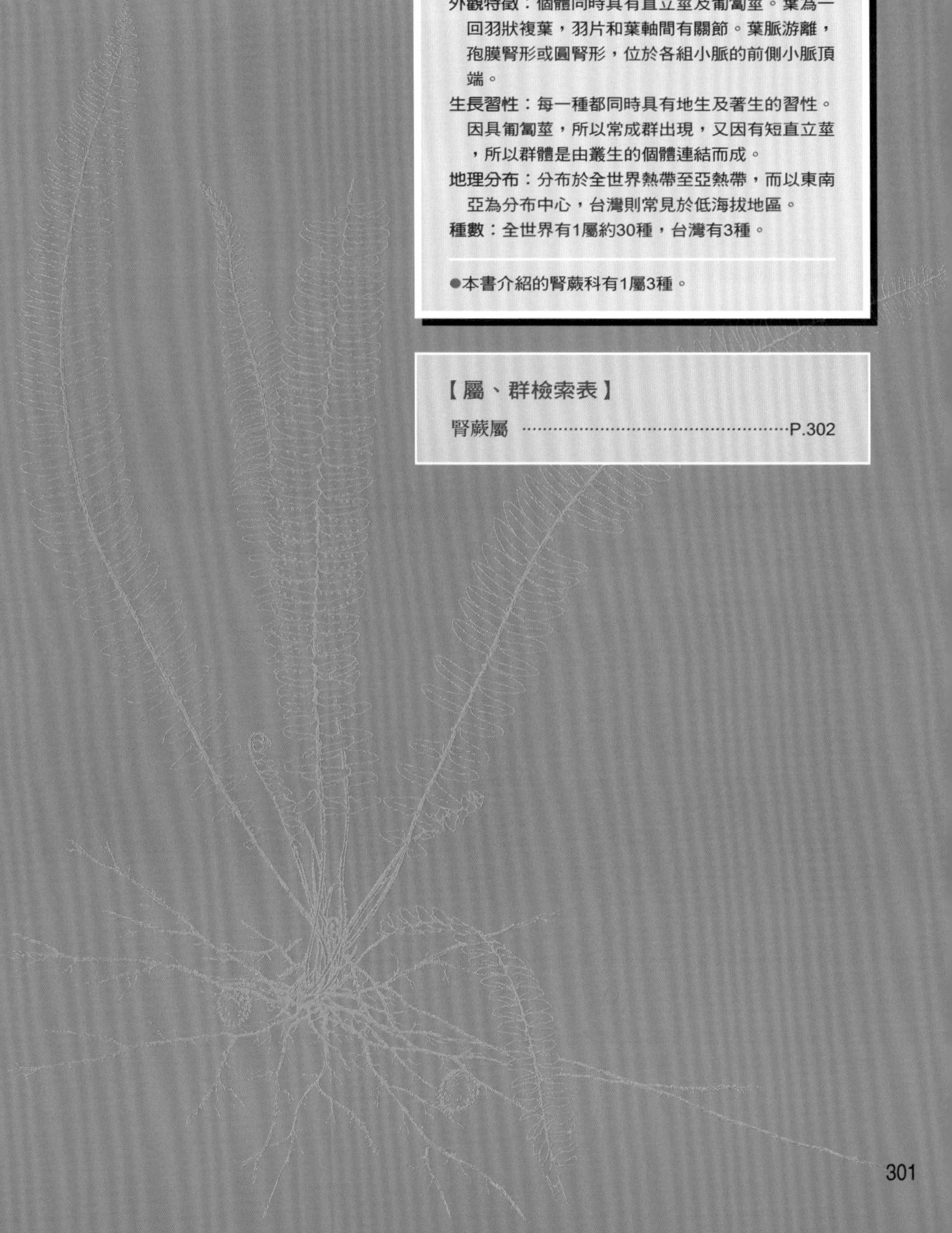

腎蕨

Nephrolepis auriculata (L.) Trimen

腎蕨屬

海拔	低海拔	
生態帶	熱帶闊葉林	亞熱帶闊葉林
地形	平野	山坡
棲息地	林內	林緣	空曠地
習性	岩生	地生
頻度	常見	

19890905・神祕谷步道

19990703・樹林東山

19980502・隆嶺古道

19980228・燕子湖

●**特徵**：植株高30～60cm，具短直立莖、匍匐莖及塊莖，葉叢生於短直立莖上；葉為一回羽狀複葉，羽片略呈鐮刀形，長約3cm，寬約1cm，基部朝上一側具耳狀突起，並於葉背遮蓋葉軸，羽片邊緣有泌水孔，在葉表清晰可見；葉脈游離，羽片側脈單叉，未達葉緣；孢子囊群位在前側小脈頂端，孢膜腎形。

●**習性**：生長在向陽開闊地或林下空曠處。

●**分布**：熱帶亞洲，台灣常見於低海拔地區。

（主）葉為一回羽狀複葉，基部羽片較小。
（小上）繁殖力快速，常呈大面積出現。
（小中）孢膜腎形，長在羽片側脈頂端；羽片基部朝上一側具耳狀突起，並於葉背遮蓋葉軸。
（小下）在較乾旱的環境常見匍匐莖上尚具有塊莖。

長葉腎蕨

Nephrolepis biserrata (Sw.) Schott

腎蕨屬

海拔	低海拔		
生態帶	海岸	熱帶闊葉林	亞熱帶闊葉林
地形	平野	谷地	山坡	峭壁
棲息地	林內	林緣	
習性	著生	岩生	
頻度	常見		

19920225・北關

●**特徵**：莖短直立狀，並向外延伸出長匍匐莖；葉叢生短莖上，下垂，長50～100 cm以上，一回羽狀複葉；羽片呈長披針形，長8～18 cm，寬約2 cm，基部楔形，不具耳狀突起，羽片基部與葉軸不重疊，葉表邊緣有泌水孔；葉脈游離，羽片側脈1～2次分叉，未達葉緣；孢子囊群位在前側小脈頂端，孢膜圓腎形。

●**習性**：生長在略遮蔭處之樹幹上或巨岩岩縫中。

●**分布**：泛熱帶分布，在台灣見於低海拔地區。

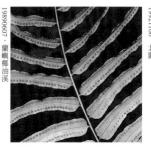

19890607・蘭嶼椰油溪

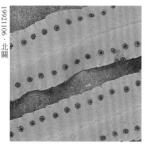

19921106・北關

（主） 海岸巨岩岩縫亦可見其蹤跡，乾旱時羽片脫落留下枯乾之葉軸。
（小左） 羽片基部不具耳狀突起，也不與葉軸交疊。
（小右） 孢膜圓腎形，位在羽片側脈頂端。

毛葉腎蕨

Nephrolepis multiflora
(Roxb.) Jarrett *ex* Morton

腎蕨屬

海拔	低海拔
生態帶	熱帶闊葉林　亞熱帶闊葉林
地形	山坡
棲息地	林內　林緣　建物
習性	岩生　地生
頻度	常見

●**特徵**：植株高60～100cm，具短直立莖，葉叢生，密布毛狀鱗片；葉為一回羽狀複葉，羽片呈長鐮刀形，長5～6cm，寬約1cm，基部朝上一側多少具耳狀突起，羽片緊靠葉軸，但未覆於葉軸上，葉表邊緣有泌水孔；葉脈游離，羽片側脈1～2次分叉，未達葉緣；孢子囊群位在前側小脈頂端，孢膜圓腎形。

●**習性**：生長在林下開闊處或林緣，偶亦見長在建物之磚縫或排水溝。

●**分布**：熱帶亞洲，台灣常見於低海拔地區。

19890311・景美仙跡岩

19911214・景美仙跡岩

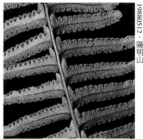

19880512・陽明山

（小左）常見生長在林下空曠處或林緣，常成群出現。
（小右）羽片基部朝上一側具耳狀突起，貼近但不覆蓋葉軸；孢膜呈圓腎形。

蓧蕨科

Oleandraceae

外觀特徵：單葉或一回羽狀複葉，葉柄上具有關節，如為一回羽狀複葉，羽片基部亦有關節；孢子囊群圓形，長在脈上或在小脈頂端，通常有圓腎形孢膜保護。

生長習性：根莖可由林下土壤中攀爬上樹，並纏繞樹幹與樹枝；或先著生樹幹，再形成大面積攀爬的現象。

地理分布：分布於熱帶、亞熱帶及溫帶地區，台灣產於中、低海拔較原始之森林中。

種數：全世界有3屬約50種，台灣有2屬2種。

●本書介紹的蓧蕨科有2屬2種。

【 屬、群檢索表 】

①單葉，孢子囊群長在脈上且貼近中脈。
......................................蓧蕨屬　P.306

①一回羽狀複葉，孢子囊群長在小脈頂端且稍靠近葉緣。 ....藤蕨屬　P.307

篠蕨

Oleandra wallichii (Hook.) Presl

篠蕨屬

海拔	中海拔
生態帶	針闊葉混生林
地形	山坡
棲息地	林內
習性	藤本　著生　岩生
頻度	稀有

●**特徵：**攀緣性著生植物，根莖長匍匐狀，十字形分叉，徑約5mm，上被覆褐色鱗片；葉為單葉，長15～40 cm，頂端突然窄縮成尾狀，葉柄靠近基部處具關節；葉脈游離，自基部即分叉1～2次，小脈相互平行，脈頂不達葉緣；孢子囊群位在葉軸兩側之脈上，孢膜圓腎形。

●**習性：**著生於成熟林之喬木樹幹上，偶亦見長在岩石上。

●**分布：**喜馬拉雅山東部至中國大陸西南部，台灣主要分布於檜木林帶。

19911024・屏東登山口→檜谷山莊

20001028・大雪山

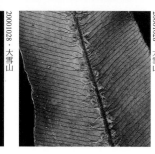

20001028・大雪山

（主） 成片生長在檜木樹幹上，葉下垂。
（小左） 根莖密被褐色鱗片
（小右） 孢膜圓腎形，緊靠葉軸兩側；側脈自基部即行分叉1～2次，側脈間相互平行。

藤蕨

Arthropteris palisotii (Desv.) Alston

藤蕨屬

海拔	低海拔	
生態帶	熱帶闊葉林	亞熱帶闊葉林
地形	谷地	山坡
棲息地	林內	
習性	藤本	著生
頻度	偶見	

1981O327．烏來娃娃谷

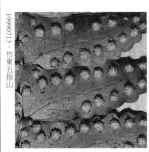

1999O713．竹東五指山

1999O713．竹東五指山

1998O612．三峽

●**特徵**：纏繞性藤本植物，具長匍匐莖；葉長披針形，長10～30cm，寬約3～7cm，一回羽狀複葉，具頂羽片，基部羽片較短，有時甚至反折；羽片長方形、短鐮刀形至長三角形，長2～3cm，寬1～2cm，基部兩側多少不對稱，朝上一側略具耳狀突起；葉脈游離，羽片側脈單叉，未達葉緣，頂端膨大；孢子囊群位在前側小脈頂端，孢膜圓腎形。

●**習性**：生長在較成熟森林之樹幹上或樹幹基部附近。

●**分布**：亞洲及非洲熱帶地區，台灣在低海拔可見。

（主）　纏繞性藤本植物，葉下垂。
（小上）　生長在成熟森林下層濕度較高之處
（小中）　羽片基部兩側不對稱，朝上一側略具耳狀突起；孢子囊群圓形，孢膜圓腎形
（小下）　幼葉捲旋狀

蓧蕨科

藤蕨屬

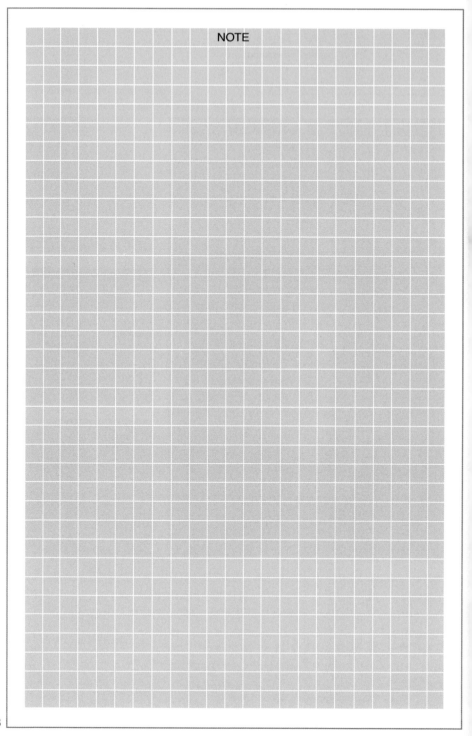

NOTE

蘿蔓藤蕨科

Lomariopsidaceae

外觀特徵：橫走莖；單葉或一回羽狀複葉；孢子囊
　　呈散沙狀，全面著生於葉背。
生長習性：著生於樹上或石頭上；偶為地生，橫走
　　莖由林下地表攀爬至樹上。
地理分布：廣泛分布於熱帶地區；台灣則產於中、
　　低海拔森林中。
種數：全世界有6屬約520種，台灣有3屬15種。

●本書介紹的蘿蔓藤蕨科有2屬5種。

海南實蕨

Bolbitis subcordata
(Copel.) Ching

實蕨屬

海拔	低海拔	
生態帶	熱帶闊葉林	亞熱帶闊葉林
地形	山溝	谷地	山坡
棲息地	林內	溪畔
習性	岩生	地生
頻度	常見

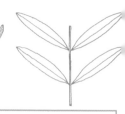

20010914・台北天溪園

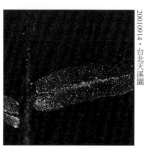

20010914・台北天溪園

20010914・台北天溪園

20010008・台大植物系蔭棚（人工栽植）

●**特徵**：根莖短匍匐狀，根莖及葉柄基部密布披針形鱗片；葉兩型，營養葉柄長10～35cm；葉片長25～60cm，寬17～28cm，一回羽狀複葉，羽片近末端具不定芽；側羽片長10～17cm，寬1.5～3cm，無柄，先端漸尖，邊緣圓齒狀，缺刻中有向上突起之刺齒；葉脈網狀，網眼中多少有游離小脈，網眼外之葉脈游離；孢子葉較窄，可見孢子囊散沙狀覆蓋孢子羽片之背面。

●**習性**：岩生或地生，長在林下溪谷邊或較潮濕之處。

●**分布**：日本、中國大陸南部、越南等地，台灣全島低海拔可見。

（主）葉為一回羽狀複葉，頂羽片非常顯著，有時基至延伸以其不定芽觸地繁衍出新個體。
（小上）常見長在林下溪谷地的岩石環境
（小中）孢子囊呈散沙狀分布於葉背
（小下）羽軸兩側具有弧形網眼，靠近羽片邊緣之脈則游離。

尾葉實蕨

Bolbitis heteroclita (Presl) Ching

實蕨屬

海拔	低海拔
生態帶	熱帶闊葉林
地形	山溝 / 谷地
棲息地	林內 / 溪畔
習性	岩生 / 地生
頻度	偶見

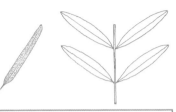

20011012・新店（人工栽植）

●**特徵**：根莖匍匐狀；葉兩型，營養葉柄長15～60cm，基部被褐色披針形鱗片；葉片長30～50cm或更長，寬25～35cm，一回羽狀複葉；側羽片3～5對，長15～20cm，寬3～5cm，羽片邊緣缺刻無刺齒，頂羽片披針形，有的下垂，長可達20～30cm，末端具不定芽；孢子葉較窄，側羽片有柄，孢子囊散沙狀覆蓋葉背。

●**習性**：岩生或地生，生長在林下溪谷地區。

●**分布**：尼泊爾、印度、緬甸、泰國及東南亞，台灣僅見於龜山島、蘭嶼和南仁山地區。

19860219・豬勝束山

20000920・台北植物園（人工栽植）

（主）葉兩型，孢子葉較直立，營養葉較開展。
（小左）部分葉片之頂羽片特別延伸，頂端具不定芽。
（小右）頂羽片頂端之不定芽觸地後長出小植株。

刺蕨

Bolbitis appendiculata
(Willd.) Iwatsuki

實蕨屬

海拔	低海拔	
生態帶	亞熱帶闊葉林	
地形	山溝	谷地
棲息地	林內	溪畔
習性	岩生	
頻度	偶見	

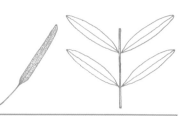

1986.01.30・萬里德山→八律溪支流

1999.06.19・烏來雲仙樂園

1999.06.19・烏來雲仙樂園

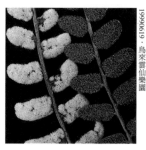

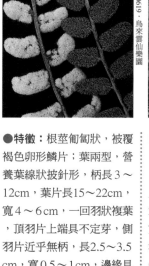

1986.01.30・萬里德山→八律溪支流

●**特徵**：根莖匍匐狀，被覆褐色卵形鱗片；葉兩型，營養葉線狀披針形，柄長3～12cm，葉片長15～22cm，寬4～6cm，一回羽狀複葉，頂羽片上端具不定芽，側羽片近乎無柄，長2.5～3.5cm，寬0.5～1cm，邊緣具圓齒，每一裂口可見一突刺，羽片基部上側具耳狀突起；葉脈游離，側脈單一或分叉一次；孢子葉柄長15～24cm，葉片長10～12cm，寬1～2cm，可見孢子囊散沙狀覆蓋羽片背面。

●**習性**：生長在林下溪溝之岩石上。

●**分布**：日本南部、中國大陸南部、印度、泰國、中南半島、菲律賓、馬來西亞、印尼，台灣在低海拔可見。

（主）　兩型葉，孢子葉較瘦長。
（小中）　營養葉葉緣可見突刺
（小下）　未成熟與成熟的孢子葉背面

阿里山舌蕨

Elaphoglossum marginatum
(Wall. *ex* Fée) T. Moore

舌蕨屬

海拔	中海拔
生態帶	針闊葉混生林
地形	山坡
棲息地	林內
習性	著生
頻度	偶見

1986 0809・鞍馬山

2000 1028・大雪山

●**特徵**：根莖短匍匐狀，被覆褐色卵形之鱗片；葉幾近叢生，為全緣之單葉，直立或斜上生長；葉兩型，營養葉柄長10～15cm，葉片橢圓形，長18～25cm，寬3～3.5cm，基部楔形、下延，頂端尖；孢子葉柄長16～20cm，葉片較窄，長15～20cm，寬2～2.5cm，可見孢子囊散沙狀覆蓋葉背；葉脈不明顯。

●**習性**：長在林下樹幹上。

●**分布**：喜馬拉雅山東部及東南亞熱帶地區之高山，台灣產於中海拔檜木林帶。

（主）葉質地厚且光滑，常叢生狀長在樹幹上，孢子葉較窄長。
（小）成熟之孢子葉呈褐色，營養葉葉背可見疏生之小鱗片。

313

銳頭舌蕨

Elaphoglossum callifolium
(Bl.) Moore

舌蕨屬

海拔	中海拔
生態帶	暖溫帶闊葉林
地形	山坡
棲息地	林內
習性	著生
頻度	稀有

蘿蔓藤蕨科

舌蕨屬

●**特徵：**根莖短匍匐狀，密布線形鱗片，葉幾近叢生；葉兩型，營養葉柄長6～12cm，基部被鱗片，上部有窄翅，葉片橢圓形，長20～30cm，寬4～6cm，基部略下延，頂端尖；孢子葉柄長10～15cm，葉片披針形至長橢圓形，長12～17cm，寬2～3cm，頂端漸尖，基部楔形，葉緣全緣，可見孢子囊散沙狀覆蓋葉背；葉脈不明顯。

●**習性：**長在林下樹幹上。

●**分布：**東南亞及中南半島熱帶地區之高山，台灣僅零星見於中海拔地區。

19940525‧福山

（主）生長在成熟林之樹幹上，孢子葉較狹長而直立，營養葉較寬闊而開展或下垂。

314

鱗毛蕨科

Dryopteridaceae

外觀特徵：莖通常粗短，斜上或直立，罕見橫走莖。葉多為羽狀複葉，多半叢生；大多數種類葉表之葉軸和羽軸皆有溝，且彼此相通，其上通常光滑無毛，但葉背多少具鱗片。葉柄橫切面之維管束至少三個，排成半圓形。葉脈多為游離脈，少有連結成網狀。孢子囊群多為圓形，且多具孢膜，長在脈上。

生長習性：為地生型的中小型植物，在高山地區常成群出現。

地理分布：主要分布於亞熱帶高山至溫帶地區；台灣則全島分布，但以中、高海拔種數較多。

種數：全世界有至少18屬約570種，台灣有11屬86種。

●本書介紹的鱗毛蕨科有8屬36種。

【屬、群檢索表】

魚鱗蕨

Acrophorus paleolatus
Pichi-Sermolli

魚鱗蕨屬

海拔	中海拔
生態帶	針闊葉混生林
地形	山坡
棲息地	林內
習性	地生
頻度	偶見

●**特徵**：莖斜上生長，頂部及葉柄基部密生卵狀披針形鱗片，葉叢生；葉柄長30～50 cm，草桿色；葉片卵形至三角形，四回羽狀複葉，長度與寬度相似，約50～80 cm；羽片對生，與葉軸垂直相交，相交處背面有一片圓形的膜質鱗片，最下羽片最大；孢膜魚鱗形，褐色，位在小脈頂端，僅基部一點著生，邊緣有時不整齊。

●**習性**：地生，生長在林下遮蔭且富含腐植質之處。

●**分布**：喜馬拉雅山區東部一帶，台灣產於中海拔1500至2500公尺的檜木林帶。

（主）葉為四回羽狀複葉，羽片與葉軸幾乎垂直。
（小上）生長在中海拔林下腐植質豐富之處。
（小中）葉背之葉軸與羽軸交接處具有質地薄的大型鱗片。
（小下）裂片圓頭，孢膜呈不規則之魚鱗形。

317

柄囊蕨

Peranema cyatheoides Don

柄囊蕨屬

海拔	中海拔
生態帶	針闊葉混生林
地形	山坡
棲息地	林緣　路邊
習性	地生
頻度	常見

●**特徵：**莖粗短，直立，葉柄至葉軸密生卵狀披針形之鱗片；葉叢生，三回羽狀複葉；葉柄長30～40cm，葉片卵狀三角形，長60～130cm，寬35～70cm；葉軸、羽軸表面有溝且相通，溝上有多細胞毛；羽片披針狀鐮形，小羽片長3～4cm，寬約1.5cm，近對生或互生，無柄，裂片鈍頭，邊緣呈細鋸齒狀；葉脈游離；孢膜球狀，具長柄，成熟時頂部開裂。

●**習性：**地生，長在林緣。

●**分布：**尼泊爾、印度北部、中國大陸西南部，台灣中海拔地區常見。

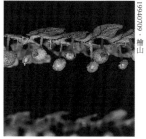

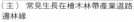

（主）　常見生長在檜木林帶產業道路邊林緣
（小左）　成熟之球形孢膜自頂部開裂
（小右）　孢膜球形且具有長柄，此其名稱之由來。

阿里山肉刺蕨

Nothoperanema squamiseta
(Hook.) Ching

肉刺蕨屬

海拔	中海拔
生態帶	針闊葉混生林
地形	山坡
棲息地	林內
習性	地生
頻度	偶見

1981080S · 雲稜山莊↓南湖溪

1991090? · 多加屯山↓雲稜

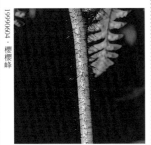

1999060④ · 櫻櫻峰

●**特徵**：莖短而斜上生長，被葉柄基部遮蓋，密生鱗片，葉叢生；葉柄草桿色，長15～30cm，葉柄及葉軸具平射狀窄鱗片；葉片寬卵形至三角形，長30～60cm，寬25～60cm，三回羽狀深裂；羽片披針形，長5～12cm，寬1～4cm，最基部羽片的最基部朝下小羽片較長；孢子囊群靠近小羽軸，常集生於小羽片頂端，孢膜圓腎形。

●**習性**：地生，生長在林下遮蔭、腐植質豐富之處。

●**分布**：南非、馬達加斯加、印度北部、中國大陸西南部，台灣產於中海拔山區。

（主）　生長在林下潮濕且腐植質豐富之處
（小上）　孢子囊群常貼近小羽軸，且常集生於小羽片頂端。
（小下）　葉柄具有平射狀之黑色窄鱗片

319

彎柄假複葉耳蕨

Acrorumohra diffracta
(Baker) H. Ito.

假複葉耳蕨屬

海拔	中海拔
生態帶	暖溫帶闊葉林
地形	谷地　山坡
棲息地	林內
習性	地生
頻度	稀有

●**特徵**：莖短，直立或斜向上生，密布褐色鱗片；葉柄長20～40cm，草稈色；葉片三角形或寬卵形，長25～40cm，寬20～35cm，三至四回羽狀複葉，草質，葉軸呈「之」字形折曲；羽片多少向下反折，明顯具柄，小羽片長1～3cm，寬0.5～1.5cm；末裂片扇形，長3～5mm，寬約1mm；葉脈游離，先端不達於葉緣；孢子囊群著生在小脈頂端，孢膜圓腎形。

●**習性**：地生，生長在林下遮蔭、富含腐植質之處。

●**分布**：中國大陸南部、中南半島，台灣中海拔地區可見。

（主）　羽片明顯具柄且向下反折
（小上）　末裂片扇形，小羽片之排列屬上先型。
（小下）　葉軸呈「之」字形彎曲

頂羽鱗毛蕨

Dryopteris enneaphylla
(Bak.) C. Chr.

鱗毛蕨屬

海拔	中海拔
生態帶	暖溫帶闊葉林
地形	山坡
棲息地	林緣
習性	地生
頻度	偶見

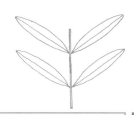

1998082l·瓦拉米

1999060⁴·梅峰

●**特徵：**莖直立，被褐色披針形鱗片，葉叢生；葉柄長25～40cm，具深溝，基部暗褐色，具鱗片，上段草桿色；葉片寬卵形至三角形，長寬各約為20～35cm，一回羽狀複葉，具與側羽片同形之獨立頂羽片；側羽片長13～20cm，寬2～5cm，2～3對，羽片邊緣有淺缺刻；葉脈游離；孢膜圓腎形，羽軸兩側各有3～4排。

●**習性：**地生，生長在林緣土坡或岩縫中。

●**分布：**中國大陸南部，台灣產於中海拔地區。

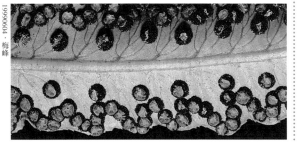

（主）發育在林緣土坡，故常見其葉下垂生長。
（小）孢子囊群長在羽軸兩側的羽狀脈上，孢膜圓腎形。

史氏鱗毛蕨

Dryopteris scottii
(Beddome) Ching *ex* C. Chr.

鱗毛蕨屬

海拔	中海拔
生態帶	暖溫帶闊葉林
地形	山坡
棲息地	林內　林緣
習性	地生
頻度	常見

19860719・溪頭

●**特徵：**莖直立，為宿存之葉柄覆蓋，密被黑色之披針形鱗片；葉柄草桿色，長30～45cm，基部亦具黑色之披針形鱗片；葉片橢圓狀披針形，長25～35cm，寬15～25cm，一回羽狀複葉，頂端不具頂羽片；中段羽片長10～15cm，寬2～2.5cm，羽片具截頭之齒緣；孢子囊群圓形，長在羽軸兩側，呈不規則零散分布，不具孢膜。

●**習性：**地生，生長在林下或林緣半遮蔭處。

●**分布：**喜馬拉雅山、中國大陸、緬甸、越南，台灣中海拔地區可見。

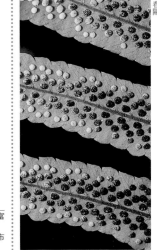

19981223・春陽

（主）　生長在林下或林緣較潮濕且富含腐植質之處
（小）　孢子囊群圓形，無孢膜，散布在羽軸兩側。

桫欏鱗毛蕨

Dryopteris cycadina
(Fr. & Sav.) C. Chr.

鱗毛蕨屬

海拔	中海拔
生態帶	暖溫帶闊葉林
地形	山坡
棲息地	林內　林緣
習性	地生
頻度	常見

1990604・梅峰

1988026・塔塔加

1990604・梅峰

1990604・梅峰

●**特徵：**莖直立，密被黑色披針形鱗片，葉叢生；葉柄長25～45cm，具與莖頂相同之鱗片；葉片披針形，長40～85cm，寬15～28cm，一回羽狀複葉，基部羽片略短，頂端不具頂羽片，葉軸上具黑色鱗片；羽片長8～15cm，寬1～2cm，邊緣鋸齒狀，側脈游離，羽狀分叉；孢膜圓腎形，羽軸兩側各有2～3排。

●**習性：**地生，生長在林下或林緣半遮蔭處。

●**分布：**日本、中國大陸、印度、緬甸，台灣見於中海拔山區。

（主）　本種羽片多且細長，是中海拔暖溫帶闊葉林的指標植物之一。
（小左）　葉背可見黑色窄鱗片
（小中）　葉表可見羽軸與葉軸之溝不相通，鋸齒上具有突尖之小齒
（小右）　孢膜圓腎形，在羽軸兩側各排成2～3行。

腺鱗毛蕨

Dryopteris alpestris Tagawa

鱗毛蕨屬

海拔	高海拔	
生態帶	高山寒原	
地形	山坡	
棲息地	空曠地	
習性	岩生	地生
頻度	偶見	

●**特徵**：莖直立或斜生，密被寬卵圓形淺褐色之鱗片，全株亦密布腺體，葉叢生；葉柄草桿色，長約15cm，葉片披針形至卵狀披針形，長15～20cm，寬5～10cm，大小變化頗大，二回羽狀深裂至複葉；羽片互生，長3～10cm，寬約1.5cm；裂片周邊具銳鋸齒緣；孢膜圓腎形，邊緣齒裂。

●**習性**：地生或岩生，長在高山開闊環境之碎石坡上。

●**分布**：西藏、尼泊爾，台灣產於高海拔地區。

（小左）生長在高海拔空曠地之碎石坡上，常成群出現。
（小右）裂片前端及兩側邊緣均具銳鋸齒緣，孢膜圓腎形。

近多鱗鱗毛蕨

Dryopteris komarovii Kosshinsky

鱗毛蕨屬

海拔	高海拔
生態帶	高山寒原
地形	山坡　峭壁
棲息地	空曠地
習性	地生
頻度	稀有

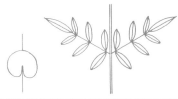

1981.08.08・南湖大山

1991.06.09・南湖山莊→主峰登山口

1981.08.08・南湖大山

●**特徵**：莖短而直立，密布鱗片和宿存的葉柄；葉柄長7～10cm，密布褐色鱗片；葉片卵狀披針形，長10～25cm，寬5～12cm，二回羽狀複葉；羽片長3～6cm，羽軸背面密布褐色鱗片；小羽片鈍頭，邊緣具圓齒，表面散布許多窄鱗片；孢膜圓腎形。

●**習性**：地生，生長在空曠地巨岩陰影處。

●**分布**：喜馬拉雅山區東部、中國大陸西部，台灣見於高海拔地區。

（主）生長在高山寒原巨岩旁遮蔭處
（小上）由於被雪覆蓋，前一年生長的老葉常遺留在植株基部。
（小下）小羽片鈍頭，邊緣具圓齒。

厚葉鱗毛蕨

Dryopteris lepidopoda Hayata

鱗毛蕨屬

海拔	中海拔	高海拔
生態帶	針闊葉混生林	針葉林
地形	山坡	
棲息地	林內	
習性	地生	
頻度	常見	

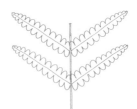

●**特徵：**莖粗短，直立，密被黑褐色鱗片，葉叢生；葉柄長15～25cm，被覆與莖相同之鱗片；葉片披針形至寬披針形，長25～40cm，寬15～20cm，二回羽狀深裂，葉軸被黑色鱗片；羽片窄披針形，長7～10cm，寬1.5～2cm，末端漸尖至尾狀；裂片鈍頭，頂端具齒緣；孢子囊群長在裂片側脈上，孢膜圓腎形。

●**習性：**地生，生長在林下遮蔭且腐植質豐富處。

●**分布：**喜馬拉雅山區、中國大陸西部，台灣中、高海拔山區常見。

19901691・南湖北山登山口→雲稜

19900403・新人崗

19990605・梅峰

（主）本種為針葉林植物，常長在腐植質較豐富的地區。
（小左）幼葉捲旋狀，密布黑褐色鱗片。
（小右）裂片長方形，頂端具齒緣。

瓦氏鱗毛蕨

Dryopteris wallichiana
(Spr.) Hylander

鱗毛蕨屬

海拔	高海拔
生態帶	針葉林
地形	山坡
棲息地	林內
習性	地生
頻度	偶見

19910813·雲棱山莊

1990604·櫻櫻峰

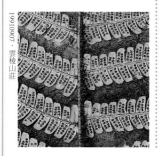

19910907·雲棱山莊

●**特徵：**莖粗短，直立，密被褐色鱗片，葉叢生；葉柄長20～30cm，基部被覆與莖相同之鱗片；葉片二回羽狀深裂，長橢圓形至披針形，長50～100cm，寬15～25cm，最寬處在中段，基部羽片往下逐漸縮短，最下一對羽片反折，裂片末端鈍，具齒緣；孢膜圓腎形，在裂片兩側各排成一排。

●**習性：**地生，生長在林下空曠處。

●**分布：**喜馬拉雅山區、中國大陸西部、緬甸、日本南部、菲律賓、婆羅洲，台灣高海拔地區偶見。

（主）生長在較高海拔之針葉林林下空曠處，葉呈開展狀叢生。
（小上）冬天由於被雪壓蓋，前一年的一輪老葉常留存在植株基部。
（小下）孢子囊群在裂片兩側各排成一排

擬岩蕨

Dryopteris chrysocoma
(Christ) C. Chr.

鱗毛蕨屬

海拔	中海拔	高海拔
生態帶	針闊葉混生林	針葉林
地形	山坡	
棲息地	林緣	
習性	地生	
頻度	稀有	

●**特徵：**莖直立或斜生，密布褐色卵形至披針形鱗片，葉叢生；葉柄草桿色，長8～15cm，基部具鱗片；葉片披針形至卵狀披針形，長20～28cm，寬8～15cm，草質至紙質，二回羽狀深裂至複葉；羽片披針形，無柄，裂片或小羽片鈍頭，末端具齒緣；孢膜圓腎形，位在裂片或小羽片中脈與葉緣之間。

●**習性：**地生，生長在林緣遮蔭處。

●**分布：**中國大陸西部、巴基斯坦、印度北部、緬甸、菲律賓北部，台灣見於中、高海拔地區。

（主）　葉質地較薄，生長在林緣遮蔭處。
（小上）　針葉林帶稍遮蔭之空曠岩石環境是較容易發現本種之處
（小下）　小羽片或裂片鈍頭，孢膜圓腎形，位在其中脈與葉緣之間。

南海鱗毛蕨

Dryopteris varia (L.) Ktze.

鱗毛蕨屬

海拔	低海拔
生態帶	亞熱帶闊葉林
地形	山坡
棲息地	林內　林緣
習性	地生
頻度	常見

19970617・深坑土庫

19940517・烏來娃娃谷

19990604・梅峰

19981201・南安→佳心

●**特徵**：莖短而直立，具披針形暗褐色鱗片，葉叢生；葉柄長20～30 cm，基部具與莖相同之鱗片；葉片五角形，長25～35 cm，寬15～22 cm，二回羽狀複葉，革質，葉軸被窄披針形鱗片；最基部羽片對生或近對生，其最下朝下小羽片特別長；末回裂片近全緣，孢膜圓腎形，長在裂片側脈上。

●**習性**：地生，生長在林下或林緣遮蔭處。

●**分布**：韓國、日本，台灣低海拔地區可見。

（主）　常見生長在林緣土坡，葉常下垂，幼葉泛紅色。
（小中）　葉表可見葉軸與羽軸均具溝槽且相通
（小右）　孢膜圓腎形，長在裂片側脈上。

台灣鱗毛蕨

Dryopteris formosana
(Christ) C. Chr.

鱗毛蕨屬

海拔	中海拔
生態帶	暖溫帶闊葉林
地形	山坡
棲息地	林內
習性	地生
頻度	常見

19810805 · 南湖溪

19940806 · 陽明山國家公園小油坑

19910911 · 雲稜→多加屯山

19990604 · 梅峰

●**特徵**：莖直立或斜生，被黑褐色披針形鱗片，葉叢生；葉柄長25～40cm，被黑褐色至黑色、披針形至線形鱗片；葉片長五角形，長25～40cm，寬20～30cm，三回羽狀分裂，葉軸被披針形近黑色之鱗片；羽片長8～16cm，寬2～4cm，基部羽片對生，羽軸背面具帽形鱗片，最基部羽片之最下朝下小羽片特別大；孢膜圓腎形，長在裂片之側脈上。

●**習性**：地生，生長在林下遮蔭處。

●**分布**：日本南部，台灣產於中海拔暖溫帶闊葉林。

（主）　葉片呈五角形，其最基部一對羽片之最下朝下小羽片特別大。
（小左）　本種為暖溫帶闊葉林的指標植物
（小中）　葉軸與羽軸具有黑色至黑褐色之鱗片；小羽片之排列屬下先型。
（小右）　孢膜圓腎形，長在裂片之側脈上。

落鱗鱗毛蕨

Dryopteris sordidipes Tagawa

鱗毛蕨屬

海拔	低海拔	
生態帶	亞熱帶闊葉林	
地形	山坡	稜線
棲息地	林內	林緣
習性	地生	
頻度	偶見	

19850806・南仁湖下方

●**特徵**：莖直立，密被黑褐色鱗片；葉柄長15～55cm；葉片呈五角形，長30～50cm，寬25～30cm，三回羽狀深裂，基部羽片近葉軸之下側小羽片特別長；羽片長12～20cm，寬2～4cm，互生，具柄；小羽片具齒緣，頂端突尖，基部兩側有葉耳；葉柄、葉軸和羽軸上有貼伏的黑褐色鱗片，在葉表面尚可見互通的深溝，羽軸背面不具帽形鱗片；孢膜圓腎形，長在裂片或小羽片的側脈上。

●**習性**：地生，生長在林下遮蔭環境或林緣半遮蔭處。

●**分布**：日本南部，台灣低海拔地區可見。

19990501・春陽

（主）葉柄、葉軸和羽軸密布貼伏狀易脫落黑色鱗片是本種的重要特徵
（小）孢膜圓腎形，長在裂片之側脈上。

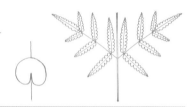

長葉鱗毛蕨

Dryopteris sparsa
(Buch.-Ham. *ex* D. Don) O. Ktze.

鱗毛蕨屬

海拔	中海拔
生態帶	暖溫帶闊葉林
地形	山坡
棲息地	林內
習性	地生
頻度	偶見

19990425・清水山

19990829・溪頭

●**特徵：**莖斜生，上覆宿存的葉柄基部及鱗片；葉柄長20～35 cm，基部褐色，具褐色卵形鱗片；葉寬卵形至五角形，長約35 cm，寬25～30 cm，二回羽狀複葉至三回羽狀深裂；羽片長10～15 cm，寬4～7 cm，基部羽片對生，且基部之下側小羽片明顯較長；裂片和小羽片具鋸齒緣，缺刻中具刺；孢膜圓腎形，長在小脈上。

●**習性：**地生，生長在林下腐植質豐富之處。

●**分布：**日本、中國大陸、印度、馬來西亞，台灣中海拔地區可見。

（主） 常見生長在林下多腐植質的環境，屬於較成熟森林的蕨類植物。
（小） 孢膜圓腎形，長在裂片之側脈上。

深山鱗毛蕨

Dryopteris fructuosa
(Christ) C. Chr.

鱗毛蕨屬

海拔	中海拔	高海拔
生態帶	針闊葉混生林	針葉林
地形	山坡	
棲息地	林內	林緣
習性	地生	
頻度	偶見	

908801861・雲稜山莊

1199801161・梅峰

199811224・翠峰

1985I029・塔塔加→排雲

●**特徵：**莖短直立或斜上生長，密布紅褐色卵形鱗片；葉柄長15～25cm，草稈色，基部密布紅褐色鱗片；葉片卵狀或三角狀披針形，長15～35cm，寬12～20cm，二回羽狀分裂至複葉，革質；羽片無柄，羽軸背面具鱗片；小羽片或裂片鈍頭，末端具鋸齒緣，小羽片或裂片中脈背面亦有鱗片；孢子囊群貼近羽軸，孢膜圓腎形，長在小羽片或裂片之側脈上。

●**習性：**地生，生長在林下空曠處或林緣環境。

●**分布：**中國大陸西部與印度北部，台灣產於中、高海拔地區。

（主） 葉軸與羽軸表面有溝且互通；葉緣具鋸齒緣。
（小左） 常見生長在林緣半遮蔭處的土坡上
（小中、小右） 葉片二回羽狀分裂或二回羽狀複葉，孢膜圓腎形，貼近羽軸。

紅孢鱗毛蕨
（三角鱗毛蕨）

Dryopteris subtriangularis
(Hope) C. Chr.

鱗毛蕨屬

海拔	中海拔
生態帶	暖溫帶闊葉林
地形	山坡
棲息地	林內
習性	地生
頻度	偶見

1998/0913・春陽

●**特徵**：莖短，斜生，密生黑褐色鱗片，葉叢生；葉柄長15～20cm，密布長披針形鱗片；葉片卵狀三角形，長18～25cm，寬10～20cm，二回羽狀複葉；羽片對生至近對生，最基部羽片之最下朝下小羽片略短，羽軸具泡狀鱗片；孢膜泛紅色，圓腎形，長在裂片或小羽片的側脈上。

●**習性**：地生，生長在林下多腐植質之處。

●**分布**：東亞地區之暖溫帶闊葉林，台灣產於中海拔地區。

1999/0501・春陽

（主）最基部羽片之最下朝下小羽片不特別大
（小）孢膜圓腎形，泛紅色，此亦為其名稱之由來。

台灣兩面複葉耳蕨

Arachniodes festina (Hance) Ching

複葉耳蕨屬

海拔	中海拔
生態帶	暖溫帶闊葉林
地形	谷地　山坡
棲息地	林內
習性	地生
頻度	偶見

20000325

19991208・拉拉山

19991208・拉拉山

●**特徵**：根莖匍匐狀，被鱗片；葉柄長20～40cm，基部被暗褐色鱗片；葉片五角形，長40～60cm，寬20～30cm，三回羽狀複葉至四回羽狀深裂，草質；羽片披針形，長12～20cm，寬2.5～3.5cm，具柄，最基部羽片之最下朝下小羽片特別長；末裂片斜方形，基部不對稱，邊緣鋸齒具芒刺；葉脈游離，不達葉片邊緣；孢膜圓腎形。

●**習性**：地生，生長在林下潮濕多腐植質之處。

●**分布**：中國大陸及台灣中海拔山區。

（主）　最基部一對羽片之最下朝下小羽片特別大；羽片顯著具柄。
（小上）　羽片具顯著之柄，小羽片之分枝方式為上先型。
（小下）　末回小羽片具銳鋸齒緣，孢膜圓腎形。

335

小葉複葉耳蕨

Arachniodes tripinnata
(Goldm.) Sledge

複葉耳蕨屬

海拔	低海拔	
生態帶	熱帶闊葉林	亞熱帶闊葉林
地形	山坡	稜線
棲息地	林內	林緣
習性	地生	
頻度	常見	

●**特徵：**莖短，斜生，密被窄披針形深褐色鱗片，葉叢生；葉柄長20～30cm，葉片五角形，長35～50cm，寬25～40cm，二至三回羽狀複葉，革質，頂端漸尖；羽片長12～15cm，寬4～7cm，最基部羽片之最下朝下小羽片特別長；裂片具有芒刺狀之銳鋸齒邊緣，葉脈游離；孢膜圓腎形，長在脈上。

●**習性：**地生，生長在林下或林緣半遮蔭處。

●**分布：**亞洲熱帶及亞熱帶地區，台灣於低海拔山區可見。

19980623・梅峰

（主）　葉片頂端逐漸縮短而不突然縮短是本種的主要特徵

斜方複葉耳蕨

Arachniodes rhomboides
(Wall. *ex* Mett.) Ching

複葉耳蕨屬

海拔	低海拔　中海拔
生態帶	亞熱帶闊葉林　暖溫帶闊葉林
地形	山坡
棲息地	林內　林緣
習性	地生
頻度	常見

1988026 · 塔塔加

1998091 · 梅峰

199926 · 樹林東山

●**特徵：**根莖匍匐狀，密生鱗片，葉遠生；葉柄長20～50cm；葉片五角形，長35～55cm，寬15～30cm，二回羽狀複葉，革質；頂羽片與側羽片同形，側羽片5～10對，羽片長15～20cm，寬2～4cm，最基部羽片之最下朝下小羽片特別長，且分裂形式近似其他羽片；小羽片邊緣具芒刺；葉脈游離，不達葉片邊緣；孢膜圓腎形，邊緣具指狀突出，長在小羽片之側脈上，近葉緣。

●**習性：**地生，生長在林下潮濕多腐植質之處。

●**分布：**亞洲熱帶及亞熱帶地區，台灣中、低海拔山區可見。

（主）　葉片頂端具顯著之頂羽片，頂羽片與側羽片同形。
（小上）　羽片具顯著之柄，葉緣具芒刺狀鋸齒。
（小下）　孢膜圓腎形，較靠近小羽片邊緣。

鱗毛蕨科

複葉耳蕨屬

細葉複葉耳蕨

Arachniodes aristata (Forst.) Tindle

複葉耳蕨屬

海拔	低海拔	
生態帶	海岸	熱帶闊葉林　亞熱帶闊葉林
地形	山坡	
棲息地	林內　林緣	
習性	地生	
頻度	常見	

1I041016・新竹五峰

1999026・樹林東山

19990926・樹林東山

19970420・圓山臥龍崗

●**特徵**：根莖匍匐狀，被紅褐色鱗片；葉柄長20～35cm，葉片五角形，長30～40cm，寬20～30cm，先端突尖，二至三回羽狀複葉，革質；羽片寬披針形，長7～18cm，寬3～5cm，6～9對，最基部羽片之最下朝下小羽片特別長；末裂片斜方形，基部兩邊多不對稱，邊緣具芒刺狀鋸齒；葉脈游離；孢膜圓腎形，位在脈上。

●**習性**：地生，生長在林下或林緣環境。

●**分布**：亞洲熱帶及亞熱帶地區，北達韓國、日本，台灣低海拔山區可見。

（主）葉片頂端突然縮短是本種的特徵
（小上）常見生長在海邊丘陵地之林下
（小中）羽片最基部之小羽片朝上生長，屬上先型。
（小下）捲旋狀之幼葉

韓氏耳蕨

Polystichum hancockii (Hance) Diels

耳蕨屬耳蕨群

海拔	中海拔
生態帶	暖溫帶闊葉林
地形	谷地 ｜ 山坡
棲息地	林內
習性	地生
頻度	常見

19880227・溪頭

19860329・鳳凰山

●**特徵**：莖直立或斜生，葉叢生；葉柄長10～17cm；莖及葉柄基部具褐色披針形鱗片；葉片三角形，長10～25cm，寬8～12cm，三出複葉，各單位均為一回羽狀複葉，革質；頂羽片窄披針形，長10～25cm，寬2.5～4.5cm，側羽片較短，長約4～7cm；小羽片長鐮形，長約2cm，寬約0.5cm，葉緣具芒刺狀鋸齒；孢膜圓形，盾狀著生於脈上。

●**習性**：地生，生長在林下潮濕多腐植質之處。

●**分布**：日本與中國大陸南部，台灣中海拔地區常見。

（主） 葉片最基部之一對羽片特別大，形成三出複葉的外形。
（小） 小羽片邊緣具芒刺狀鋸齒

339

軟骨耳蕨

Polystichum nepalense
(Spreng.) C. Chr.

耳蕨屬耳蕨群

海拔	中海拔
生態帶	針闊葉混生林
地形	山坡
棲息地	林內　林緣
習性	地生
頻度	偶見

●**特徵：**莖直立，密生鱗片，葉叢生；葉柄長5～20cm，被褐色鱗片；葉片線形，長15～35cm，寬3～7cm，一回羽狀複葉，葉軸被褐色小鱗片；羽片鐮形，長2～5cm，寬0.8～1.5cm，邊緣具淡色軟骨邊，略呈鋸齒緣；孢膜圓形，盾狀著生於羽片之側脈上。

●**習性：**生長在林下潮濕環境之土坡上，葉常下垂。

●**分布：**喜馬拉雅山區與菲律賓，台灣則產於中海拔地區。

1993.09.09・合歡山→成功堡

1988.12.26・玉山

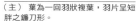

（主）　葉為一回羽狀複葉，羽片呈短胖之鐮刀形。
（小）　羽片基部朝上一側具耳狀突起

玉山耳蕨

Polystichum morii Hayata

耳蕨屬耳蕨群

海拔	高海拔	
生態帶	針葉林	高山寒原
地形	山坡	峭壁
棲息地	灌叢下	林緣	空曠地
習性	岩生	
頻度	偶見	

19910812・南湖大山

200004・南湖大山

●**特徵**：莖短直立或斜生，密生鱗片，葉叢生；葉柄長3～7cm，基部具褐色披針形鱗片；葉片線形，長5～10cm，寬0.5～1.5cm，一回羽狀複葉，草質，葉軸頂端有芽；羽片長0.5～1cm，寬0.2～0.4cm，背面被小鱗片，邊緣鋸齒狀，多少具芒刺；孢膜大型，直徑可達0.2cm，盾狀著生於脈上。

●**習性**：生長在高山地區之岩縫中。

●**分布**：台灣特有種，產於海拔3000公尺以上地區。

（主）生長在巨岩之岩縫中，羽片略微朝下反折。

（小）羽片具柄，葉緣具有芒刺狀鋸齒，孢膜圓形，盾狀著生。

南湖耳蕨

Polystichum prescottianum
(Wall. *ex* Mett.) Moore

耳蕨屬耳蕨群

海拔	高海拔
生態帶	高山寒原
地形	峭壁
棲息地	空曠地
習性	地生
頻度	稀有

●**特徵**：莖直立，密生鱗片，葉叢生；葉柄長4～10cm，基部被卵形及線形鱗片；葉片線形，長15～30cm，寬3～3.5cm，一回羽狀複葉，厚紙質至革質，葉軸被窄披針形至窄三角形鱗片；羽片卵形至長卵狀三角形，長0.8～1.7cm，寬0.4～1cm，不具葉耳，邊緣具鋸齒緣，鋸齒長短不一；孢子囊群位在上段之羽片，孢膜圓形，盾狀著生於脈上。

●**習性**：地生，生長在巨岩遮蔭處之縫隙中。

●**分布**：喜馬拉雅山區，台灣產於高海拔地區。

1992/08/13・三六九→雪山主峰

1991/09/09・南湖溪

（主） 生長在高山地區巨岩之岩縫中
（小） 羽片基部深裂至中裂

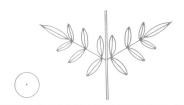

兒玉氏耳蕨

Polystichum tacticopterum
(Kunze) Moore

耳蕨屬耳蕨群

海拔	中海拔	
生態帶	針闊葉混生林	
地形	谷地	山坡
棲息地	林內	林緣
習性	地生	
頻度	偶見	

19800802・觀高→下東埔

●**特徵**：莖直立，密生鱗片，葉叢生；葉柄長20～38cm，基部被大型、中央深色之鱗片；葉片披針形，長45～60cm，寬16～25cm，二回羽狀複葉，紙質，葉軸混生大型卵狀鱗片及小披針形鱗片；羽片線形，長8～12cm，寬1.5～3cm，背面被小鱗片；小羽片斜長方形，邊緣具芒刺；孢膜圓形，盾狀著生於脈上。

●**習性**：地生，生長在林下潮濕多腐植質之處。

●**分布**：喜馬拉雅山區與斯里蘭卡，台灣產於中海拔地區。

19800802・觀高→下東埔

（主）葉質地柔軟，為典型之二回羽狀複葉，長在林下多腐植質的環境。
（小）葉軸及羽軸密被褐色鱗片

343

尖葉耳蕨

Polystichum parvipinnulum Tagawa

耳蕨屬耳蕨群

海拔	中海拔	
生態帶	暖溫帶闊葉林	針闊葉混生林
地形	山坡	
棲息地	林內	林緣
習性	地生	
頻度	常見	

1988.06.26 · 沙里仙溪

1994.07.02 · 觀霧

1998.12.24 · 梅峰

2001.05.17 · 平林農場

●**特徵**：莖直立，密生鱗片，葉叢生；葉柄長12～30cm，被長橢圓形至寬橢圓形鱗片；葉片披針形，長35～55cm，寬18～24cm，二回羽狀複葉，草質至革質，葉軸密布披針狀鱗片；羽片線形，長7～12cm，寬1.5～2.5cm；小羽片斜方形，基部歪斜，邊緣具芒刺狀鋸齒；孢膜圓形，盾狀著生於脈上。

●**習性**：地生，生長在林下多腐植質之處。

●**分布**：台灣特有種，海拔1000至2000公尺常見。

（主）　葉為典型之二回羽狀複葉，最基部一對羽片朝下反折。
（小左）　常見生長在暖溫帶闊葉林下
（小中）　葉柄及葉軸密布褐色鱗片
（小右）　小羽片基部朝上一側具耳狀突尖，頂端具尖刺。

阿里山耳蕨

Polystichum eximium
(Mett. *ex* Kuhn) C. Chr.

耳蕨屬耳蕨群

海拔	中海拔	
生態帶	暖溫帶闊葉林	針闊葉混生林
地形	谷地	山坡
棲息地	林內	
習性	地生	
頻度	偶見	

1999l216·烏來雲仙樂園

19990227·浸水營

●**特徵**：莖粗短，葉叢生；葉柄長30～50cm，基部被黑色大型鱗片；葉片披針形，長30～45cm，寬20～25cm，二回羽狀複葉，草質至革質；羽片長10～15cm，寬3～4cm，鋸齒緣，背面被小鱗片，羽軸上幾無鱗片；小羽片長1.5～2.5cm，寬0.7～1cm；孢膜圓形，盾狀著生於脈上。

●**習性**：地生，生長在林下潮濕多腐植質之處。

●**分布**：日本、中國大陸西南部、越南、斯里蘭卡，台灣中海拔地區可見。

（主）較常出現在檜木林帶潮濕多腐植質的環境
（小）葉軸近頂端處具一大型之芽

345

對馬耳蕨

Polystichum tsussimense
(Hook.) J. Smith

耳蕨屬耳蕨群

海拔	中海拔
生態帶	針闊葉混生林
地形	山坡
棲息地	林內
習性	地生
頻度	稀有

1985l102·觀高↓下東埔

●**特徵**：莖短而直立，密生黑褐色卵狀披針形鱗片，葉叢生；葉柄長12～25cm，具披針形至寬披針形鱗片；葉片披針形，長20～30cm，寬8～15cm，二回羽狀複葉，厚紙質；羽片長4～10cm，寬1.5～2cm，裂片鋸齒緣，具硬刺；葉脈游離；孢膜圓形，盾狀著生於脈上。

●**習性**：長在林下土坡上。

●**分布**：中國大陸、韓國、日本，台灣產於中海拔地區，稀有。

19800802·觀高↓下東埔

1990050l·春陽

（主）　葉片剛硬，基部的羽片具長尾尖。
（小上）　生長在林下坡地富含腐植質之處。
（小下）　葉片上段之羽片頂端不呈尾狀，最基部朝上之小羽片獨立；孢膜圓形，盾形著生。

黑鱗耳蕨

Polystichum piceopaleaceum
Tagawa

耳蕨屬耳蕨群

海拔	中海拔
生態帶	暖溫帶闊葉林
地形	山坡
棲息地	林內　林緣
習性	地生
頻度	常見

1985.11.02 · 觀高→下東埔

1990.04.02 · 梅峰

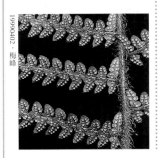

1990.04.02 · 梅峰

●**特徵**：莖直立，密生黑色鱗片，葉叢生；葉柄長15～30cm，被黑色卵形至披針形鱗片；葉片長披針形，長25～60cm，寬8～17cm，二回羽狀複葉，草質至革質，葉軸密被黑色及褐色鱗片；羽片線形，長5～10cm，寬1～2cm，羽軸上密布針狀褐色鱗片；小羽片斜方形，長約1cm，寬約0.5cm，邊緣具芒刺狀鋸齒，背面散生小鱗毛；葉脈游離；孢膜圓形，盾狀著生於脈上。

●**習性**：生長在林下的土坡上。

●**分布**：喜馬拉雅山區、中國大陸及日本，台灣產於中海拔地區。

（主）　葉片長披針形，為典型之二回羽狀複葉。
（小上）　葉柄密被黑色鱗片
（小下）　葉軸密被褐色及黑色鱗片

玉龍蕨

Polystichum glaciale Christ

耳蕨屬玉龍蕨群

海拔	高海拔	
生態帶	高山寒原	
地形	山坡	峭壁
棲息地	空曠地	
習性	岩生	
頻度	瀕危	

●**特徵**：莖粗短，斜生，密被鱗片，葉叢生；葉柄長 5～10 cm，被卵形鱗片；葉片長披針形，長 7～16 cm，寬 1.5～2 cm，一回羽狀複葉，厚革質，葉軸被披針形鱗片，上段具白色剛毛狀之鱗片，下段為耳狀褐色鱗片；羽片長 6～14 mm，寬 3～7 mm，密布鱗片，邊緣明顯反捲，鋸齒緣，多少有芒刺；孢子囊群圓形，不具孢膜，脈上生。

●**習性**：生長在高山寒原環境之岩縫中。

●**分布**：中國大陸西南部，台灣產於高山地區，非常稀少。

1910909・南湖大山

200004・南湖→中央尖

（主） 屬於高山岩石地區的蕨類，全株密被鱗片。
（小） 羽片略微向下反折，葉背密被鱗片。

鞭葉耳蕨

Polystichum lepidocaulon
(Hook.) J. Smith

耳蕨屬鞭葉耳蕨群

海拔	中海拔
生態帶	暖溫帶闊葉林
地形	山坡
棲息地	林內
習性	地生
頻度	常見

1989908‧太魯閣國家公園卡拉寶小徑

19990207‧八通關古道

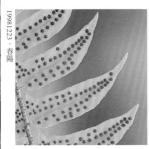

19981223‧春陽

20000020‧台北植物園（人工栽植）

●**特徵**：莖短直立或斜生，密被寬卵形鱗片，葉叢生；葉柄長12～25cm，被寬卵形鱗片；葉片披針形，一回羽狀複葉，長20～30cm，寬5～7cm，軟革質；羽片長3～7cm，寬0.7～2cm，鐮形，背面具鱗片；部分葉片之葉軸延長成鞭狀，末端具不定芽，可長出新株；葉脈游離；孢膜圓形，盾狀著生在葉脈上，早凋。

●**習性**：長在林下土坡上。

●**分布**：中國大陸、韓國及日本，台灣於中海拔地區可見。

（主）　羽片呈鐮刀形，基部朝上一側具耳狀突起。
（小上）　鞭狀葉軸及其頂端之芽
（小中）　孢子囊群不規則散布在羽軸兩側
（小下）　葉柄具褐色鱗片

349

披針貫眾

Cytomium devexiscapulae
(Koidz.) Ching

貫眾屬

海拔	低海拔	中海拔
生態帶	亞熱帶闊葉林	暖溫帶闊葉林
地形	山坡	
棲息地	林內	林緣
習性	地生	
頻度	偶見	

●**特徵**：莖短直立，密被大型之褐色鱗片，葉柄長30～40cm，基部亦具褐色鱗片，葉片長40～70cm，厚草質，一回羽狀複葉，具明顯之頂羽片；側羽片鐮形，10～20對，長可達15cm，寬3～4cm；葉脈網狀，網眼中具單一不分叉之游離小脈；羽軸兩側孢子囊群多排，孢子囊群位在網眼之游離小脈末端，孢膜圓形，盾狀著生。

●**習性**：地生，生長在林下或林緣半遮蔭處。

●**分布**：日本、韓國、中國大陸及越南北部，台灣中、低海拔地區可見。

19990604・梅峰

（主）葉質地厚，草質，頂羽片顯著，側羽片十對以上。
（小左）孢膜圓形，呈多排散布在羽軸兩側。
（小右）捲旋狀之幼葉即可見清晰之孢子囊群

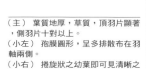

19990604・梅峰

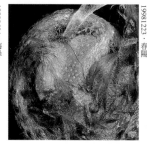

1998l223・春陽

全緣貫眾

Cyrtomium falcatum (L. f.) Presl

貫眾屬

海拔	低海拔	
生態帶	海岸	
地形	平野	山坡	峭壁
棲息地	林緣	空曠地
習性	岩生	地生
頻度	常見	

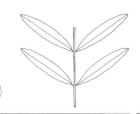

19981223・梅峰

19960828・彭佳嶼

19980408・特富野

19920227・南雅

●**特徵：**莖直立，密被卵形褐色鱗片，葉叢生；葉柄長10～30cm，稻稈色，基部覆鱗片；葉厚草質至革質，一回羽狀複葉；葉片卵形至披針形，長15～35cm，寬12～18cm，具明顯之頂羽片；側羽片5～8對，鐮形，全緣或邊緣不規則分裂；葉脈網狀，網眼中具單一不分叉之游離小脈；孢子囊群位在網眼之游離小脈上，在羽軸兩側排成多排，孢膜圓形，盾狀著生。

●**習性：**生長在海邊林緣或空曠地之岩縫中或岩石上。

●**分布：**日本、韓國、中國大陸及越南，台灣海岸地區可見。

（主）　海岸岩石地區常見，葉片厚革質。
（小上）　較常見於海岸滲水之岩縫
（小中）　孢膜在羽軸兩側排成多排
（小下）　幼葉捲旋狀，密被鱗片。

細齒貫眾

Cyrtomium caryotideum
(Wall. *ex* Hook. & Grev.) Presl

貫眾屬

海拔	中海拔	
生態帶	針闊葉混生林	
地形	山坡	
棲息地	林緣	
習性	岩生	地生
頻度	偶見	

鱗毛蕨科

貫眾屬

●**特徵：**莖斜生或直立，具暗褐色披針形鱗片，葉叢生；葉柄長20～30cm，基部密生鱗片；葉片一回羽狀複葉，披針形，長30～35cm，寬10～20cm，具三裂之頂羽片；側羽片鐮形，長8～12cm，寬3～4cm，2～8對，上側或上下兩側具耳狀突起，具細鋸齒緣；葉脈網狀，網眼中具單一不分叉之游離小脈；孢子囊群圓形，位在網眼之游離小脈上，孢膜亦具細鋸齒緣，圓形，盾狀著生。

●**習性：**生長在林緣半遮蔭處的岩石縫中或岩石上。

●**分布：**喜馬拉雅山區與日本，台灣中海拔地區可見。

19880725．觀高

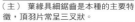

19991104．碧綠溪

19800802．觀高→下東埔

（主）葉緣具細鋸齒是本種的主要特徵，頂羽片常呈三叉狀。
（小左）針闊葉混生林之岩石地區是本種主要生長環境
（小右）孢子囊群呈多排不規則散布在羽軸兩側

352

三叉蕨科

Tectariaceae

外觀特徵：葉子多深綠色，質薄，乾後呈深橄欖褐色。葉表羽軸無溝，可見多細胞毛。孢子囊群圓形，位於脈上，孢膜圓腎形。多數種類的葉脈為網狀，有些甚至網眼內尚可見游離小脈。

生長習性：皆地生型，偏好岩石較多的林下環境。

地理分布：廣泛分布熱帶地區，台灣則主要分布於中、低海拔。

種數：全世界有14屬約420種，台灣有6屬29種。

●本書介紹的三叉蕨科有3屬12種。

【屬、群檢索表】

翅柄三叉蕨

Tectaria decurrens (Presl) Copel.

三叉蕨屬

海拔	低海拔	
生態帶	熱帶闊葉林	亞熱帶闊葉林
地形	山溝	谷地
棲息地	林內	
習性	地生	
頻度	偶見	

19980517・花蓮新城山

19890607・蘭嶼椰油溪

19810501・台大植物系蔭棚（人工栽植）

●**特徵**：莖短而直立，被披針形褐色鱗片，葉叢生；葉柄長20～30cm；葉片長50～150cm，寬25～40cm，一回羽狀深裂，具2～5對側裂片，基部裂片下側另具一下撇之裂片；葉軸有翅，光滑無毛；裂片線狀披針形，長15～25cm，寬2～5cm，邊緣波浪狀或全緣；葉脈網狀，網眼內具游離小脈；孢子囊群圓形且大型，位在網眼中游離小脈末端，於葉表面多少突起，孢膜圓腎形。

●**習性**：地生，生長在林下溝谷地區。

●**分布**：廣泛分布於亞洲大陸，經馬來西亞至太平洋島嶼大溪地，台灣則普遍存在於低海拔地區。

（主）葉軸兩側具有葉片，與羽軸交接處附近有時可見黃色斑紋。
（小上）生長在林下幽暗的小山溝，葉片長可達一公尺以上
（小下）孢子囊群在裂片側脈兩側各排成一行

排灣三叉蕨

Tectaria subfuscipes (Tagawa) Kuo

三叉蕨屬

海拔	低海拔	
生態帶	熱帶闊葉林	
地形	谷地	山坡
棲息地	林內	林緣
習性	地生	
頻度	偶見	

19850211・海神宮

●**特徵**：莖短而直立，密布窄披針形鱗片，葉叢生；葉柄長15～25cm，無翅，基部具鱗片；葉片披針形，長25～55cm，寬15～30cm，二回羽狀深裂至複葉；羽片披針形，上段羽片間有三角形翼片，內具獨立之脈系，最基部羽片之最下朝下小羽片較長；葉脈游離；孢子囊群位在小脈末端，孢膜為圓腎形。

●**習性**：生長在林下或林緣之土坡上。

●**分布**：台灣特有種，多見於南部低海拔地區。

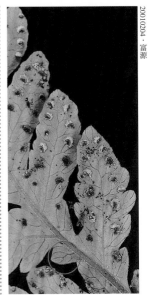

20010204・富源

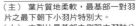

（主）葉片質地柔軟，最基部一對羽片之最下朝下小羽片特別大。
（小）末裂片最基部之側脈由羽軸分出，有時甚至形成獨立之裂片。

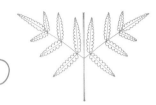

薄葉三叉蕨

Tectaria devexa (Kunze) Copel.

三叉蕨屬

海拔	低海拔
生態帶	熱帶闊葉林
地形	谷地　山坡
棲息地	林內
習性	岩生
頻度	常見

19890127・墾丁森林遊樂區

●**特徵**：莖短而直立，具褐色窄披針形鱗片；葉柄長8～20cm，無翅；葉片卵形，長20～30cm，寬10～18cm，二至三回羽狀分裂；羽片長8～10cm，寬3～5cm，基部羽片最大，裂片邊緣呈波浪狀；羽軸及小羽軸兩側皆具一列弧形網眼，網眼中無游離小脈；孢子囊群著生在離生葉脈頂端，於裂片主脈兩側成兩行排列，孢膜圓腎形，邊緣具淡色緣毛。

●**習性**：生長在林下空曠地之岩石上。

●**分布**：亞洲熱帶地區，北達日本，台灣主要出現在石灰岩環境中。

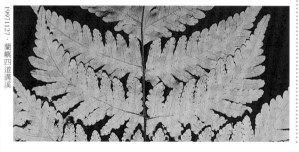

19971127・蘭嶼四道溝溪

（主）　常見生長在南部地區高位珊瑚礁森林之林下岩石上
（小）　羽軸兩側各具一列弧脈，孢子囊群靠近裂片邊緣。

南投三叉蕨

Tectaria polymorpha
(Wall. *ex* Hook.) Copel.

三叉蕨屬

海拔	中海拔
生態帶	暖溫帶闊葉林
地形	谷地　山坡
棲息地	林內　林緣
習性	地生
頻度	偶見

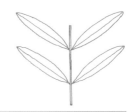

19890711・南投和社營林區

●**特徵：**莖直立，葉叢生；葉柄草稈色至淺褐色，長30～60cm，無翅；葉片卵形至寬披針形，長20～50cm，寬20～35cm，一回羽狀複葉；羽片披針形，全緣，頂羽片長12～25cm，寬6～10cm，單一或呈三叉狀，最基部羽片長12～25cm，寬5～9cm，二叉分裂；葉脈網狀，網眼內具游離小脈；孢子囊群圓形，位在網眼內游離小脈末端，羽軸側脈兩側各具一排孢子囊群；孢膜圓腎形，早凋。
●**習性：**生長在林下或林緣之土坡上。

●**分布：**喜馬拉雅山區，中國大陸南部、印度南部、斯里蘭卡、緬甸、泰國、中南半島至東南亞一帶，台灣見於中海拔山區。

19990501・春陽

（主）葉片一回羽狀複葉，僅頂羽片及最基部一對羽片之基部具有裂片，側羽片邊緣不呈波浪狀裂入。
（小上）孢子囊群小型，在羽片側脈之兩側各成一排，葉脈網狀，網眼內具小脈。
（小下）葉柄呈草稈色至淺褐色，具鱗片。

20011・台大植物系蔭棚（人工栽植）

三叉蕨

Tectaria subtriphylla
(Hook.& Arn.) Copel.

三叉蕨屬

海拔	低海拔
生態帶	熱帶闊葉林　亞熱帶闊葉林
地形	谷地　山坡
棲息地	林內
習性	地生
頻度	偶見

19890127・墾丁森林遊樂區

19860323・墾丁森林遊樂區

●**特徵：**根莖匍匐狀，被覆黑褐色鱗片；葉柄長20～45cm，無翅，褐色，基部具鱗片；葉片五角形，一回羽狀複葉，長25～35cm，寬20～25cm，具1～2對側羽片；羽片長10～25cm，寬2～4cm，頂羽片三叉形，最基部一對羽片之下側裂片較長；葉脈網狀，網眼內具游離小脈；孢子囊群在羽片側脈兩側呈不規則排列，且較靠近羽片外緣；孢膜圓腎形，位在網眼內游離小脈頂端。

●**習性：**地生，生長在林下潮濕處。

●**分布：**日本南部、中國大陸南部、越南、斯里蘭卡，台灣見於低海拔森林。

（主）　葉片質地較薄，邊緣有時呈波浪狀裂入。
（小）　孢子囊群小型，不規則散布在裂片側脈之兩側。

三叉蕨科

三叉蕨屬

359

蛇脈三叉蕨

Tectaria phaeocaulis
(Rosenst.) C. Chr.

三叉蕨屬

海拔	低海拔
生態帶	亞熱帶闊葉林
地形	山溝　谷地　山坡
棲息地	林內
習性	地生
頻度	偶見

●**特徵：**莖短而斜上生長，葉柄長30～60cm，無翅，紅褐色，基部被鱗片；葉片寬卵形至五角形，長30～45cm，寬15～25cm，一回羽狀複葉；葉軸草稈色至紅褐色；羽片長10～20cm，寬2～3cm，對生，具短柄，基部1～2對羽片較大且分裂，末裂片中軸折曲；葉脈網狀，網眼內具游離小脈；孢子囊群位在網眼內游離小脈末端，在葉表面突起，羽片主側脈兩側各具一排孢子囊群，孢膜圓腎形。

●**習性：**地生，生長在林下遮蔭、潮濕多腐植質之處。

●**分布：**日本南部、中國大陸南部及越南，台灣見於低海拔森林。

19980502·隆嶺古道

19970４·五峰旗

（主）　孢子囊群著生位置在葉表清晰可見
（小）　孢子囊群大型，在羽片主側脈兩側各排成一排。

紫柄三叉蕨

Tectaria simonsii (Bak.) Ching

三叉蕨屬

海拔	低海拔	
生態帶	熱帶闊葉林	亞熱帶闊葉林
地形	谷地	山坡
棲息地	林內	
習性	地生	
頻度	偶見	

1985 0210・曾文水庫

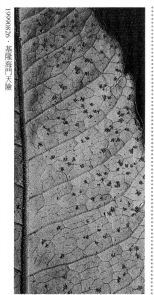

1999 0826・基隆海門天險

●**特徵：**莖直立，被鱗片；葉柄長30～55cm，無翅，深紫色，基部被黑色披針形鱗片；葉片長40～60cm，寬30～40cm，一至二回羽狀複葉，葉軸深紫色；羽片長15～23cm，寬3～5cm，頂羽片三叉分裂，中下段羽片基部具1～2枚裂片或小羽片；孢子囊群圓形，無孢膜，位在網眼內游離小脈末端，在羽片主側脈間呈不規則排列。

●**習性：**生長在林下之土坡上。

●**分布：**日本南部、中國大陸南部、印度北部、泰國、越南、馬來西亞，台灣見於低海拔森林。

（主）葉的各級主軸深紫色且發亮是本種的主要特徵
（小）孢子囊群小型，在羽片主側脈兩旁呈不規則排列。

361

地耳蕨

Tectaria zeylanica (Houtt.) Sledge

三叉蕨屬

海拔	低海拔
生態帶	亞熱帶闊葉林
地形	谷地　山坡
棲息地	林內　林緣
習性	岩生
頻度	偶見

19970824・神祕谷

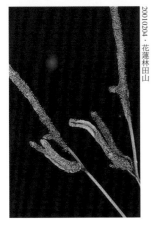

20010204・花蓮林田山

19970824・神祕谷

●**特徵**：根莖匐匐狀，具暗褐色鱗片；葉柄具毛和鱗片，葉為三出複葉，兩型；營養葉柄長2～5cm，無翅，葉片長5～10cm，寬2～3cm，密生黃色長絨毛及披針形鱗片，側羽片長、寬各約1cm，頂羽片長橢圓形，長4～6cm，寬2.5～3cm，邊緣淺裂；孢子葉柄長12～15cm，葉片窄縮；葉脈網狀，網眼中無游離小脈；孢子囊呈散沙狀分布，無孢膜。

●**習性**：生長在岩石上或岩縫中。

●**分布**：中國大陸南部、越南、泰國、印度、斯里蘭卡，台灣見於低海拔之岩石地區。

（主）長在岩石上或岩縫中，營養葉平展，孢子葉直立。
（小上）生長在低海拔的岩石環境
（小下）孢子葉為三出複葉，頂羽片較大，側羽片較小。

沙皮蕨

Tectaria harlandii (Hook.) Kuo

三叉蕨屬

海拔	低海拔
生態帶	亞熱帶闊葉林
地形	山坡
棲息地	林內　林緣
習性	地生
頻度	常見

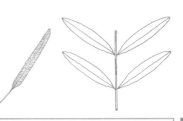

1999\08\26・中正公園

●**特徵：**莖直立，被硬質毛狀鱗片；葉兩型，營養葉柄長15～40cm，褐色，基部被鱗片，葉片三角形至卵形，長20～35cm，寬15～25cm，單葉三裂至一回羽狀複葉，羽片或裂片長15～20cm，寬4～6cm，頂裂片長10～25cm，寬5～8cm；孢子葉較細長，柄長25～50cm，葉片長10～20cm，寬3～8cm，單葉或三叉狀分裂至一回羽狀分裂，裂片長5～8cm，寬1.2～1.5cm；葉脈網狀，網眼內具游離小脈；孢子囊群最初沿小脈生長，成熟後密布葉片背面。

●**習性：**生長在林下空曠處或林緣半遮蔭處之土坡上。

●**分布：**日本南部、中國大陸南部及中南半島，台灣見於南北兩端之低海拔森林。

三叉蕨科

三叉蕨屬

1999\0826・中正公園

1997\0420・圓山臥龍崗

（主）營養葉較平展，一回羽狀複葉，頂羽片三叉狀；孢子葉較直立。
（小左）孢子囊呈散沙狀分布於葉背
（小右）偶可見孢子囊沿脈生長

363

愛德氏肋毛蕨

Ctenitis eatoni (Bak.) Ching

肋毛蕨屬

海拔	低海拔
生態帶	亞熱帶闊葉林
地形	山坡
棲息地	林緣
習性	岩生　地生
頻度	常見

1998·0307・花蓮新城山

● **特徵：**莖直立或斜生，密被褐色、線形鱗片；葉柄長15～25 cm，密布暗色平展的細長鱗片；葉片三回羽狀分裂至複葉，長20～45 cm，寬15～20 cm，葉軸背面具與柄相同之鱗片；基部羽片最長，長10～14 cm，寬大約6cm；孢子囊群長在小脈上，孢膜小，圓腎形，早凋。

● **習性：**生長在林緣半遮蔭處之土坡上。

● **分布：**亞洲熱帶及亞熱帶地區，台灣見於低海拔多岩石環境的森林。

1998·1203・南安→佳心

1992·0908・南雅

（主） 葉片呈長三角狀，最基部一對羽片最大。
（小上） 常見生長在低海拔岩石環境之山坡上
（小下） 葉軸明顯可見射出狀之窄鱗片

肋毛蕨

Ctenitis subglandulosa
(Hance) Ching

肋毛蕨屬

海拔	低海拔
生態帶	亞熱帶闊葉林
地形	山坡
棲息地	林內 · 林緣
習性	地生
頻度	常見

19890127 · 墾丁森林遊樂園

20000323 · 台北天溪園

200110 · 台大植物系蔭棚（人工栽植）

19890127 · 墾丁森林遊樂園

●**特徵**：莖直立或斜生，葉叢生；葉柄長約25～50cm，基部密布淺褐色鱗片；葉片五角形，三回羽狀分裂至複葉，長40～100cm，寬35～55cm；基部羽片最長，長30～35cm，其最下朝下之小羽片特別長；末裂片側脈單一，孢子囊群小，位於側脈上，孢膜圓腎形。

●**習性**：地生，生長在林下空曠處或林緣。

●**分布**：亞洲熱帶及亞熱帶地區，台灣見於低海拔之森林。

（主）　葉片呈三角狀之五角形，最基部一對羽片之最下朝下小羽片較大。
（小左）　常見生長在低海拔山坡地之林緣
（小中）　葉之各級主軸均具有貼伏狀之褐色鱗片
（小下）　孢子囊群圓形，位於末裂片之側脈上。

玉山擬鱗毛蕨

Dryopsis transmorrisonensis
(Hayata) Holttum & Edwards

擬鱗毛蕨屬

海拔	高海拔	
生態帶	針葉林	
地形	山坡	
棲息地	林內	林緣
習性	地生	
頻度	稀有	

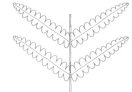

●**特徵：**莖直立，密被硬質鱗片，葉叢生；葉柄長5～15cm，基部被窄披針形鱗片；葉片披針形，長25～50cm，寬8～17cm，二回羽狀深裂，葉軸被窄披針形黑褐色鱗片；羽片長4～9cm，寬1～2cm，無柄；末裂片邊緣具鈍鋸齒；孢膜圓腎形，位在裂片側脈上。

●**習性：**地生，生長在林下或林緣之潮濕、多腐植質環境。

●**分布：**台灣特有種，見於中央山脈高海拔地區。

（主） 生長在高山針葉林下潮濕多腐植質的環境
（小） 孢子囊群圓形，長在末裂片近葉緣處。

01601061・南湖北山登山口→雲稜

01601061・南湖北山登山口→雲稜

蹄蓋蕨科

Woodsiaceae

外觀特徵：葉柄基部具有膜質、不透明之鱗片，往
上通常光滑無鱗片；其基部橫切面可見兩條維管
束，向上癒合成ㄩ字形。葉多為一回以上之羽狀
複葉，大部分葉軸傾向肉質狀，略帶紫紅色。葉
表之葉軸與羽軸通常具深縱溝，且互通。葉脈游
離，少有網狀脈或小毛蕨脈型。孢子囊群多為長
形，長在脈上，大多具孢膜，主要有背靠背雙蓋
形、ㄐ形或馬蹄形、香腸形與線形四種。

生長習性：以林下之地生型最多，偶亦可見岩縫植
物，大多成叢生長。

地理分布：廣泛分布世界各地，尤以熱帶、亞熱帶
山地潮濕林下最多；台灣產於中、低海拔林下。

種數：全世界約有20屬680種，台灣有14屬73種。

●本書介紹的蹄蓋蕨科有11屬30種。

細裂蹄蓋蕨

Athyrium drepanopterum
(Kunze) A. Br. *ex* Milde

蹄蓋蕨屬

海拔	中海拔	
生態帶	暖溫帶闊葉林	
地形	谷地	山坡
棲息地	林內	林緣
習性	地生	
頻度	偶見	

●**特徵**：莖直立，被紅褐色窄披針形鱗片，葉叢生；葉柄長15～30cm，草桿色，基部被鱗片；葉片寬披針形，長20～45cm，寬10～20cm，二至三回羽狀複葉，厚草質至革質，葉軸之背面無毛；羽片披針形，長10～15cm，寬1.5～3cm，有柄，羽軸表面不具針刺；小羽片近乎無柄，小羽軸表面不具針刺；孢膜寬腎形，長在脈上。

●**習性**：生長在林下或林緣之土坡上，葉常下垂。

●**分布**：中國大陸、印度、緬甸及菲律賓，台灣在中海拔山區可見。

19980912・春陽

19990501・春陽

（主）葉質地較硬，表面常泛金屬光澤。
（小）孢子囊群圓形，長在小羽片之側脈上。

紅柄蹄蓋蕨

Athyrium erythropodum Hayata

蹄蓋蕨屬

海拔	中海拔
生態帶	針闊葉混生林
地形	谷地　山坡
棲息地	林內
習性	地生
頻度	偶見

19910907・多加屯山→雲稜

●**特徵**：莖直立，被淡褐色披針形鱗片，葉叢生；葉柄長20～28cm，淡褐色，基部被鱗片；葉片卵形，長25～35cm，寬20～27cm，二回羽狀複葉，革質；羽片窄披針形至鐮形，長12～17cm，寬4～6cm，具短柄；基部羽片對生或近對生，中段羽片互生，羽軸表面具褐色硬短刺；小羽片長1～3cm，寬約0.7cm，小羽軸表面無刺；孢膜J形，偶為腎形，長在脈上。

●**習性**：地生，生長在林下空曠處。

●**分布**：日本南部及台灣中海拔山區。

19910907・多加屯山→雲稜

（主）長在針闊葉混生林潮濕空曠的環境，葉主軸常泛紫紅色。
（小）小羽片基部兩側不等大，孢子囊群較靠近小羽軸。

對生蹄蓋蕨

Athyrium oppositipinnum Hayata

蹄蓋蕨屬

海拔	中海拔	高海拔
生態帶	針闊葉混生林	針葉林
地形	山坡
棲息地	林緣
習性	地生
頻度	常見

●**特徵：**莖直立或斜生，被褐色披針形鱗片，葉叢生；葉柄長20～35cm，基部被鱗片；葉片披針形，長40～80cm，寬15～30cm，二回羽狀複葉；羽片線狀披針形，長10～15cm，幾乎無柄，下段羽片對生，上段羽片互生，羽軸表面具硬短刺；小羽片長約1cm，寬約0.3～0.5cm，邊緣鋸齒緣；葉脈游離；孢膜圓腎形、馬蹄形或J形，著生在葉脈中間部分。

●**習性：**地生，生長在林緣半遮蔭處。

●**分布：**菲律賓及台灣中、高海拔山區。

（主）　常見生長在針葉林帶的林緣，羽片與葉軸幾呈垂直相交。
（小）　小羽片與羽軸也近乎垂直相交

宿蹄蓋蕨

Athyrium anisopterum Christ

蹄蓋蕨屬

海拔	中海拔
生態帶	針闊葉混生林
地形	山坡
棲息地	林內 / 林緣
習性	地生
頻度	偶見

19851101・觀高

●**特徵：**莖粗短，斜生或直立，基部被褐色窄披針形鱗片，葉叢生；葉柄長8～15cm，基部被褐色鱗片；葉片長披針形，長10～25cm，寬3～7cm，二回羽狀深裂至複葉，基部羽片較大，葉軸背面無毛；羽片呈歪斜之三角狀，長3～4cm，寬1～1.5cm，有柄，基部朝上一側有耳，裂片邊緣淺裂，羽軸和小羽軸表面不具針刺；孢膜通常呈馬蹄形、J形或腎形，長在脈上。

●**習性：**生長在林下或林緣潮濕之土坡上。

●**分布：**中國大陸、泰國、馬來西亞及菲律賓，台灣中海拔山區可見。

19990728・大雪山

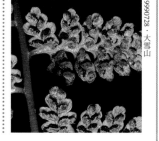

19990728・大雪山

（主） 羽片最基部之小羽片朝上且不與其他小羽片相連
（小上） 潮濕、多腐植質的林下土坡是本種較常出現的環境
（小下） 孢膜位在小羽片或末裂片之側脈上

合歡蹄蓋蕨

Athyrium cryptogrammoides Hayata

蹄蓋蕨屬

海拔	高海拔
生態帶	針葉林
地形	谷地　山坡
棲息地	林內
習性	地生
頻度	偶見

19880624・塔塔加

19810806・雲稜山莊

19930909・合歡山→成功堡

●**特徵**：莖直立，被淡褐色至褐色鱗片，葉叢生；葉柄長10～18cm，草桿色，基部被鱗片；葉片卵圓形，長10～25cm，寬8～12cm，三至四回羽狀複葉，葉軸草桿色；羽片線形至披針形，長5～8cm，寬1～3cm，具短柄，羽軸表面具粉綠色、軟的長刺；小羽片先端有鋸齒，小羽軸表面亦具長刺；孢膜馬蹄形、橢圓形或腎形。

●**習性**：地生，生長在林下潮濕多腐植質之處。

●**分布**：台灣特有種，分布在高海拔山區之針葉林。

（主）　葉片分裂極為細緻是本種的特徵
（小上）　本種較常出現於高海拔針葉林下之潮濕空曠環境
（小下）　最末裂片只有一條脈

373

蓬萊蹄蓋蕨

Athyrium nigripes (Bl.) Moore

蹄蓋蕨屬

海拔	中海拔	高海拔
生態帶	針闊葉混生林	
地形	谷地	山坡
棲息地	林內	
習性	地生	
頻度	偶見	

20000423・拉拉山

19810806・雲稜山莊

20000423・拉拉山

20000423・拉拉山

●**特徵**：莖直立，被淡褐色卵形鱗片，葉叢生；葉柄長6～16cm，基部散生鱗片；葉片披針形，長15～25cm，寬4～6cm，二回羽狀複葉；羽片長2～5cm，寬1～1.5cm，羽片基部之上側小羽片常獨立生長，羽軸及小羽軸表面具粉綠色、軟的長刺；孢膜J形，沿著葉脈基部著生。

●**習性**：地生，生長在林下潮濕多腐植質的環境。

●**分布**：日本、印度、斯里蘭卡、爪哇，台灣中、高海拔山區可見。

（主）羽片基部可見一至數個小羽片獨立生長
（小左）生長在針葉林下的潮濕環境
（小中）葉表面之脈上可見長尖刺
（小右）孢膜長在小羽片或裂片的側脈上

溪谷蹄蓋蕨

（姬蹄蓋蕨）

Athyrium delavayi Christ

蹄蓋蕨屬

海拔	中海拔
生態帶	暖溫帶闊葉林 ｜ 針闊葉混生林
地形	谷地 ｜ 山坡
棲息地	林內
習性	地生
頻度	偶見

1985090911 · 太平山

19810806 · 雪稜山莊

19990403 · 新人崗

20000426 · 拉拉山

●**特徵**：莖直立，被邊緣色淡、中間黑褐色之鱗片，葉叢生；葉柄長20～25cm，草稈色；葉片卵形，長25～35cm，寬20～25cm，二回羽狀複葉，草質；羽片線狀披針形，長12～15cm，寬1.8～3cm，通常無柄，羽軸表面具褐色短刺；小羽片長1～2.5cm，寬0.7～1.2cm，邊緣鋸齒狀，基部常有葉耳；孢膜線形，著生在側脈近基部。

●**習性**：地生，生長在林下潮濕遮蔭處。

●**分布**：中國大陸中、南部至印度、緬甸一帶，台灣產於中海拔山區。

（主）　具有典型的二回羽狀複葉，多對小羽片獨立生長。
（小左）　小羽片頂端有時可見不顯著之細齒
（小中）　小羽片以一點著生在羽軸上，交接點可見一短刺。
（小右）　孢膜線形，長在小羽片之側脈上。

375

單葉雙蓋蕨

Diplazium subsinuatum
(Wall. *ex* Hook. & Grev.) Tagawa

雙蓋蕨屬雙蓋蕨群

海拔	低海拔	
生態帶	熱帶闊葉林	亞熱帶闊葉林
地形	山溝	谷地	山坡
棲息地	林內	
習性	岩生	地生
頻度	常見	

19880503・陽明山

●**特徵**：根莖匍匐狀，被黑色窄披針形鱗片，葉遠生；葉柄長5～15cm，基部具黑色鱗片；葉片長橢圓形至線形，長10～30cm，寬1.5～2.5cm，兩端漸尖，單葉，亞革質，全緣或呈波狀緣，至多基部瓣裂；孢膜線形，著生在側脈上，單一或成對出現。

●**習性**：生長在林下遮蔭處，有時也見長在山溝邊土坡或岩石上。

●**分布**：日本、中國大陸、印度、斯里蘭卡，台灣低海拔山區常見。

19931203・陽明山絹絲瀑布

19970412・陽明山

（主）葉長線形，兩端漸尖，葉軸與中脈交接處有時可見黃斑。
（小上）常見於低海拔林下山溝谷邊坡潮濕的環境
（小下）孢膜線形，長在葉片之側脈上，單一或成對出現。

細柄雙蓋蕨

Diplazium donianum
(Mett.) Tard.-Blot

雙蓋蕨屬雙蓋蕨群

海拔	低海拔
生態帶	亞熱帶闊葉林
地形	谷地 山坡
棲息地	林內
習性	地生
頻度	常見

1985080806‧南仁湖下方

20001215‧陽明山菁山自然中心

19931130‧台北虎山

●**特徵：**根莖橫走狀，黑色，具許多分枝，上覆黑色披針形鱗片，葉遠生；葉柄長25～35cm，基部黑色，具卵形至披針形之黑褐色鱗片；葉片長25～40cm，寬18～30cm，一回羽狀複葉，革質；頂羽片與側羽片同形，側羽片1～4對，羽片披針形，長14～18cm，寬3～5cm，全緣；葉脈游離，側脈羽狀分叉；孢膜長線形，成對著生在同一側脈之兩側。

●**習性：**長在林下土坡上。

●**分布：**琉球群島、中國大陸南部、印度、泰國、越南，台灣低海拔地區常見。

（主） 葉片具有與側羽片相同之頂羽片
（小上） 低海拔林下山坡地常見
（小下） 孢膜長線形，著生在羽片之側脈上，成對出現，形成背靠背雙蓋形。

377

裂葉雙蓋蕨

Diplazium lobatum (Tagawa) Tagawa

雙蓋蕨屬雙蓋蕨群

海拔	低海拔	
生態帶	東北季風林	
地形	谷地	山坡
棲息地	林內	
習性	地生	
頻度	偶見	

●**特徵：**根莖匍匐狀，被黑色披針形鱗片；葉柄長25～30cm，基部暗褐色；葉片卵狀披針形，長30～45cm，寬20～25cm，一回羽狀複葉；頂羽片長15～25cm，寬2.5～3.5cm，基部具1～2枚裂片；側羽片3～5對，較小，長10～15cm，寬約3cm；孢膜線形，從近中脈直至近葉緣。

●**習性：**地生，生長在林下遮蔭之潮濕環境。

●**分布：**中國大陸南部、琉球群島，台灣南北兩端低海拔山區可見。

1985O807・南仁山

1980O206・南仁山

1999O725・烏來雲仙樂園

（主） 頂羽片基部具有耳狀之裂片
（小左） 孢膜線形，長在羽片之側脈上，常成對出現。
（小右） 頂羽片基部有時可見分裂出獨立的小型羽片

翅柄雙蓋蕨

Diplazium incomptum Tagawa

雙蓋蕨屬短腸蕨群

海拔	低海拔
生態帶	東北季風林
地形	山坡
棲息地	林內
習性	地生
頻度	稀有

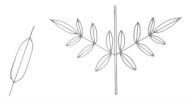

1980.02.08・南仁山

●**特徵：**莖直立，被覆褐色披針形鱗片；葉柄長20～35cm，被窄線形小鱗片及披針形褐色大鱗片；葉片披針形，長25～40cm，寬20～25cm，二回羽狀深裂至複葉，葉軸具與葉柄相同之大小兩型鱗片；羽片長12～15cm，寬2～3cm，具短柄；小羽片長方形，長1～1.5cm，寬0.4～0.8cm，無柄，小羽片基部以窄翅與羽軸連合；孢膜線形，長在脈上，單一或成對出現。

●**習性：**地生，生長在林下遮蔭處。

●**分布：**琉球、泰國，台灣產於南北兩端之森林中。

蹄蓋蕨科

雙蓋蕨屬・短腸蕨群

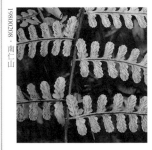

1980.02.08・南仁山

1995.09.15・福山

（主）葉為二回羽狀複葉，小羽片與羽軸垂直相交。
（小左）羽軸兩側具窄翅
（小右）孢膜線形，位於小羽片之側脈上，單一或成對出現。

深山雙蓋蕨

Diplazium fauriei Christ

雙蓋蕨屬短腸蕨群

海拔	中海拔
生態帶	暖溫帶闊葉林
地形	山坡
棲息地	林內
習性	地生
頻度	偶見

19860128・萬里德山→南仁山

●**特徵**：根莖匍匐狀，被覆黑色披針形鱗片，葉遠生；葉柄長15～25cm，近基部被黑褐色鱗片；葉片寬披針形，長20～30cm，寬15～17cm，一回羽狀複葉，先端漸尖；羽片長8～11cm，寬1.5～2cm，邊緣至多裂入由葉緣至羽軸間的二分之一處；葉脈游離，裂片側脈單一；孢膜線形，位於側脈上，常成對出現。

●**習性**：地生，生長在林下遮蔭處。

●**分布**：日本、中國大陸南部、泰國、中南半島及菲律賓，台灣中海拔山區可見。

19980823・烏來雲仙樂園

（主）葉為一回羽狀複葉，羽片具有圓頭或截頭之齒緣。
（小）孢膜線形，位於羽片之側脈上，常成對出現。

川上氏雙蓋蕨

Diplazium muricatum
(Mett.) v.A.v.R.

雙蓋蕨屬短腸蕨群

海拔	中海拔
生態帶	針闊葉混生林
地形	谷地｜山坡
棲息地	林內
習性	地生
頻度	常見

19810806‧雲棱山莊

●**特徵：**根莖匐匍狀，被黑色卵形至披針形鱗片，葉遠生；葉柄長25～70cm，基部黑色，具披針形褐色鱗片，鱗片早凋，留下肉刺狀的柄；葉片長40～80cm，寬35～65cm，三回羽狀分裂；羽片披針形，長20～35cm，寬9～12cm，具柄；小羽片長4.5～6cm，寬1.5～2cm，幾乎無柄，被鱗片，邊緣鋸齒狀；孢膜香腸形，緊貼裂片中脈及小羽軸。

●**習性：**地生，生長在林下遮蔭之潮濕環境。

●**分布：**喜馬拉雅山區、斯里蘭卡、緬甸、爪哇，台灣中海拔山區可見。

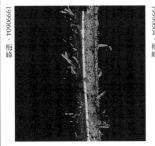

1999604‧梅峰

1999604‧梅峰

（主）檜木林帶林下潮濕處極為常見
（小左）葉柄具有肉刺是本種的特徵之一
（小右）孢膜香腸狀，緊貼小羽軸或裂片中脈。

奄美雙蓋蕨

Diplazium amamianum Tagawa

雙蓋蕨屬短腸蕨群

海拔	中海拔
生態帶	暖溫帶闊葉林
地形	山坡
棲息地	林內
習性	地生
頻度	常見

19990913 · 梅峰

1986030 · 鳳凰山

19990829 · 溪頭

198805 · 台大植物系陰棚（人工栽植）

●**特徵**：莖直立，高可達30cm，被鱗片，葉叢生；葉柄長50～80cm，具早落之披針形鱗片；葉片卵形，長80～150cm，寬80～120cm，三回羽狀分裂至複葉；羽片披針形，長50～60cm，寬13～17cm，具柄；末裂片長方形，頂端截頭，邊緣呈鋸齒緣；孢膜橢圓形，長在裂片側脈上，可見成對出現之背靠背雙蓋形。

●**習性**：地生，生長在林下多腐植質之處。

●**分布**：琉球群島，台灣產於中海拔地區。

（主）　本種在中海拔闊葉林下極為常見
（小左）　具有顯著的短直立莖是本種的特徵之一
（小中）　羽軸至少在中段及上段具有窄翅
（小右）　小羽片具有截頭之裂片

綠葉雙蓋蕨

Diplazium virescens Kunze

雙蓋蕨屬短腸蕨群

海拔	低海拔
生態帶	東北季風林
地形	谷地　山坡
棲息地	林內　林緣
習性	地生
頻度	常見

蹄蓋蕨科

雙蓋蕨屬・短腸蕨群

20001215・陽明山菁山自然中心

●**特徵：**根莖匍匐狀，近黑色，具黑色、線形、邊緣具細齒之鱗片；葉柄長30～45cm，近基部被暗色鱗片；葉片卵狀三角形，二回羽狀複葉，長35～65cm，寬25～45cm，葉軸散生窄鱗片；羽片長25～35cm，寬8～20cm；小羽片披針形，長5～10cm，寬1.5～2cm，基部截形，柄極短，先端漸尖，邊緣有淺齒裂；孢膜橢圓形，位於小羽軸與葉緣之間。

●**習性：**地生，生長在林下空曠處或林緣。

●**分布：**日本、中國大陸，台灣北部低海拔地區可見。

1986225・下竹林山

19990715・北橫

（主）　葉片為典型之二回羽狀複葉，小羽片不分裂。
（小左）　小羽片與羽軸近乎垂直相交。
（小右）　孢膜位於小羽軸與葉緣之間，可見成對出現的背靠背雙蓋形。

德氏雙蓋蕨

Diplazium doederleinii
(Luerss.) Makino

雙蓋蕨屬短腸蕨群

海拔	中海拔	
生態帶	暖溫帶闊葉林	
地形	山溝	谷地
棲息地	林內	
習性	地生	
頻度	常見	

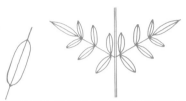

●**特徵：**根莖匍匐狀，被褐色鱗片；葉柄長35～60cm，綠色；葉片卵形，長45～80cm，寬30～45cm，二回羽狀複葉至三回羽狀分裂，葉軸褐色，表面光滑；羽片長15～25cm，寬10～20cm，有柄；小羽片披針形，長6～12cm，寬2～3.5cm，先端漸尖，基部截形，邊緣淺裂至深裂，近乎無柄；葉脈游離，小羽片側脈羽狀分叉；孢膜線形，長在裂片側脈上，靠近裂片中脈。

●**習性：**地生，生長在林下溝谷地潮濕處。

●**分布：**日本，台灣中海拔山區常見。

（主）葉為二回羽狀複葉，小羽片具圓齒。
（小左）小羽片前端略呈尾狀
（小右）孢膜線形，貼近裂片之脈。

廣葉鋸齒雙蓋蕨
（烏來雙蓋蕨）

Diplazium uraiense Rosenst.

雙蓋蕨屬短腸蕨群

海拔	低海拔	中海拔
生態帶	亞熱帶闊葉林	暖溫帶闊葉林
地形	山坡	
棲息地	林內	林緣
習性	地生	
頻度	常見	

1986.01.30・萬里德山

1992.12.20・福山

1988.08.24・台大植物系陰棚（人工栽植）

●**特徵：**根莖橫走或短而直立，具淡褐色線形鱗片，葉近生；葉柄長30～70cm，基部被鱗片；葉片三角狀卵形，長50～90cm，寬30～70cm，二回羽狀複葉至三回羽狀分裂；羽片具短柄，長15～45cm，寬5～10cm，羽軸有溝，與葉軸上的溝相通；小羽片淺裂至中裂，葉脈游離，側脈羽狀分叉；孢膜線形，位在裂片側脈上，最基部之側脈常可見成對出現的背靠背雙蓋形。

●**習性：**地生，生長在林下空曠處或林緣。

●**分布：**日本、中國大陸、印尼，台灣中、低海拔地區極為常見。

（主）葉形變化極大，常為二回羽狀複葉。
（小左）常見於中海拔人工造林地，偶亦見於林緣溪邊之潮濕環境。
（小右）孢膜線形，長在裂片之側脈上，最基部之側脈上常可見背靠背之雙蓋形。

擬德氏雙蓋蕨

Diplazium pseudodoederleinii Hayata

雙蓋蕨屬短腸蕨群

海拔	中海拔	高海拔
生態帶	針闊葉混生林	針葉林
地形	谷地	山坡
棲息地	林內	
習性	地生	
頻度	偶見	

19810805 · 雲稜山莊↓南湖溪

19981203 · 山風↓佳心

19881125 · 樂樂

19990404 · 梅峰

●**特徵：** 莖直立，密生卵狀披針形之褐色鱗片，葉叢生；葉柄長45～100cm，基部具明顯之鱗片；葉片三角形，長約120～150cm，寬80～130cm，三回羽狀深裂；羽片披針形，長50～70cm，寬17～25cm，具柄；小羽片長8～10cm，寬1.5～2.5cm，裂片鋸齒緣；孢膜線形，位於裂片側脈中段，最基部側脈具有背靠背雙蓋形孢膜。

●**習性：** 地生，生長在林下潮濕、多腐植質的環境。

●**分布：** 台灣特有種，中、高海拔地區可見。

（主） 葉片三回羽狀深裂
（小左） 生長在針闊葉混生林帶潮濕環境之大型蕨類
（小中） 孢膜線形，長在裂片側脈上，最基部側脈具有背靠背孢膜。
（小下） 捲旋狀之幼葉密被褐色鱗片，主軸側面可見長線形、淡色之氣孔帶。

過溝菜蕨

Diplazium esculentum (Retz.) Sw.

雙蓋蕨屬菜蕨群

海拔	低海拔	
生態帶	熱帶闊葉林	亞熱帶闊葉林
地形	平野	
棲息地	空曠地	濕地
習性	地生	
頻度	常見	

19881112・小烏來

●**特徵：**莖短而直立，葉叢生；葉柄長20～50cm，基部呈黑色；葉片寬卵形，長45～80cm，寬25～50cm，幼葉一回羽狀複葉，成葉可達二回羽狀複葉；羽片披針形，長18～25cm，寬8～14cm，具柄；小羽片披針形至窄三角形，長5～8cm，寬1～1.5cm，邊緣鈍鋸齒緣；小羽軸基部側脈彼此連結，形成小毛蕨脈型；孢膜線形，沿小脈生長，單一或成對出現。

●**習性：**地生，生長在空曠之平野濕地環境。

●**分布：**亞洲熱帶地區，台灣低海拔溝渠邊常見。

19920514・宜蘭八寶

19990322・台大植物系蔭棚（人工栽植）

（主）葉為二回羽狀複葉，小羽片具有漸尖頭，與羽軸垂直相交。
（小左）本種常見於平野濕地
（小右）小羽片具有小毛蕨型之脈

假腸蕨

Dictyldroma formosana
(Rosenst.) Ching

假腸蕨屬

海拔	中海拔
生態帶	暖溫帶闊葉林
地形	谷地　山坡
棲息地	林內
習性	地生
頻度	偶見

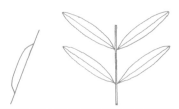

19960805・烏來雲仙樂園

19950625・東眼山

19990213・烏來雲仙樂園

●**特徵：**莖短而直立，葉叢生；葉柄長12～25cm，基部具褐色鱗片；葉片卵狀橢圓形，長15～35cm，寬13～18cm，一回羽狀深裂至複葉，薄草質；基部1～2對羽片較短且獨立，羽片或裂片長8～10cm，寬2～3cm；葉脈網狀，網眼內無游離小脈；孢膜線形，著生在網眼的邊脈上。

●**習性：**地生，生長在林下潮濕、多腐植質之處。

●**分布：**中國大陸南部及越南，台灣中海拔山區可見。

〔主〕　葉片僅基部1～2對羽片獨立，羽片側脈基部有時可見黃色之斑紋。
〔小左〕　本種為中海拔闊葉林下潮濕環境的蕨類
〔小右〕　葉軸及羽軸兩側具有網眼

腸蕨

Diplaziopsis javanica
(Blume) C. Chr.

腸蕨屬

海拔	中海拔	
生態帶	暖溫帶闊葉林	
地形	谷地	山坡
棲息地	林內	
習性	地生	
頻度	偶見	

1986033I・溪頭

●**特徵**：莖直立，葉叢生；葉柄草桿色，長25〜45cm，表面具兩道溝，基部具鱗片；葉片披針形，長50〜80cm，寬17〜20cm，一回羽狀複葉，草質；羽片長橢圓形，全緣，長10〜18cm，寬2.5〜4cm，頂羽片與側羽片同形，基部羽片較短；葉脈網狀，網眼內無游離小脈；孢膜香腸形，著生在網眼的邊脈上。

●**習性**：地生，生長在林下潮濕、多腐植質之處。

●**分布**：喜馬拉雅山區、中國大陸西南部及馬來西亞，台灣中海拔可見。

1998051７・花蓮新城山

1999021３・烏來雲仙樂園

（主）　側羽片數量多，往基部逐漸縮小。
（小左）　本種為中海拔闊葉林下潮濕環境的蕨類，頂羽片獨立且顯著。
（小右）　羽軸兩側具有長形網眼，孢膜香腸形。

389

亞蹄蓋蕨

Deparia allantodiodes
(Bedd.) M. Kato

擬蹄蓋蕨屬·亞蹄蓋蕨群

海拔	高海拔	
生態帶	針葉林	
地形	谷地	山坡
棲息地	林內	
習性	地生	
頻度	稀有	

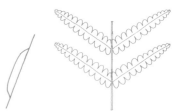

●**特徵：**莖短而直立，具褐色披針形鱗片，葉叢生；葉柄草稈色，長20～35cm，具淡褐色鱗片；葉片披針形，長45～100 cm，寬12～20cm，二回羽狀分裂；羽片長5～8cm，寬1.5～2cm，向下漸短，葉軸和羽軸背面都有肋毛，表面縱溝彼此不相通；小羽片鈍頭，具鋸齒緣；孢子囊群線形，兩端尖，長在裂片之側脈上，孢膜全緣。

●**習性：**地生，生長在林下潮濕、多腐植質之處。

●**分布：**俄羅斯、中國大陸東北部、韓國、日本，台灣高海拔地區可見。

（主） 高山針葉林潮濕環境的蕨類，羽片往基部逐漸縮短。
（小左） 孢膜線形，兩端尖，長在裂片之側脈上。
（小右） 葉為二回羽狀分裂，葉軸密布多細胞毛及窄鱗片。

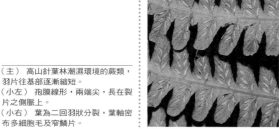

大葉貞蕨

Cornopteris banahaoensis
(C. Chr.) K. Iwats. & Price

貞蕨屬

海拔	中海拔	
生態帶	暖溫帶闊葉林	針闊葉混生林
地形	谷地	山坡
棲息地	林內	
習性	地生	
頻度	偶見	

19810805 · 雲稜山莊→南湖溪

●**特徵：**莖斜生，具褐色鱗片，葉叢生；葉柄細，長約35～50cm，紫褐色，基部散布鱗片；葉片卵形，長35～55cm，寬25～35cm；三回羽狀深裂至複葉，葉軸被長披針形小鱗片，其表面具肉質扁刺；羽片披針形，長16～20cm，寬8～12cm，對生或互生，基部羽片有柄，第一對小羽片特別短；小羽片無柄，羽裂常達小羽軸，裂片邊緣具不規則鋸齒緣；葉脈游離，側脈單一或分叉；孢子囊群圓形，著生在小脈上，不具孢膜。

●**習性：**地生，生長在林下潮濕、多腐植質之空曠處。

●**分布：**日本、中國大陸西南部、印度北部及菲律賓，台灣中海拔地區可見。

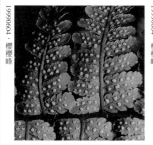

19990604 · 櫻櫻峰

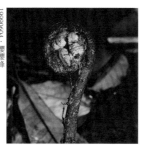

19990604 · 櫻櫻峰

（主）中海拔林下潮濕、多腐植質、開闊地區偶可見之，葉之各級主軸紫褐色。
（小左）孢子囊群圓形，無孢膜。
（小右）幼葉捲旋狀，紫褐色。

黑柄貞蕨

Cornopteris opaca (Don) Tagawa

貞蕨屬

海拔	中海拔	
生態帶	暖溫帶闊葉林	針闊葉混生林
地形	谷地	山坡
棲息地	林內	
習性	地生	
頻度	偶見	

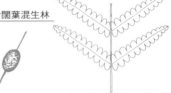

●**特徵**：莖直立，具褐色鱗片，葉叢生；葉柄紫褐色，長20～35 cm；葉片卵狀披針形，長30～45 cm，寬25～30 cm，二回羽狀深裂，羽軸及葉軸交接處表面具肉質扁刺；羽片長10～15 cm，寬 3～6cm，多少對生，基部一對羽片較短；裂片鈍頭；孢子囊群橢圓形，長在裂片側脈上，不具孢膜。

●**習性**：地生，生長在林下潮濕但空曠處。

●**分布**：日本、中國大陸西南部、喜馬拉雅山區、緬甸、泰國、中南半島、馬來西亞，台灣中海拔地區可見。

1999/0604・梅峰

1990213・烏來雲仙樂園

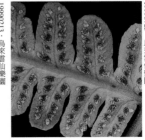

1990725・烏來雲仙樂園

（主） 葉為二回羽狀分裂，質地柔軟，稍呈肉質且葉柄泛紫褐色。
（小左） 生長在開闊的林下環境
（小右） 孢子囊群橢圓形，位於裂片之側脈上。

台灣亮毛蕨（毛冷蕨）

Acystopteris taiwaniana
(Tagawa) Löve & Löve

亮毛蕨屬

海拔	中海拔	
生態帶	針闊葉混生林	
地形	山坡	
棲息地	林內	林緣
習性	地生	
頻度	偶見	

19980712・鴛鴦湖

19990604・櫻櫻峰

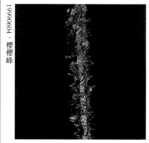

19930909・合歡山→成功堡

●**特徵**：根莖橫走狀，具寬披針形鱗片；葉柄深褐色，長20～35cm；葉片卵形，長25～45cm，寬20～30cm，三至四回羽狀分裂，薄草質，葉軸具縱溝，下段通常呈褐色，上段呈淡褐色；羽片披針形，長10～20cm，寬4～7cm，無柄，表面具多細胞毛，羽軸表面具溝，與葉軸溝相通；小羽片長1.5～3cm，寬0.7～1cm，無柄；葉脈游離，先端達葉緣；孢膜鱗片狀，脈上生，位於圓形孢子囊群之下。

●**習性**：地生，生長在林下潮濕、多腐植質之處。

●**分布**：台灣特有種，中海拔可見。

（主） 長在檜木林下潮濕多腐植質的環境，葉主軸常呈深褐色。
（小上） 葉柄為深褐色，被覆毛及鱗片。
（小下）小羽片羽狀深裂，孢子囊群圓形，長在脈上。

393

禾桿亮毛蕨（粗柄毛冷蕨）

Acystopteris tenuisecta
(Bl.) Tagawa

亮毛蕨屬

海拔	中海拔	
生態帶	針闊葉混生林	
地形	谷地	山坡
棲息地	林內	
習性	地生	
頻度	偶見	

19860331・溪頭

●**特徵：**莖短直立或斜生，葉叢生；葉柄長12～25cm，被淡褐色披針形鱗片；葉片卵形至披針形，長25～30 cm，寬12～15cm，二至三回羽狀複葉，草質，葉軸兩面具多細胞毛；羽片披針形，長6～8 cm，寬1.5～2.5 cm，無柄，對生，基部羽片最長，表面被細毛，羽軸與葉軸之溝不相通；小羽片長0.5～2 cm，寬0.2～0.5 cm，基部羽片之基部小羽片短縮；末裂片圓頭，邊緣呈鋸齒緣；孢膜鱗片狀，早凋，位於圓形孢子囊群之下

，長在脈上。
●**習性：**地生，生長在林下潮濕、多腐植質之處。
●**分布：**印度及台灣中海拔山區。

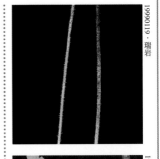
19990119・瑞岩

19990604・櫻櫻峰

（主）針闊葉混生林帶的蕨類，葉全體均呈草綠色。
（小上）葉柄綠色，密被毛。
（小下）孢子囊群圓形，長在裂片之側脈上。

細裂羽節蕨

Gymnocarpium remote-pinnatum
(Hayata) Ching

羽節蕨屬

海拔	高海拔	
生態帶	針葉林	
地形	谷地	山坡
棲息地	林內	
習性	地生	
頻度	稀有	

19980625・合歡山莊

19800801・觀高→秀姑巒

●**特徵**：根莖細長而匍匐，被鱗片，葉遠生；葉柄長12～30cm，近基部具鱗片；葉片卵形，長約8～12cm，寬7～10cm，二至三回羽狀複葉，被腺毛，葉片與葉柄交接處具關節；羽片披針形至長三角形，長5～7cm，寬2～4cm，對生，基部羽片具柄；小羽片披針形，長1.5～3cm，寬1～1.5cm，無柄；葉脈游離，孢子囊群圓形，著生在裂片側脈上，不具孢膜。

●**習性**：地生，生長在林下潮濕、多腐植質的溝谷地。

●**分布**：中國大陸，台灣高海拔山區可見。

（主）　長在高山針葉林下之溪谷地
（小）　葉片寬卵形，基部羽片之柄顯著；孢子囊群圓形，位於裂片之側脈上。

395

腫足蕨

Hypodematium crenatum
(Forsk.) Kuhn

腫足蕨屬

海拔	中海拔	
生態帶	暖溫帶闊葉林	
地形	山坡	峭壁
棲息地	林緣	
習性	岩生	
頻度	偶見	

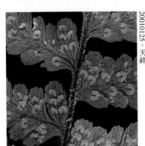
20010125・天祥

19850211・海神宮

19980408・特富野

19980408・特富野

●**特徵：**莖短匍匐狀，密布紅棕色鱗片，葉近叢生；葉柄長20～30 cm，基部膨大，密布紅棕色鱗片；葉片卵形至三角形，長17～35 cm，寬15～25 cm，三至四回羽狀分裂；羽片披針形，近對生，長8～17cm，寬5～12 cm，基部羽片最大；葉軸和羽軸表面有溝，但不相通，溝中有毛；葉脈游離，孢膜圓腎形，長在脈上。

●**習性：**生長在林緣之岩縫中。

●**分布：**日本、中國大陸、印度、緬甸、馬來西亞、菲律賓、非洲，台灣中海拔地區可見。

（主） 葉密被毛，為典型岩生植物。
（小上） 生長在中海拔地區之岩石環境，尤其是巨岩或峭壁之岩縫中。
（小中） 孢膜圓腎形，位於裂片之側脈上。
（小下） 莖短匍匐狀，密被紅棕色鱗片。

岩蕨

Woodsia polystichoides Eat.

岩蕨屬

海拔	高海拔	
生態帶	針葉林	
地形	山坡	峭壁
棲息地	林緣	空曠地
習性	岩生	
頻度	偶見	

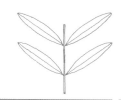

●**特徵：**莖短而直立，頂部與葉柄基部密生披針形鱗片，葉叢生；葉柄長3～5cm，被褐色鱗片，距基部1～3cm處有斜生之關節；葉片線狀披針形，長10～20cm，寬2.5～4cm，一回羽狀複葉，葉軸有縱溝，被短柔毛及卵形至披針形鱗片；羽片長1～1.5cm，基部朝上一側具耳狀突起，表面有毛，背面有毛及鱗片；葉脈游離，末端多少具泌水孔；孢膜淺碟形，邊緣常呈撕裂狀，位於圓形孢子囊群之下，脈上生。

●**習性：**生長在林緣或空曠地巨岩之岩縫中。

●**分布：**中國大陸、韓國、日本，台灣分布於高海拔地區。

蹄蓋蕨科

岩蕨屬

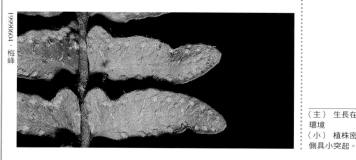

（主） 生長在高海拔針葉林帶的岩石環境
（小） 植株密被毛，羽片基部朝上一側具小突起。

397

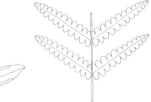

東方莢果蕨

Matteuccia orientalis (Hook.) Trev.

莢果蕨屬

海拔	中海拔
生態帶	暖溫帶闊葉林
地形	山坡
棲息地	林緣
習性	地生
頻度	稀有

蹄蓋蕨科

莢果蕨屬

19980723・思源埡口

19980723・思源埡口

19980723・思源埡口

19980723・思源埡口

●**特徵**：莖直立，葉柄著生處密生披針形大鱗片，葉叢生；葉兩型，營養葉柄長10～30cm，葉片寬披針形，長50～80cm，寬25～35cm，二回羽狀分裂，紙質，葉軸與羽軸疏生窄披針形鱗片；羽片長12～17cm，寬2.5～3cm；孢子葉褐色至深褐色，一回羽狀複葉，羽片線形，長5～8cm，孢子囊群位在羽軸兩側，孢膜長條形，開口向外，被反捲的葉緣包被，羽片呈果莢狀。

●**習性**：生長在林緣潮濕的土坡上。

●**分布**：喜馬拉雅山區、中國大陸、韓國、日本，台灣僅見於思源埡口一帶。

（主）葉片二回羽狀分裂，基部羽片向下反折。
（小左）羽片基部較窄，裂片之側脈單一不分叉。
（小中）孢子葉褐色，其羽片向內反捲呈豆莢狀，成熟時開裂。
（小右）捲旋狀之幼葉及數片尚未開展之羽片

田字草科

Marsileaceae

外觀特徵：根莖長匍匐狀且二叉分支。葉絲狀或葉柄頂端具有二至四片小葉，後者呈十字深裂之「田」字形。幼葉捲旋狀。孢子囊果長在葉柄基部與根莖交接處附近，表皮既厚且硬。

生長習性：著土型之濕生或水生植物，常見其葉片漂浮水面。

地理分布：主要分布於澳洲、太平洋島嶼、非洲南部、南美洲，台灣於低海拔水田及其四周零星可見。

種數：全世界有3屬53～75種，台灣有1屬1種。

●本書介紹的田字草科有1屬1種。

【 屬、群檢索表 】

田字草

Marsilea minuta L.

田字草屬

海拔	低海拔	
生態帶	熱帶闊葉林	亞熱帶闊葉林
地形	平野	
棲息地	空曠地	濕地	水域
習性	水生	
頻度	偶見	

20010129・墾丁社頂公園

19970412・平等里

19970412・平等里

19950727・台大精密溫室（人工栽植）

●**特徵：**根莖長匍匐狀，葉柄長10～30cm或更高，隨水深變化；葉片略呈圓形，徑約3～5cm，十字開裂成田字狀，全緣至不規則齒裂；葉脈網狀，網眼狹長，內無游離小脈；枯水期在葉柄近基部處產生孢子囊果，孢子囊果具硬殼，內藏數枚大、小孢子囊。

●**習性：**生長在如池塘、水田之靜水域環境。

●**分布：**亞洲熱帶及亞熱帶地區，北達日本，過去在台灣全島低海拔水田中常見，今已逐漸稀少。

（主）　葉片有時挺水，有時則浮在水面。
（小上）　本種為平野沼澤濕地的指標植物
（小中）　幼葉捲旋狀
（小下）　葉柄基部具有豆子狀的孢子囊果

槐葉蘋科

Salviniaceae

外觀特徵：無根。莖細長，每節長出三片葉子，兩枚浮水，一沉水葉則呈鬚根狀。浮水葉表面平整或具突起，其上有毛，毛的排列方式與位置是區分種類的特徵。孢子囊果群生於沉水葉基部。

生長習性：漂浮水面的小型水生植物，喜歡生長在富含有機質的水域。

地理分布：分布於熱帶、亞熱帶地區的水域；台灣分布於低海拔淡水濕地，尤其是荒蕪的池塘中。

種數：全世界有1屬10種，台灣有1種。

●本書介紹的槐葉蘋科有1屬1種。

槐葉蘋

Salvinia natans (L.) All.

槐葉蘋屬

海拔	低海拔	
生態帶	熱帶闊葉林	亞熱帶闊葉林
地形	平野	
棲息地	空曠地	水域
習性	水生	
頻度	瀕危	

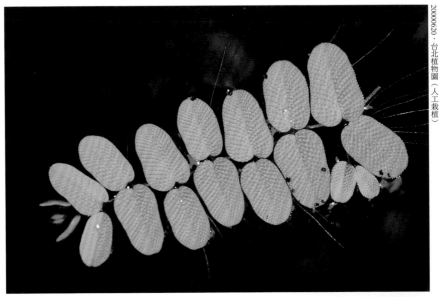

20000620・台北植物園（人工栽植）

●**特徵：**根莖細長，無根；根莖每節具三片葉子，兩枚浮水，一枚沉水，沉水葉鬚根狀；浮水葉長5～10mm，寬3～7mm，表面具瘤狀突起，瘤狀物上有四枚短毛，短毛離生，末端朝外；孢子囊果單性，群生於沉水葉之基部。

●**習性：**漂浮性水生植物。

●**分布：**歐、亞、非及北美洲，過去在全台灣低海拔水域偶爾可見，目前水域環境多遭汙染或開發利用，已成為瀕危植物。

19970717・台大植物系蔭棚（人工栽植）

20000620・台北植物園（人工栽植）

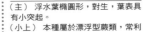

〔主〕 浮水葉橢圓形，對生，葉表具有小突起。
〔小上〕 本種屬於漂浮型蕨類，常利用裂殖的方式增加其數量。
〔小下〕 像根的部分其實是三枚輪生葉之中的一枚沉水葉特化而形成的

滿江紅科

Azollaceae

外觀特徵：葉小型，二列互生，每片葉分裂成上下
二瓣，上裂片浮水，內有空腔；下裂片沉水，膜
質。孢子囊果長在分枝最基部的葉子下方，由下
裂片特化而形成，單性，成對生長。根細長不分
叉。

生長習性：漂浮性水生植物。

地理分布：廣泛分布於新世界的美洲各地，舊世界
的非洲、東亞、澳洲亦見其蹤跡，在歐洲則為外
來引入種。全台灣中、低海拔地區水域偶見，生
態幅度較槐葉蘋大。

種數：全世界有1屬6種，台灣有1種。

●本書介紹的滿江紅科有1屬1種。

【 屬、群檢索表 】

滿江紅

Azolla pinnata R. Brown

滿江紅屬

海拔	低海拔	中海拔
生態帶	亞熱帶闊葉林	暖溫帶闊葉林
地形	平野	山坡
棲息地	空曠地	水域
習性	水生	
頻度	偶見	

2019110４・台大（人工栽植）

1999060４・台大（人工栽植）

2019110４・台大（人工栽植）

1997041２・陽明山

●**特徵**：植株呈三角形，不超過1cm寬；葉二列互生，葉片裂成上下二瓣，上裂片浮水，長0.5～1mm，寬約0.5mm，可行光合作用，內具空腔，有藍綠藻共生，下裂片膜質，沉水；主莖及側枝向下長根，根不分叉；孢子囊果單性，成對生長，位於側枝之基部，大孢子囊果長卵形，小孢子囊果球形。

●**習性**：漂浮性水生植物。

●**分布**：廣泛分布於非洲及亞洲各地，全台灣中、低海拔地區水域偶可見之，生態幅度較槐葉蘋大。

（主）入秋時期的滿江紅顏色會變深，是透著暗紅的綠色。

（小左）植物體常呈橢圓形至三角形，每一個體具一主軸及多數側枝，葉面可見瘤狀突起。

（小中）在台灣會紅成一大片的是日本滿江紅。

（小右）植物體分枝面水的一側具有孢子囊果（日本滿江紅）

【蕨類學名的組成元素】

植物的命名其實是一門很嚴謹的學問，它必須受到國際命名規約的規範，例如：科名的字尾都必須是「aceae」，學名必須先以拉丁文發表在國際合法的刊物上。學名至少包含三個部分，即屬名、種名及命名者（作者名），屬名第一個字母一定要用大寫，種名則否（見例一）；有時會發現有兩個作者名，一個在括號內，一個在括號外，括號內代表原作者，括號外代表屬名轉移者，意即原作者在發表時用的是另一個屬的屬名（見例二）。

此外，作者名後有時還會多出一個變種名，其第一個字母須小寫，變種名後還會有作者名，即該變種的命名者（見例三）。有時兩位作者共同發表一個學名，則二命名者之間會有「&」之符號，但偶亦可見二命名者之間為「ex」而非「&」，意即ex前面的命名者雖為原始命名者，但他並未合法發表該學名，而是由ex之後的命名者合法地加以發表（見例四）。

〔例一〕

觀音座蓮 （見74頁）

Angiopteris lygodiifolia Rosenst.
　①　　　　②　　　　③

①第一個斜體字「*Angiopteris*」是觀音座蓮的「屬名」，字頭須用大寫。

②第二個斜體字「*lygodiifolia*」是觀音座蓮的「種名」，一律用小寫。

③正體字「Rosenst.」則是命名者的姓氏。

〔例二〕

粗毛鱗蓋蕨 （見133頁）

Microlepia strigosa (Thunb.) Presl
　①　　　②　　　③　　　④

①屬名

②種名

③括號內是原命名者的姓氏。

④屬名轉移者的姓氏。

〔例三〕

日本鱗始蕨 （見145頁）

Lindsaea odorata Roxb. var.
　　　　　　　　　①

japonica (Bak.) Kramer
　②　　　③　　　④

①正體字「var.」表示「變種」。

②其後的斜體字「*japonica*」即為變種名。

③括號內的正體字「Bak.」是變種名之原命名者的姓氏。

④最後的正體字「Kramer」則是變種名的轉移者。

〔例四〕

箭葉鐵角蕨 （見263頁）

Asplenium ensiforme
　①　　　　②

Wall. *ex* Hook.&Grev.
　③　　　　④

①屬名

②種名

③ex之前的正體字「Wall.」是原始命名者（但未正當發表）。

④ex之後的正體字「Hook.&Grev.」表示是由兩位命名者共同正式發表。

【名詞解釋】

莖

挺空直立莖

莖直立向上生長，但通常不會分枝，莖的表皮內不具有形成層，所以不會加粗，也不會形成年輪。具有明顯挺空直立莖的蕨類植物，都可以稱為「樹蕨」。

短直立莖

莖短而直立，不挺空向上生長，很多具有叢生葉的植株都屬於此類。

斜生莖

又稱亞直立莖。外觀像是傾斜生長的直立莖，葉叢生，由莖的一端長出。

橫走莖

莖橫長形，葉在莖上散生，長在地表者稱「匍匐莖」，長在地下者稱「地下莖」。大部分的橫走莖為匍匐莖，少部分為地下莖，一般地下莖都較長，屬長橫走莖，而匍匐莖則有長短之分。

攀緣莖

莖的起始點發源自地面，地上莖則沿著樹幹爬升，或懸空而僅枝條末端附著在樹枝上。

纏繞莖

莖的起始點發源自地面，地上莖繞著樹幹或樹枝生長，有時可與地表之莖分離。

塊莖

莖為球形，內貯藏水分及養分以備不時之需，莖表面具有鱗片及根，也可長出匍匐莖。

葉的生長方式

葉叢生

具有直立莖植株的特色，葉集生在莖頂。

葉近生

短匍匐莖之葉與葉之間距離較短，但不形成叢生狀。

葉遠生

長匍匐莖或具有長而橫走地下莖之植株，其葉與葉間距較大，常形成疏落散生狀。

葉的質地

革質

質地較硬且厚，表面較為光亮。

亞革質

質地厚但較不堅硬，介於肉質與革質之間。

肉質

葉厚，富含水分，但質地不硬。

紙質

質地像紙一般較乾且薄，多

少較硬。

草質

質地薄，易因失水而變軟、萎縮。

膜質

葉很薄，多少透明，葉脈清晰可見。

葉緣

全緣

葉的邊緣不具任何形態之缺刻。

鋸齒

葉的邊緣如鋸齒般，凹凸不平。

分枝、排列

二叉分枝

石炭紀時期樹木狀蕨類的主要特徵，此一特徵至今仍留存在松葉蕨科、石松科等擬蕨類，部分真蕨類之葉或葉脈也會具有二分叉的現象。

假二叉分枝

二分叉的分叉點具有休眠芽，所以只是暫時具有二分叉的現象，如裡白科及海金沙屬植物。

上先型

由葉片基部往上第二對及第

二對以上之羽片，其基部最靠近葉軸之小羽片朝上生長。

下先型

由葉片基部往上第二對及第二對以上之羽片，其基部最靠近葉軸之小羽片朝下生長。

背腹性

指莖或葉上下兩面顯著不同，朝下一面稱背面，朝上一面稱腹面（即表面或近軸面）。

兩型葉

有些蕨類具有兩型葉，即長孢子的葉子與不長孢子的葉子其形狀及生長方式均不相同，孢子葉專司生產及傳播孢子之責，而營養葉專營養分之製造，前者通常較窄長，後者較開展，裂片也較寬闊。

羽軸溝

有些蕨類的葉軸、羽軸或小羽軸表面上會有溝，這些溝的存在與否，以及是否相通，是部分類群的分類依據，但是這些特徵容易在乾燥之後引起誤判。葉軸和羽軸的溝相通是大部分鱗毛蕨科和蹄蓋蕨科成員的特徵，而有溝不通或不具溝的則屬金星蕨科或三叉蕨科之特徵。

葉脈

游離脈

葉脈不會連結成網狀。

網狀脈

葉脈形成網狀。

網眼

指網狀脈的網目。

游離小脈

有些網狀脈的網眼內，會有小脈出現，且小脈只有一端與網目相連。

假脈

與葉脈不相連之束狀厚壁組織，狀似葉脈，但不具葉脈之輸導功能，膜蕨科假脈蕨屬之部分種類可見。

回脈

為假脈之一種，由葉緣向內延伸，例如部分觀音座蓮屬植物。

小毛蕨脈型

相鄰兩裂片最基部一對側脈相連結，並由連結點向缺刻處伸出一條小脈。

擬肋毛蕨脈型

屬於同一末裂片的小脈，其最基部的小脈不是出自該末裂片的中脈，而是出自羽軸。

毛被物

毛被物是毛和鱗片的統稱，是表皮細胞的衍生物，其生長位置可能在植株的任何部分，但形態變異極大，只有長在莖頂端及葉柄基部的毛被物形態較為穩定，而特徵描述多以葉柄基部者為準，主要是因觀察葉柄較不會傷害蕨類，而莖頂則是一棵蕨類最脆弱的部分。

毛

單列細胞之表皮附屬物，有單細胞毛與多細胞毛之分。

單細胞毛：僅具單一細胞之毛。

多細胞毛：由至少兩個細胞所組成之毛。

針狀毛：頂端尖、不彎曲的毛，如單細胞針狀毛是金星蕨科的主要特徵。

肋毛：多細胞毛的一種，部分細胞會產生皺縮的現象，在三叉蕨科植物的羽軸上經常可見。

星狀毛：多細胞毛的一種，毛呈放射狀排列在單一點上。

腺毛：具有腺體的毛。毛一般都是透明無色的，且其外形通常都是細長而具有尖頭，不過也有一些毛呈黃色、紅色、橘色等各種色彩，其外形亦有別於一般所謂「毛」的概念，有圓形、棒形，或「毛」狀但各細胞較呈方形而非長方形或線形，且頂細胞具圓頭而非尖頭，這些有顏色的、具圓頭的毛統稱為「腺毛」。

綿毛：長而柔軟略有捲曲之毛。

刺毛：狀似針刺之毛，如鳳尾蕨屬、突齒蕨屬、實蕨屬、蹄蓋蕨屬之全部或部分種類所具有與葉表不在同一平面之刺狀毛。

絨毛：短而柔軟之毛，質地如絨布般。

剛毛：狀似剛硬之毛。

柔毛：質地柔軟之毛。

緣毛：毛通常生長在葉或鱗片表面，但也有較特殊的是長在葉或鱗片之邊緣，這種毛特稱為「緣毛」。

鱗片

具多列細胞之表皮附屬物。

寬鱗片：細胞縱向排列之行列數多排，乍看之下不易計數，外形常為披針形或卵形。

窄鱗片：細胞縱向排列之行列數常僅數行，有時僅鱗片基部具二至三行細胞，有時鱗片極為細長，形成毛狀鱗片。

單色鱗片：鱗片由中心至邊緣只有一種顏色。

雙色鱗片：鱗片的中央部位顏色較深，邊緣則顏色較淺。

窗格狀鱗片：鱗片之細胞壁不透明，呈黑色或深褐色，而細胞本身卻非常透明，狀如窗格一般。

帽形鱗片：蕨類絕大多數的鱗片都是扁平的，可是有少數如鱗毛蕨屬中的部分種類則具有中央拱起的鱗片，狀似帽形，亦稱為泡形鱗片。

孢子囊、孢子囊群及相關構造

孢子囊是由表皮細胞發育而來，許多孢子囊集合在一起稱為孢子囊群，是真蕨類的特徵，其外形與衍生物則為分類的重要依據。

孢子囊

蕨類植物產生孢子的組織，由一圓球形囊狀物，囊狀物中的許多孢子，以及囊狀物基部之柄共同組成，可以分成兩大類：

①**厚壁孢子囊**：孢子囊壁細胞多層，沒有厚壁細胞之分化，囊內孢子數量極多，柄通常不顯著。

②**薄壁孢子囊**：孢子囊壁僅具一層細胞，有厚壁細胞之分化，囊內孢子數量常為64枚，基部通常都具有長柄。

孢子囊果

僅見於具有異型孢子的水生蕨類，其孢子囊群為一球形或近似球形之構造物所保護，此構造物即稱為「孢子囊果」。

側絲

孢子囊間的不孕性構造，用以保護孢子囊。

孢子囊穗

擬蕨類植物中，孢子葉集生於枝條末端，所形成之緊縮構造。

孢子囊群

一群孢子囊集生在一起，由於孢子囊群的形狀在科間或屬間差異明顯，因此可做為分類之依據。孢子囊群的孢子囊成熟方式有齊熟、漸熟、混熟三種。齊熟是指整群孢子囊同時成熟；漸熟是指孢子囊群內的孢子囊依某一特定方向漸序成熟；混熟則是指同一孢子囊群的各個孢子囊其成熟時間都不一致，且沒有方向順序。混熟型孢子囊群的孢子因成熟時間錯開，可以有較長的傳播期，其繁衍下一代的機會也比較高，所以是較進化的一種形態特徵。

孢子囊托

孢子囊群著生之基座，通常稍突出於葉背，僅少數呈指狀突起，如杪欏科及膜蕨科。

孢膜

孢子囊群外側之保護構造，其外形及著生方式隨著類群不同而有差異。

假孢膜

由葉緣反捲所形成之孢子囊群外側保護構造。

孢子囊群的生長位置

真蕨類的孢子囊群一般都是長在葉背，長在脈上或脈頂端，也有長在邊緣或邊緣附近的，而這些孢子囊群都在小脈頂端。

正邊緣生

孢子囊群就長在葉緣上，例如：膜蕨科、蚌殼蕨科及碗蕨屬。

亞邊緣生

孢子囊群極為靠近葉緣，但其位置仍與葉緣維持一小段距離，其孢膜多為管形、寬杯形，或與葉緣平行之線形，稀為腎形。

特殊構造

根支體

是卷柏科所特有的一種構造，侷限在植株的下半段，發展自主莖或主莖與分枝的交接處，常呈透明無色，向下生長，其構造與功能較近似高等植物的支柱根，協助抓地及支撐，觸地之後向下長出分枝的根。

氣生根

根一般都長在地下，且與主根、側根或鬚根有關，而不長在地下且與主、側、鬚根無關的根稱為「不定根」，氣生根為不定根的一種，從挺空的莖上長出，且與空氣接觸，蛇木板即為氣生根的集合體。

腐植質收集葉

為一種特化之葉片，通常葉片成熟後短時間內即喪失行光合作用的能力，並由綠色轉為褐色，其功能主要是用來承接自上方落下之有機物及水分，此為著生植物演化出來的特殊生存機制。

氣孔帶

氣孔帶是植物體表面氣孔聚集之處，色淡，常呈線形，偶亦見呈球狀或指狀突起。例如筆筒樹與觀音座蓮，其葉柄側面的淡色線條即為氣孔帶，又如瘤足蕨屬在葉柄基部之球狀突起，與鉤毛蕨群羽片基部之指狀突起也都是氣孔帶。

關節

是植物捨棄葉子或部分葉子的構造，由外形觀之，關節只是羽片基部或葉片基部的一條線，此線兩邊顏色通常不一樣；就內部構造而言，它是一群排成層狀的不透水厚壁細胞，當發育成熟時可以完全阻隔其內外通道。具此構造的多為著生植物，例如水龍骨科及骨碎補科成員在根莖和葉柄交接處具有關節，此可能是適應乾旱的機制，缺水時拋棄葉片以減少水分的耗損。岩蕨亦具有關節，但是它的關節在葉柄上，切口為斜面，全世界只有岩蕨有此現象。另一具有關節的類群是腎蕨，其關節在羽片和葉軸之間，故環境乾旱時腎蕨只見剩下葉軸。

托葉

為葉的一部分，長在葉柄基部，為片狀構造，但形狀變化很大，托葉通常較其餘部分之葉子更早成熟，且將其包被，具有保護作用，在雙子葉植物托葉較常見，在蕨類中則很少見，只出現在厚囊蕨類，即瓶爾小草和合囊蕨二科。合囊蕨科的托葉較厚且硬，老葉掉落後仍然宿存；瓶爾小草科的托葉則呈膜質鞘狀。

不定芽

一般而言，植物的芽都長在枝條頂端或葉腋，而不出現在前述兩處的芽則稱為「不定芽」。可能是生長環境與演化壓力的關係，蕨類植物常會利用不定芽進行無性繁殖，例如長生鐵角蕨在葉頂端具不定芽；實蕨屬的不定芽則長在頂羽片主軸背面；稀子蕨的不定芽長在軸上；東方狗脊蕨的不定芽廣泛分布在葉表面；星毛蕨的不定芽則位於羽片與葉軸交接處。

休眠芽

此一字眼在蕨類中通常是出現在具有假二叉分枝的裡白科與海金沙屬植物，這兩群植物的特色是其最基部一對羽片或小羽片常最先發育成熟，而同一片葉子或羽片的其餘部分仍維持在幼芽時期，狀似休眠一般。

泌水孔

植物有時會利用葉脈末端將多餘水分排出體外，同時也將部分來自土壤的碳酸鈣結晶排出體外，乾後則形成白點，由於小脈的末端（即泌水孔）大都靠近葉緣，這也是某些蕨類其葉緣具有白點的原因。

翅（翼片）

一般真蕨類的葉軸或葉柄通常不具綠色的葉片，但少數種類葉主軸兩側可見綠色窄葉片，特稱為「翅」或「翼片」。

【中名索引】

411

413

414

【學名索引】

【延伸閱讀】

世界各地蕨類參考書

泛世界各地

Kramer, K. U. & P. S. Green (eds.) 1990. The families and genera of vascular plants Vol.1, pteridophytes and gymnosperms. 440pp. Springer-Verlang, Berlin.

歐洲

Tutin, T. G. & others (eds.) 1964. Flora Europaea 1. Cambridge. (Pteridophyta, pp. 1-25).

俄羅斯

Komarov, V. L. (ed.) 1934 (English transl. ed. 1968). Flora of the U. S. S. R. Vol. 1. Archegoniatae and Embryophyta. Leningrad (Jerusalem). (Pteridophyta, pp. 15-128 (13-99)).

Shmakov, A. I. 1999. Key for the ferns of Russia. 1-107, pl. 1-41. Publ. Altai State Uni. Barnaul. (in Russian)

日本

Iwatsuki, K., T. Yamazaki, D. E. Bufford & H. Ohba 1995. Flora of Japan Vol. 1, Pteridophyta and gymnospermae, 1-302. Kodansha, Tokyo.

韓國

Lee, T. B. 1979. Illustrated flora of Korea. Korea. (Pteridophyta pp. 1-56).

中國

Wu, C.Y. (ed.) 1983. Flora Xizangica Vol. 1. Science Press, Peking. (Pteridophyta, pp. 1-355, by R. C. Ching and S. K. Wu).

吳兆洪、秦仁昌 1991. 中國蕨類植物科屬志. 630頁. 科學出版社, 北京.

中國科學院中國植物志編輯委員會 1959～2001. 中國植物志, Vol. 2. 1959; 3(1). 1990; 3(2). 1999; 4(1). 1999; 4(2). 1999; 5(1). 2000; 5(2). 2001; 6(1). 1999; 6(2). 2000. 科學出版社, 北京.

香港

Edie, H. II. 1978. Ferns of Hong Kong. 1-285. Hong Kong Univ.

So, M. L. 1994. Hong Kong ferns.1-159. The Urban Council, Hong Kong.

台灣

Huang, T. C.(ed.) 1994. Flora of Taiwan 2nd ed. Vol.1. Editorial Committee of the Flora of Taiwan, Second Edition. Taipei. (Pteridophyta, pp. 23-542).

郭城孟 2020. 蕨類觀察入門. 1-183.遠流, 台北.

中南半島

Tagawa, M. & K. Iwatsuki 1979-1989. Flora of Thailand 3. 1-640. The Forest Herbarium, Royal Forest Departmment, Bangkok.

喜馬拉雅山區

Khullar, S. P. 1994. An illustrated fern flora of West Himalaya Vol. 1. 1-506. International Book Distributors, India.

Gurung, V. L. 1991. Ferns-the beauty of Nepalese flora. 1-234. Shahayogi Press, Nepal.

印度

Dixit, R. D. 1984. A census of the Indian pteridophytes. Botanical Survey of India, New Delhi.

斯里蘭卡

Sledge, W. A. 1982. An annotated check-list of the Pteridophyta of Ceylon. Bot. Journ. Linn. Soc. 84: 1-30.

東南亞

van Steenis, C. G. G. J. & R. E. Holttum (eds.) 1959-1982. Flora Malesiana II. 1. 1-599. Martinus Nijhoff, Hague.

Holttum, R. E. 1991. Flora Malesiana II. 2(1). Rijksherbarium/ Hortus Botanicus, Netherlands.

Kalkman, C. & others (eds.) 1998. Flora Malesiana II. 3. Rijksherbarium/ Hortus Botanicus, Netherlands.

菲律賓

Copeland, E. B. 1958-60. Fern flora of the Philippines 1-3. 1-557. Manila.

馬來西亞

Holttum, R. E. 1954. A revised flora of Malaya 2. Ferns of Malaya. 1-643. Singapore.

Piggott, A. G. 1988. Ferns of Malaysia in colour. 1-458. Tropical Press, Malaysia.

婆羅洲

Parris, B. S., R. S. Beaman & J. H. Beaman 1992. The plants of Mount Kinabalu, 1: ferns and fern allies. 1-165. Royal Botanic Gardens, Kew.

澳洲

McCarthy, P. M. 1998. Flora of Australia, Vol. 48: Ferns, gymnosperns and allied groups. ABRS/CSIRO, Australia. (Pteridophyta, pp 1-496) .

紐西蘭

Allan, H.H. 1961. Flora of New Zealand 1. Government Printer, Wellington. (Pteridophyta, pp. 1-104).

太平洋群島

Brownlie, G. 1977. The pteridophyte flora of Fiji. 1-397. J. Cramer, Vaduz.

Brownlie, G. 1969. Flore de la Nouvelle-Caledonie et Dependances 3. Pteridophytes. 1-307. Paris.

Fosberg, F. R., M.H. Sachet & R. Oliver 1982. Geographical

checklist of the Micronesian Pteridophyta and Gymnospermae. Micronesica 18: 23-82.

西亞

Migahid, A. M. 1988. Flora of Saudi Arabia 1 (3rd. ed.). King Saud Univ. (Pteridophyta, pp. 29-35).

地中海區域

Greuter, W., H.M. Burdet & G. Long 1981. Med-checklist 1. Pteridophyta. Optima, Geneve & Berlin.

El-Gadi, A. A. & A. El-Taife 1989. Flora of Libya, pteridophytes, 1-50. AL-Faateh University, Tripoli.

Boulos, L. 1999. Flora of Egypt, Vol 1. Al Hadara Pub., Cairo. (Pteridophyta, pp. 1-9).

熱帶非洲

Alston, A.H.G. 1959. The ferns and fern-allies of west tropical Africa. 1-89. London.

Johns, R. J. 1991. Pteridophytes of tropical East Africa, A preliminary check-list of the species, 1-131. Royal Botanic Gardens, Kew.

Tardieu-Blot, M. L. 1964. Flore du Cameroun 3. Pteridophytes. 1-372. Paris.

Tardieu-Blot, M. 1964. Flore du Gabon 8. Pteridophytes. 1-228. Paris.

Tardieu-Blot, M. 1953. Les pteridophytes de l'Afrique intertropicale Francaise: Mem. Inst. Francais Afr. Noir. No. 28. Dakar.

Lobin, W., E. Fischer & J. Ormonde 1998. The ferns and fern-allies (Pteridophyta) of the Cape Verde Islands, West-Africa. 1-115. J. Cramer.

Benl, G. 1978-1991. The Pteridophyta of Fernando Po. I- Ⅴ. Acta Bot. Barcinon. 31-33, 38, 40. Univ. Barcelona.

南非

Schelpe, E. A. C. L. E. & N. C. Anthony 1986. Pteridophyta in: O. A. Leistner, Flora of southern Africa. 1-292. Bot. Res. Inst., Rep. South Africa.

Schelpe, E. A. C. L. E. & M.A. Diniz 1979. Flora de Mocambique, Pteridophyta. 1-257. Lisboa.

Schelpe, E. A. C. L. E. 1977. Conspectus florae Angolensis Vol. Pteridophyta. 1-197. Lisboa.

Schelpe, E. A. C. L. E. 1970. Flora Zambesiaca, Pteridophyta. 1-254. London.

Kornas, J. 1979. Distribution and ecology of the pteridophytes in Zambia. 1-205. Warszawa.

Jacobsen, W.B.G. 1983. The ferns and fern allies of southern Africa. Butterworths, Durban.

Burrows, J. E. 1990. Southern African ferns and fern allies. 1-359. Frandsen Publishers, Sandton.

馬達加斯加

Tardieu-Blot, M. 1951-1971. Flore de Madagascar et des Comores, Fam. 1-4. 1951; Fam. 5(1-10). 1958; Fam. 5(11-14). 1960; Fam. 6-11. 1952; Fam. 13. 1971. Pairs.

Stefannovic, S., F. Rakotondrainibe & F. Badre 1997. Flore de Madagascar et des Comores. Fam. 14. Paris.

北美洲

Lellinger, D. B. 1985. A field manual of the ferns & fern-allies of the United States & Canada, 1-389. Smithsonian instituation Press, Washington, D. C.

Cody, W. J. & D. M. Britton 1989. Ferns and fern allies of Canada. 1-430. Research Branch Agriculture Canada.

Mickel, J.T. 1979. How to know the ferns and fern allies. 1-229. Wm. C. Brown Company Publishers, Dubuque, Iowa.

熱帶美洲

Tryon, R. M. & A. F. Tryon 1982. Ferns and allied plants with special reference to tropical America. 1-857. Springer-Verlag, New York.

中美洲

Moran, R. C. & R. Riba 1995. Flora mesoamericana, Vol. I. Psilotaceae ~ Salviniaceae, 1-470. Univ. Nac. Autonoma de Mexico, Mexico.

McVaugh, R. 1992. Flora Novo-Galiciana, a descriptive account of the vascular plants of western Mexico. Univ. Michigan Herb. Ann Arbor. (Pteridophyta, pp. 120-431).

Lellinger, D. B. 1989. The ferns and fern allies of Costa Rica, Panama and the Choco (Part. 1). 1-364. American Fern Society.

Mickel, J. T. & J. M. Beitel 1988. Pteridophyte flora of Oaxaca, Mexico. 1-568. New York Bot. Gard.

Smith, A.R. 1981. Flora of Chiapas 2. Pteridophytes. 1-370. California Acad. Sci.

Stolze, R.G. 1976-83. Ferns and fern allies of Guatemala Part I. Fieldiana Botany 39. 1976; Part 2. Field. Bot. n. s. 6. 1981; Part 3. Field. Bot. n. s. 12. 1983.

西印度群島

Mickel, J. T. 1985. Trinidad pterigophytes. 1-62, fig.1-49. New York Bot. Gard.

Proctor, G. R. 1989. Ferns of Puerto Rico and the Virgin Islands. 1-389. New York Bot. Gard.

Proctor, G. R. 1985. Ferns of Jamaica 1-631. British Museum.

Proctor, G. R. 1977. Flora of the Lesser Antilles, Leeward and Windward Islands, 2. Pteridophyta. 1-414. Arnold Arboretum.

南美洲

Mori, S. A. & others 1997. Guide to the vascular plants of central French Guiana, Part 1: Pteridophytes, gymnosperms, and Monocotylenons. New York Botanical Garden, New York. (Pteridophyta, pp. 56-162).

Ponce, M. M. 1996. Pteridophyta, in F. O. Zuloaga & O. Morrone (eds.) Cátalogo de las plantas vasculares de la República Argentina I, 1-79. Missouri Bot. Gard.

Tryon, R. M. & R. G. Stolze 1989-1991. Pteridophyta of Peru Part 1. 1989; Part Ⅱ. 1989; Part Ⅳ. 1991.

Kramer, K. U. 1978. The pteridophytes of Suriname, an enumeration with keys of the ferns and fern allies. 1-198. Utrecht.

Vareschi, V. 1969. Helechos, in: T. Lasser, Flora de Venezuela Vol. I. (Tomo I, II). 1-1033. Caracas.

後記

2001 年推出《蕨類入門》時，我也同步規劃《蕨類圖鑑
1》的出版，由於個人研究蕨類有蠻長一段日子，
了解台灣蕨類種類雖多，但其中不乏稀有種，這是因為台灣的生態
環境單位較小的緣故，也是為什麼台灣在短距離內可以欣賞到相對
較國外多的種類，心想如果有一本太詳細的工具書，初學者一定
會據此到處採集蕨類，而蕨類一般都不像大樹，往往一採就是一整
棵，所以在1980年前後就有先成立「蕨類俱樂部」的想法，讓初學
者可以有一個共同養成保育習性的場所，如今保育風潮已逐漸深入
人心，雖然仍有一段距離好走，而生態環境的毀壞也已經到了全國
上下都必須面對的時刻了，或許可以藉著《蕨類圖鑑1》的出版，
讓更多人重新去思考台灣的自然生態何去何從。

　　二十年後，台灣的自然生態與保育觀念有更成熟開闊的視野，藉
《蕨類入門》改版為較大開本《蕨類觀察入門》，同時也推出修訂
版《蕨類觀察圖鑑1》與《蕨類觀察圖鑑2》，希望讓新一代的自然
觀察愛好者，有一套能親切入門、好查好用的實用賞蕨工具書。修
訂版根據較新的分類系統，整合統一「科」與「屬」的範疇，例如
鱗毛蕨和三叉蕨由「亞科」提升為「科」；金星蕨科、
鱗毛蕨科底下部分的分「群」提升為「屬」。此外，有些
種類的地理分布也作了變更，補充近年新發現的棲息地。

　　　　非常感謝陳家慶、呂碧鳳、黃婉玲提供了他
們的幻燈片，使得本書增色不少。最後，感謝蕨
類研究室歷年來的研究生及助理群：翁茂倫、陳應
欽、鍾國芳、張和明、徐德生、王力平、吳維修、李大
翔、蘇聲欣、楊凱雲、陳奐宇、劉以誠、高美芳等人，幫
忙拍攝幻燈片和整理基礎資料，為本書的誕生產生了催化
的作用。

郭城孟

【圖片來源】（數目為頁碼）

●全書照片（除特別註記外）／蕨類研究室提供

●17下、19左、19右四、20中、26下、27右一、36主、36小下、37小左、46小右、83小下、125小下、129小下、143小左、144小右、145小下、146小右、147小右、149、150小上、153小右、167小下、169小中、174小右、180小右、181小、182小、184小左、184小右、187小上、194小左、194小右、199小下、203小、206小右、207小右、216小左、218小右、229小右、231小下、232小上、240小右、246小右、247小、249小下、260、266小下、272小中、272小右、273小左、274小右、275小、276小左、276小右、290小下、298小上、302小中、306小左、306小右、307小下、311小右、312小中、312小下、313小、335小上、337小下、338小中、338小下、344小右、349小下、356小、360小、362小下、374主、374小中、374小右、376小下、378小右、380小、392小右、400小中、400小下、402主、402小下、404小右／陳家慶提供

●20下、25中下、83小上、89主、130主、131小右、133主、134小右、144小左、150主、232主、232小下、273小右、277、288主、335小下、384小右、396小中／呂碧鳳提供

●297小中、404主、404小左、404小中／黃婉玲提供

●2、3、28、全書科名頁、全書葉的分裂方式與分裂程度小圖、孢子囊集生的形狀與各類孢膜小圖／黃崑謀繪

國家圖書館出版品預行編目 (CIP) 資料

蕨類觀察圖鑑. 1, 基礎常見篇 / 郭城孟著.
　-- 初版. -- 臺北市：遠流, 2020.02
　424面；21×14.7公分. --（觀察家）
　ISBN 978-957-32-8707-0（平裝）

1.蕨類植物 2.植物圖鑑
378.133025　　　　　　　　　　108022639

蕨類觀察圖鑑1 基礎常見篇

作者／郭城孟

編輯製作／台灣館
總編輯／黃靜宜
主編／張詩薇
編輯協力／張尊禎
內頁美術設計／陳春惠
封面美術設計／張小珊工作室
行銷企劃／叢昌瑜、沈嘉悅

發行人／王榮文
出版發行／遠流出版事業股份有限公司
地址／104005 台北市中山北路一段 11 號 13 樓
電話／（02）2571-0297
傳真／（02）2571-0197
劃撥帳號／0189456-1
著作權顧問／蕭雄淋律師
輸出印刷／一展彩色製版有限公司
□ 2020 年 2 月 1 日 新版一刷
□ 2024 年 6 月 25 日 新版三刷

定價750元（缺頁或破損的書，請寄回更換）

 遠流博識網　http://www.ylib.com E-mail:ylib@ylib.com

【本書為《蕨類圖鑑1》之修訂新版，原版於2001年出版】